地理信息系统算法实验教程

马劲松　徐寿成　编著

江苏省品牌专业建设经费
江苏高校优势学科建设工程　　联合资助
南京大学优质课程建设

科学出版社
北京

内 容 简 介

本书较为全面地介绍了与地理信息系统的基础原理相关的计算机算法，它是南京大学地图学与地理信息系统专业近半个世纪以来在计算机地图制图与地理信息系统研发等方面积累的部分成果。全书共分十六章，涵盖了矢量和栅格数据模型及可视化、属性数据分类及可视化、空间索引与查询、空间坐标系与投影、几何变换、空间插值、栅格统计、地形分析、流域分析和栅格距离等算法，内容适合在一个学期中配合类似于地理信息系统算法之类的课程进行上机编程实验之用。每一章的内容都可以作为一周的课堂讲授与上机实验来安排教学。

本书可作为高等院校地图学与地理信息系统专业、地图制图学与地理信息工程专业的本科生或研究生教材，也可供软件、计算机专业从事地理信息系统开发和应用的人员阅读参考。

图书在版编目（CIP）数据

地理信息系统算法实验教程 / 马劲松，徐寿成编著. —北京：科学出版社，2023.9

ISBN 978-7-03-076374-7

Ⅰ. ①地… Ⅱ. ①马… ②徐… Ⅲ. ①地理信息系统-算法理论-实验-教材 Ⅳ. ①P208-33

中国国家版本馆 CIP 数据核字（2023）第 178005 号

责任编辑：黄 梅 沈 旭 李嘉佳 / 责任校对：郝璐璐

责任印制：张 伟 / 封面设计：许 瑞

科 学 出 版 社 出版

北京东黄城根北街 16 号

邮政编码：100717

http://www.sciencep.com

北京九州迅驰传媒文化有限公司 印刷

科学出版社发行 各地新华书店经销

*

2023 年 9 月第 一 版 开本：787×1092 1/16

2023 年 9 月第一次印刷 印张：18 1/2

字数：436 000

定价：99.00 元

（如有印装质量问题，我社负责调换）

作 者 简 介

马劲松，1969 年生，南京大学地理信息科学系副教授。

徐寿成，1956 年生，南京大学地理信息科学系高级工程师。

前　言

地理信息系统（geographic information system，GIS）最早由计算机地图制图技术发展而来，是地理学、地图学与计算机技术相结合的产物，是一种用来对地球表面各种地理现象进行计算机分析处理的软件工具。归根结底，GIS 离不开计算机技术的支持，GIS 的每一步发展也完全是紧跟着信息技术的发展步伐。对于高等院校地图学与地理信息系统专业、地图制图学与地理信息工程专业的学生而言，为了深入理解和掌握 GIS 的基础原理以及技术方法，只有在计算机上进行编程实现，才能真正得以窥其堂奥，抵达登堂入室的境界。

有感于此，我们编写了这样一本用于 GIS 上机实验的教材，主要讲述 GIS 底层的算法原理及其实现技术。本教材可以作为“地理信息系统原理”之类课程的后续课程讲解。本教材一共安排了十六章的内容，除了第一章是对 GIS 算法进行一般性概述，并介绍实验软件工具外，后面的每一章都分别针对 GIS 中某一个方面的具体内容进行算法讲述。在每一章的结束处还附有学生上机编程实验需要完成的算法习题，这样就基本可以满足一个学期 16 周的课时安排。

本教材的内容全部来自在南京大学地图学与地理信息系统专业数十年来从事相关教学工作的教师们的教学研究总结，较为全面地覆盖了地图学与地理信息系统相关的基础原理的算法实现。不过限于教学时长和教材的篇幅，还有很大一部分的 GIS 算法没有在教材中列出。例如，矢量栅格转换算法、矢量叠置算法、缓冲区算法、泰森（Thiessen）多边形算法和迪杰斯特拉（Dijkstra）算法等，读者如果对此感兴趣，可以去参考计算机图形学、计算几何和数据结构等相关的计算机类教材，相信也可以找到类似的内容。

本教材在写作和出版过程中，得到了南京大学地理与海洋科学学院黄杏元教授、金晓斌教授、王腊春教授、王玮博士和科学出版社的大力协助，在此一并表示感谢。

由于作者自身知识和能力的局限性，加之 GIS 算法本身固有的复杂性，本教材中疏漏之处在所难免。虽然我们对所有的代码都进行了上机验证，但程序代码中的 Bug 总会以某一种超越我们理性设计所能预料的形式而存在，在此恳请广大读者批评指正。

作　者

2023 年 3 月于南京大学

目　　录

第一章　GIS 算法概述

第一节　算法与 GIS 算法

一、基本概念

算法（algorithm）通常指的是解决某个具体问题的思路和方案，具体来看是一系列解决问题的步骤，体现在计算机中就是一连串的指令。把算法使用一种计算机语言写成程序，则要求算法程序针对一定的输入数据，能在有限的时间内计算出所需要的输出数据。输出数据代表了解决某个问题的可行方案。

所谓 GIS 算法，指的是 GIS 领域特定的算法，这些算法所要解决的通常就是与空间位置有关的应用问题。GIS 软件如 ArcGIS、QGIS、SuperMap 等通常都是这些 GIS 算法的集合。

例如，从某一个地点开始，沿着道路行走，要去到另一个地点。这个问题中往往存在多种不同的行走路线。如果需要从所有的可行路线中找一条路程最短的路线，这个应用问题的解决就需要运用某种求最短路径的算法。例如，常见的一种迪杰斯特拉算法就是解决在道路网上从某个起点出发，到另一个终点结束的最短路径的算法。把迪杰斯特拉算法的思想写成计算机程序，就可以在 GIS 软件或手机的导航应用程序中帮助人们在实际的道路网上寻找从一个地点到另一个地点的最佳的行走路线。

一个算法通常应该具有以下五个特征，对于 GIS 算法也是如此。

（1）有穷性：指算法必须能够在执行有限个步骤之后终止，即要么得到解决问题的结果而结束算法，要么问题无解而结束算法。GIS 中的算法通常都可以在有限个步骤之后结束。

（2）确切性：算法的每一步骤必须有确切的定义，即每一个步骤的解决办法都明确无误，没有模棱两可的歧义。GIS 算法中的每一步也都是对空间数据内容的确切的处理。

（3）输入项：算法需要有输入数据，输入数据用来表达实际问题的初始状态或初始条件。GIS 算法的输入数据通常就是矢量形式或栅格形式的空间数据，其中包括空间实体的位置（坐标）数据和属性数据。

（4）输出项：算法需要有输出数据，输出数据用来反映对输入数据经过若干步骤的运算处理后所得到的结果，该结果有助于对具体问题的解决。GIS 算法的输出数据通常是和输入数据相关的空间数据，主要是空间实体的位置数据，也有些 GIS 算法是生成空间要素的属性数据，如空间统计分析等。

（5）可行性：也称为有效性，算法中执行的任何计算步骤都可以被分解为基本的可执行的操作步骤，每个计算步骤都可以在有限时间内完成。这些步骤可以通过人工计算来实现，也可以编写成计算机程序，由计算机执行来实现。无论是人工计算实现还是计算机程序执行来实现，其结果都是相同的。

实际情况下，对同一个应用问题的解决，往往可以有多种不同的算法实现。这些不同的算法之间的区别首先在于它们解决问题的思路不同，而相同之处则是它们解决问题的结果通常都一样。也就是说使用不同的算法，最终都能得到相同的正确结果。

这些不同的算法中有的算法执行效率比较高，可以在较短的时间内得到结果。这对于有时间要求的应用比较有利，即某个应用问题要求在尽可能短的时间内就能得到算法的结果，则时间效率较高的算法比较好。另外，有的算法使用的计算机资源比较节省，如使用的内存数量比较小，这对于数据量大的应用来说相对比较有利，不容易出现计算机内存紧张的问题。因此，对算法的评价通常可以从时间复杂度和空间复杂度两方面来考虑。

时间复杂度：通常在衡量一个算法的时间复杂度时，并不是看这个算法在实际的计算机上运行所要花费的时间，而是考虑随着输入数据量的增加，该算法所要执行的步骤将会以什么样的速度增加。这是因为，对于输入数据量非常小的应用问题，通常在计算机上运行不同的算法，其消耗的运行时间相差无几。这时候考虑时间复杂度就没有太大的意义。只有在输入数据量巨大的情况下，不同算法之间才会体现出执行时间上的较大差异。

一般而言，计算机算法的时间复杂度可以看成是问题规模的一个函数，问题的规模往往就是数据量的体现。在 GIS 算法中，数据的规模可以用一个空间数据层中全部点要素的数量来衡量，也可以用一个栅格数据中栅格单元的数量来衡量。对于具体的算法，问题的规模随着具体应用的不同而变化。

因此，一旦确定了问题的规模，假设是数值 n，那么随着问题规模 n 的增大，算法执行的步骤和时间也会随之增大，时间复杂度就可以用相对于 n 的一个函数来表示。一般把这个函数写成 $O(n)$的形式，如假设 $O(\log_2 n)$和 $O(n^2)$是解决某一问题的两个不同算法的时间复杂度，第一个算法随着规模 n 的增大，计算步骤按 $\log_2 n$ 这样的数量递增；而第二个算法的计算步骤按 n^2 的数量递增。在 n 数值比较大的时候，n^2 远远大于 $\log_2 n$，所以第二个算法的时间开销要大于第一个算法。

空间复杂度：算法的空间复杂度是指算法需要消耗的内存空间的数量。其计算和表示方法与时间复杂度类似，也是问题规模的函数形式。与时间复杂度相比，空间复杂度的分析相对简单。

二、GIS 算法的特点

与其他领域的算法相比，GIS 算法的特点表现在以下两个方面：①GIS 算法都是基于地理空间数据的算法；②GIS 算法常常是多学科交叉的产物。

首先，GIS 算法处理的输入和输出数据通常都是地理空间数据，都是处于地球上某一特定位置的数据，都表现为在地理空间范围内的空间分布，所以，GIS 算法首先要解决的问题就是如何表达地理空间数据，也就是要研究和 GIS 算法所对应的空间数据结构。由此来解决如何把地理空间数据这种特殊形式的数据在计算机中进行存储和计算的问题。这也是需要首先解决的问题，所以从第二章开始，我们要首先建立地理空间数据模型和空间数据结构。

其次，由于 GIS 本身就是一个多学科交叉的产物，所以 GIS 算法同样体现出强烈的多学科交叉性质。要实现 GIS 算法，除了计算机领域的编程语言和数据结构等知识以外，还要具备微积分（如第九章的地图投影算法）、线性代数（如第十章的几何变换算法）、统计学（如第十一、第十二章的空间插值算法和第十三章的栅格统计算法）、地貌学（如第十四章的数字地形分析算法和第十五章的流域水文分析算法）、计算机图形学（如第四、第五章的空间数据可视化）等方面的知识。

第二节 GIS 算法的分类

一个 GIS 软件中的 GIS 算法往往数量众多，不过可以将它们按照所起的作用分为以下四个不同的类别。

一、GIS 数据输入输出算法

GIS 算法处理的地理空间数据通常数据结构都比较复杂，所以在实现了空间数据结构以后，就要实现 GIS 数据的输入和输出算法。“输入”指的是把 GIS 空间数据从常见的空间数据文件（或者数据库）中读取到计算机内存，这是进一步进行空间数据处理和分析以及数据可视化的前提。“输出”指的是把经过处理和分析计算之后得到的新的空间数据从内存写入到空间数据文件中，使得分析结果得以保存。

GIS 空间数据文件和空间数据库种类繁多，我们选择了其中最为常用的 ESRI Shapefile 空间数据文件格式作为矢量数据的实例，ESRI GRID 文本文件和 BIL 二进制文件作为栅格数据的实例，以及 Shapefile 所使用的 dBASE 数据库文件格式作为属性数据的实例，实现其数据的输入和输出算法。

二、GIS 数据处理算法

在地理空间数据输入到计算机内存中以后，下一个步骤通常是 GIS 的空间数据处理阶段。这一阶段包括空间坐标系的转换以及地图投影的变换算法、几何变换如仿射变换等算法、空间索引与空间查询算法，以及多种空间插值算法等。

三、GIS 空间分析算法

GIS 的空间分析是 GIS 的精髓所在，这一部分构成了 GIS 最为重要的功能。这一部分着重介绍栅格数据数字地形分析中的各种地形因子计算方法、流域水文分析算法、栅格统计算法、自然距离算法、成本距离算法以及成本路径算法等。

四、GIS 可视化算法

GIS 软件通常是一个图形用户界面的软件，在界面上要显示各种地理空间数据的地图图形，甚至是三维空间模型的形象，这通常被称为 GIS 可视化。这一部分通常要实现在计算机屏幕上如何显示矢量或栅格地图的图形、地图符号、各种颜色、图案等功能。GIS 可视化大量地借助于计算机图形学方面的知识，既有二维图形学的相关知识，也涉及三维图形学的内容。

第三节 GIS 算法实现的软硬件需求

一、编程语言

GIS 通常需要处理大量的空间数据，还要在计算机屏幕上显示复杂的地图图形以及三维空间模型，所以对于底层的基础算法在时间效率方面的要求通常比较高。因此，目前大多数

GIS 软件是基于 C 语言或 C++语言开发的，包括 ArcGIS、QGIS 等较为著名的 GIS 软件。而其他的编程语言往往在执行效率上不及 C 与 C++。所以，本教材决定采用 C++。

而从 GIS 软件本身的复杂性来看，通常一个 GIS 软件是一个大型的软件系统，安装 ArcGIS 软件要占用好几个吉字节（GB）的计算机硬盘空间，就连比较轻量级的开源 QGIS 软件，在 Windows 上的安装包也超过 1 GB 的大小。对于如此规模和复杂的软件系统，选择具备面向对象编程功能的 C++编程语言，有助于错综复杂的算法的组织和实现。

C++还是一种不断更新迭代、一直在与时俱进的编程语言，从最早的官方标准 C++ 98 版本，发展到现在的 C++ 20 版本，可以说越来越吸取了当代编程语言的精华。它既有传统的典雅，又有现代的简约；既能深入计算机幽深的底层硬件，又能扩展到广阔无垠的应用高空；既能以最直率的方式将复杂的思路表达清晰，又能够聚沙成塔构建起复杂系统的鸿篇巨制。所以，几十年来，虽然各种计算机语言层出不穷，但 C++语言一直处于无可替代的地位。这也是本教材决定采用 C++语言的原因之一。只有这样，才能保证在一个较长的时期内，我们讨论的 GIS 算法不至于因为计算机语言的兴衰而落后于时代，被学生们所抛弃。

此外，平台无关性也是要考虑的一个因素，特别是在当前阶段下，我们若要发展自主知识产权的 GIS 软件系统，就不能因为编程语言的限制而只局限在某些操作系统上面。随着我国自主研发的操作系统等基础软件的不断完善，我们需要将 GIS 软件构建在自己的操作系统之上，而不依赖于像 Windows 这样的软件。因此，选用独立于系统平台的 C++编程语言，是一个比较好的实现方案。

二、编译系统和开发环境

由于选择了 C++编程语言，本教材后面所有的算法编写都基于 C++来实现。如果是在 Windows 操作系统中实现本教材的算法，则可以采用微软的 C++编译系统和集成开发环境，即 Visual Studio 支持的 C++编译系统和集成开发环境。学生们可以去微软的 Visual Studio 网站，免费下载使用 Visual Studio 软件的社区版本。这个版本具备了基础的 C++项目编程功能，包括创建项目、编辑代码、编译修改、运行调试等，都集成在一个软件中，非常适合初学者使用，如图 1-1 所示。

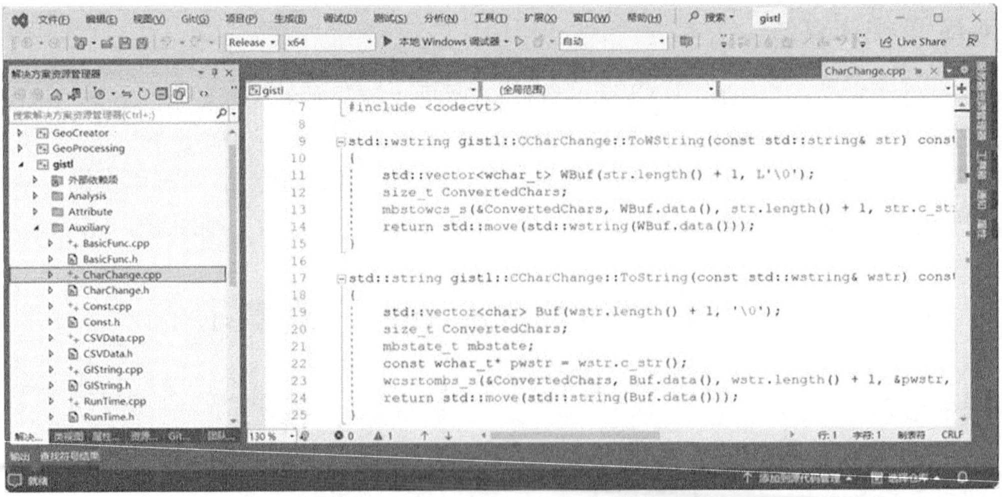

图 1-1　微软 Visual Studio 的 C++编译器和集成开发环境

如果使用 Linux 系列的操作系统，包括国产的操作系统进行编程实验，则可以使用 Qt Creator 免费的社区版本作为 C++语言的集成开发环境，如图 1-2 所示。编译器自然就可以采用 GNU 的 GCC。

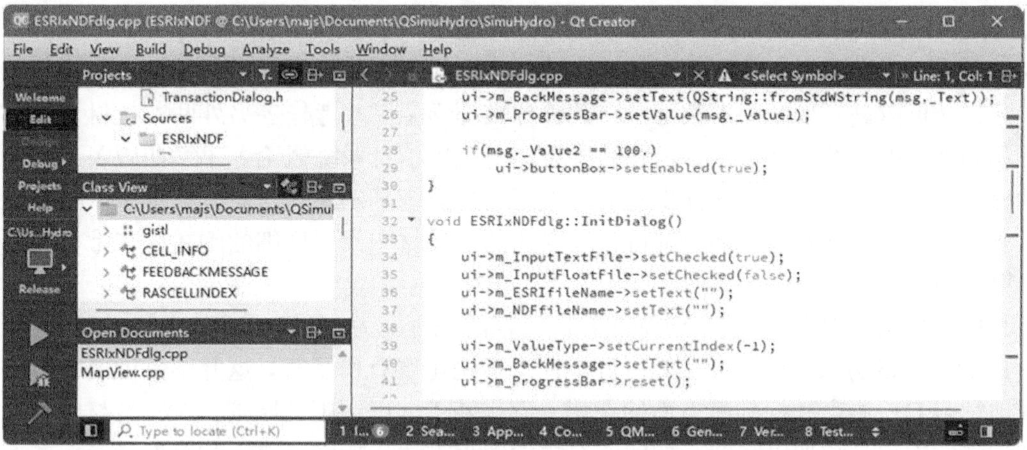

图 1-2 Qt Creator 社区版本 C++语言的集成开发环境

三、编程规范

由于本教材主要是讲述 GIS 算法的基本原理，所以在算法的代码实现上通常并不追求时间复杂度和空间复杂度方面的优秀设计，如对于大量的栅格运算没有采用常见的多线程并行算法来实现，也不过多使用一些 C++语言方面的技巧和优化，以免对算法理解方面增加不必要的难度。同样，算法也不注重全面性，这表现在算法既没有全面地处理各种特殊情况，也不考虑异常的处理，包括检验文件是否存在、数组是否越界、堆内存是否申请成功等问题，从而造成代码过长，占用太多的版面而影响对算法本身的理解。学生们在实际上机编写源代码时，则需要考虑这些方方面面的细节，以免造成代码运行上的问题。

本教材中列举的源代码采用了如下编码风格：对于变量的命名，类的成员变量使用下画线开头，以便和其他非成员变量相区别。变量一般都是首字母大写，后面的其他单词也是首字母大写，其余字母小写。例如，整型成员变量 Name 可以写成 int _Name；对于函数的命名，仍然是所有单词的首字母大写，其余字母小写。源代码中尽可能地进行逐行注释，以便学生能够清晰地理解语句的确切含义。

在使用 C++编码的时候，由于 C++ 20 版本所提供的一些优秀的特性，所以基本上在可能的情况下优先采用了 C++ 20 的代码编写方式。这有利于更加清晰地表达算法的含义，也可以避免一些潜在的错误。

本教材中所列的程序源代码都通过了实际的运行得到了验证，每一章的最后都列出了学生学习了该章节的内容之后，需要具体上机实验编程完成的内容。学生们可以先输入教材中列出的源代码，并在这些代码的基础之上，进一步实现更加深入的内容，使用实际的空间数据对算法结果进行验证，并提交相应的编程作业。编程作业通常应该包括充分注释的源代码以及算法实现的说明文档。

四、预备知识

使用本教材需要一些预备知识。

首先，学生们要具备 GIS 专业的基础知识，对 GIS 的基础理论和技术方法有一定程度的了解。因为这是一本注重实践的实验教程，不可能在其中过多地论述 GIS 的基本原理，所以学生们必须在修学了类似于“GIS 概论”或“GIS 原理”等课程之后，具备了一定的专业基础知识，才可以进一步使用本教材。在此强烈推荐学生们参考作者另外两本教材，一本是黄杏元和马劲松编著的由高等教育出版社出版的《地理信息系统概论》（第四版），另一本是马劲松编著的由东南大学出版社出版的《地理信息系统基础原理与关键技术》。本教材涉及的所有算法有关的基础原理部分都可以在上述两本教材中找到详细的阐述，非常有利于学生们对算法细节的掌握。

其次，学生们需要具备较为熟练的 C++语言的编程能力，特别是要基本掌握现代 C++（指 C++ 11 以后）的方法，此外，对 C++标准库的运用也要有所了解。这并不是说要求学生要去系统地学习 C++语言和标准库方面的课程，而是基于学以致用的原则，对本教材中用到的一些基础性的内容必须加以掌握，如面向对象的编程方法（特别是继承和多态的使用），使用模板进行泛型编程的方法，标准库中常规的数据结构如 vector、set、list、queue 和 map 等的使用方法等。学生们可以专门就上述这些知识进行有针对性的学习。

由于 GIS 的空间数据模型及结构纷繁琐屑，GIS 各项功能在结构组成上也是错综复杂，为了厘清头绪而不至于迷失在其中，本教材中使用了简化的统一建模语言（unified modeling language，UML）图来表达对象类图中各种类之间的相互关系。所以，学生们要简单地了解 UML 的基本图形元素所表达的含义。

此外，学生如果能够了解一些简单的设计模式，如简单工厂模式、策略模式等，对理解多个类之间的关系如何编码设计则更为有利。

最后，熟练使用 Visual Studio 或 Qt Creator 等集成开发环境进行代码的输入、编辑、编译、调试等技能也是必需的。

实 验 习 题

1. 从微软网站下载 Visual Studio 社区版本，或从 Qt 网站上下载 Qt Creator 的社区版本，在计算机上进行安装、配置。
2. 熟悉在上述的集成开发环境中进行代码编写、编译、调试和运行的方法。
3. 使用 C++标准库的 vector 和 list 等数据结构，实现整型数据、浮点型数据的输入和输出功能，并实验标准库提供的 sort 排序功能。

主要参考文献

鲍忠贵，王涛，陈凌晖. 2016. Qt 编程快速入门[M]. 北京：清华大学出版社.
郭炜. 2016. 新标准 C++程序设计[M]. 北京：高等教育出版社.
马劲松. 2020. 地理信息系统基础原理与关键技术[M]. 南京：东南大学出版社.
Stroustrup B. 2015. C++语言导学[M]. 杨巨峰，王刚译. 北京：机械工业出版社.

第二章　矢量数据模型与 OGC

GIS 空间数据模型是 GIS 算法实现的基础，GIS 算法都是建立在 GIS 空间数据模型及其数据结构上的算法。所以本章首先简单介绍如何实现 GIS 算法中主要的几种空间数据模型，为后面第九~第十六章空间数据处理与分析算法打下基础。

GIS 空间数据模型分为矢量数据模型和栅格数据模型两大类，本章以 OGC 简单要素模型为例介绍矢量数据模型，实现一个兼容 OGC 的矢量数据模型，这也是目前所有 GIS 软件的普遍要求。在此基础上，第三章将进一步讨论如何实现常见的矢量数据结构用于空间数据的存取。

第一节　OGC 简单要素模型

GIS 中矢量数据的简单要素模型是开放式地理信息系统协会（Open GIS Consortium，OGC）和国际标准化组织（International Organization for Standardization，ISO）共同制订的空间数据模型。OGC 简单要素模型主要定义 GIS 中的二维几何要素表达的矢量数据，包括点、线、面等要素。目前，几乎所有的空间数据库都必须支持矢量数据的 OGC 简单要素模型表达。

OGC 简单要素模型可以使用 UML 图来表达其抽象概念模型，如图 2-1 所示。该内容可以参考 OGC 官方网站上的文档：OpenGIS ® Implementation Standard for Geographic Information-Simple Feature Access-Part 1: Common Architecture。

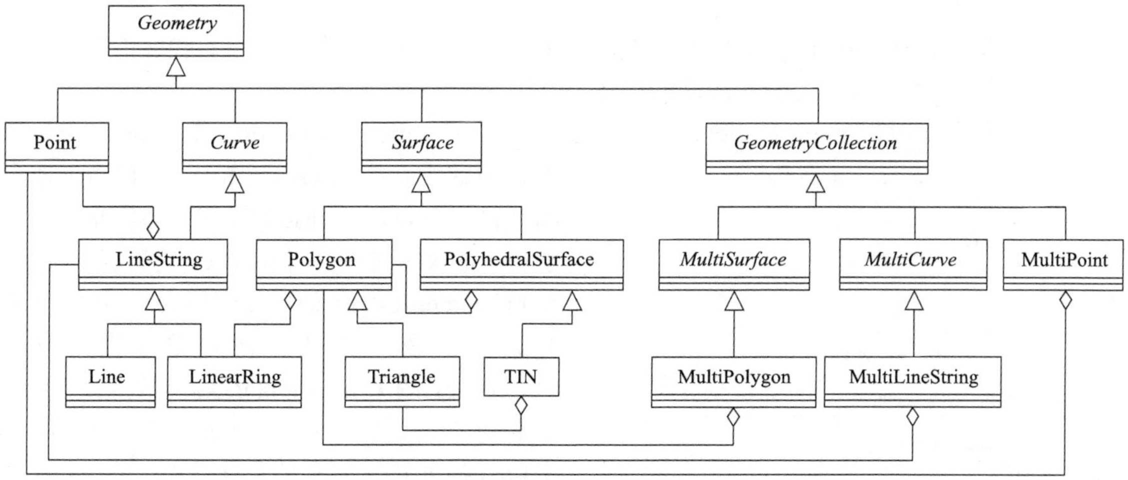

图 2-1　OGC 的简单要素模型 UML 图（据 OGC 官方文档）

图中斜体表示抽象类，下同

一、OGC 的几何（Geometry）类

Geometry 类是其他简单要素类的基类，通常是一个抽象类。它可以派生出点要素（Point）类、曲线要素（Curve）类和面要素（Surface）类，以及几何组合要素（GeometryCollection）类等派生类。

在曲线要素类中，如果是用直线连接各个顶点，则是进一步派生出的直线串（LineString）类；直线串类如果只有两个端点，没有中间顶点，则进一步派生出直线段（Line）类；直线串类如果两个端点重合，则进一步派生出线性环（LinearRing）类。

面要素类可以进一步派生出平面的多边形（Polygon）类。多边形类又是由线性环类组合而成。多边形类还可以派生出三角形（Triangle）类来构成不规则三角网（TIN）类。

多点（MultiPoint）类、多直线串（MultiLineString）类以及多多边形（MultiPolygon）类都是几何组合要素类派生的，同时它们又分别由点要素类、直线串类和多边形类组合而成。

多面体（PolyhedralSurface）类是面要素类的派生类，由多边形类构成；不规则三角网类又是多面体类的一个派生类。

我们可以把 OGC 的 Geometry 类用 C++的 CGeometry 类来实现，这里按照微软 C++的惯例，在所有类的名字前面加一个大写字母 C 作为类的标志。按照 OGC 的方案，该类是抽象类，声明了若干个纯虚函数。例如，声明一个 Dimension()成员函数，返回几何要素的维数（点是 0，线是 1，面是 2 等）。其他的成员函数会在后面用到时再加以说明，并在派生类中实现。CGeometry 的代码如下：

```
class CGeometry
{
public:
    virtual size_t Dimension() const = 0;
};
```

二、OGC 的几何组合要素（GeometryCollection）类

OGC 方案中的 GeometryCollection 类用来把多个简单的几何要素（点、线、面等）组合在一个要素中，实现表达复杂几何体的功能。

我们可以用 CGeometryCollection 类来实现这个 GeometryCollection 类。OGC 设计该类必须继承自类 CGeometry，它有两个成员函数：①NumGeometries()返回包含简单几何要素的个数；GeometryN()返回以 n 为下标[$0 \leqslant n <$ NumGeometries()]的简单几何要素的引用，n 从 0 开始计数。此外，还要重写实现基类 CGeometry 的 Dimension()纯虚函数。该类的成员变量_Shape 是用 STL 的 vector 类实现的，用来包含各种几何要素的具体数据。CGeometry 和 CGeometryCollection 的关系如图 2-2 所示，CGeometryCollection 的代码如下所示：

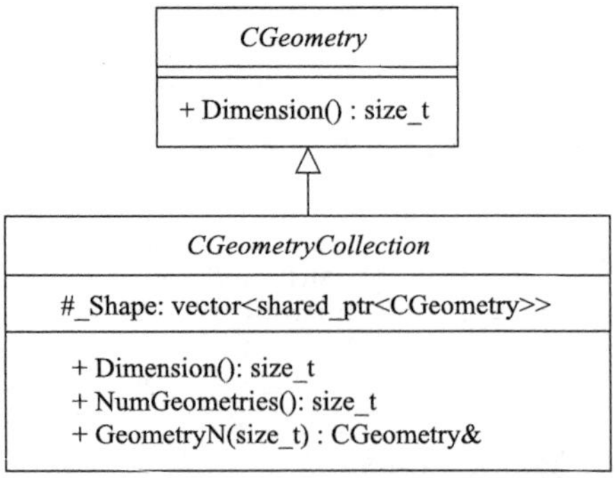

图 2-2　Geometry 类与 GeometryCollection 类

```
class CGeometryCollection : public CGeometry
{
public:
    virtual size_t Dimension() const override;
    size_t NumGeometries() const;
    CGeometry& GeometryN(size_t n) const;
protected:
    vector<shared_ptr<CGeometry>> _Shape;
};
```

STL 的 vector 存放各种 Geometry 的指针，由此可以实现类中声明的成员函数，代码如下所示。其中，为提高效率，GeometryN 未做数组越界的检查，所以在调用前，用户必须自行确定参数 *n* 的取值范围，以免程序得到错误的结果。

```
size_t CGeometryCollection::NumGeometries() const
{
    return _Shape.size();
}
CGeometry& CGeometryCollection::GeometryN(size_t n) const
{
    return const_cast<CGeometry&>(*_Shape[n]);
}
```

OGC 将 GeometryCollection 的维数定义为各个简单要素中维数最大的，所以重写的基类纯虚函数 Dimension()可以按如下方式实现：

```
size_t CGeometryCollection::Dimension() const
{
    auto dim = 0;
    for (auto i = 0; i < NumGeometries(); ++i)
        dim = max(dim, GeometryN(i).Dimension());
    return dim;
}
```

三、OGC 的点要素（Point）类

在实现 OGC 简单要素模型的时候，考虑到实际的 Point 可能有三种坐标的存储方式，即二维坐标（x, y）、线性系统坐标（x, y, m）和带有高程的坐标（x, y, z, m），所以，需要把 Point 类用模板类来实现。

模板类的参数用来说明其中存储的坐标的类型。因此，还需要先定义三种不同维度的坐标类，即 Coord、XY、XYM 和 XYZM。这三个类作为辅助的类使用，并不包含在 OGC 的模型中，其 UML 类图如图 2-3 所示。Coord 和 XY 结构的代码如下所示，学生们不难写出 XYM 和 XYZM 的代码。

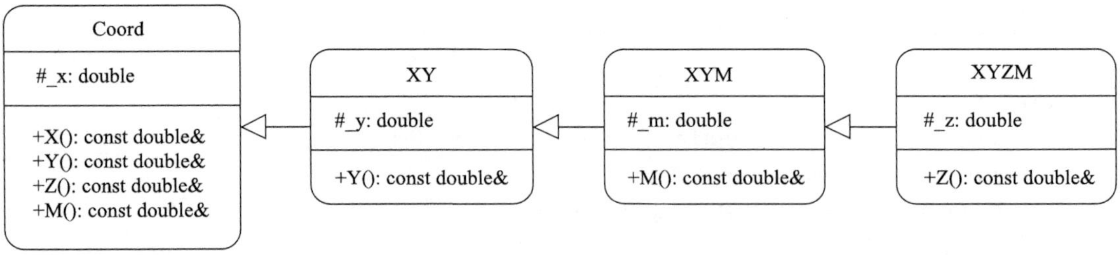

图 2-3　辅助的坐标类 Coord、XY、XYM 和 XYZM

```
class Coord
{
protected:
    double _x{ 0. };
public:
    Coord() : _x(0.) {};
    Coord(const Coord& c) { _x = c._x; };
    Coord(const double& x) { _x = x; };
    Coord(const double d[]) { _x = d[0]; };
    Coord(double x, double y) : Coord(x) {};
    Coord(double x, double y, double m) : Coord(x) {};
    Coord(double x, double y, double z, double m) : Coord(x) {};
    const double& X() const { return _x; };
    const double& Y() const { return 0.; };
    const double& Z() const { return 0.; };
    const double& M() const { return 0.; };
    void SetX(const double& x) { _x = x;  };
    void SetY(const double& y) {};
    void SetZ(const double& z) {};
    void SetM(const double& m) {};
    bool operator == (const Coord& c) const { return _x == c._x; };
};

class XY : public Coord
{
protected:
    double _y{ 0. };
public:
    XY();
    XY(const XY& xy);
    XY(const double d[]);
    XY(double x, double y);
    const double& Y() const;
    void SetY(const double& y);
    bool operator == (const XY& xy) const;
};
```

OGC 方案中的 Point 是一个 0 维的对象，表达一个空间 Point 的具体位置。Point 通常包含一个坐标，如图 2-4 所示。

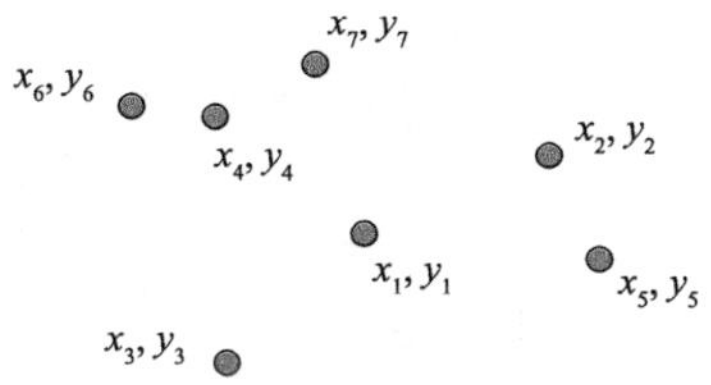

图 2-4　二维坐标点要素示意图

该类型用 CPoint 类实现，由于坐标维数不确定，所以使用了模板类，它继承自 CGeometry 类，需要重写实现 CGeometry 的纯虚函数 Dimension()。成员函数 X()、Y()、Z()、M()分别用来获取点的坐标值分量；成员变量_Coord 用来存储点的坐标；重载的运算符“==”用来判断两个点要素的坐标是否相同。代码如下：

```
template <typename CoordT>
class CPoint : public CGeometry
{
public:
    CPoint();
    CPoint(const CPoint<CoordT>& p);
    CPoint<CoordT>& operator = (const CPoint<CoordT>& p);

    virtual size_t Dimension() const final;
    virtual bool IsSimple() const final;

    const double& X() const;
    const double& Y() const;
    const double& Z() const;
    const double& M() const;
    bool operator == (const CPoint<CoordT>& p) const;
private:
    CoordT _Coord;
};
```

上述 CPoint 类的实现代码这里只列出操作符重载的“==”，其他代码可据此相应地写出：

```
Template <typename CoordT>
bool CPoint<CoordT>::operator == (const CPoint<CoordT>& p) const
{
    return _Coord == p._Coord;
}
```

四、OGC 的曲线要素（Curve）类和直线串要素（LineString）类

OGC 的 Curve 类和 LineString 类是一维几何对象，由一串坐标点组成，LineString 类相邻的坐标点之间用直线段连接。我们用两个类 CCurve 和 CLineString 来实现。CLineString 类继承自 CCurve 类，而 CCurve 类继承自 CGeometry 类，如图 2-5 所示。所以要先定义 CCurve 类，再定义 CLineString 类。因为 CPoint 是模板类，所以 CCurve 类和 CLineString 类也自然是模板类。

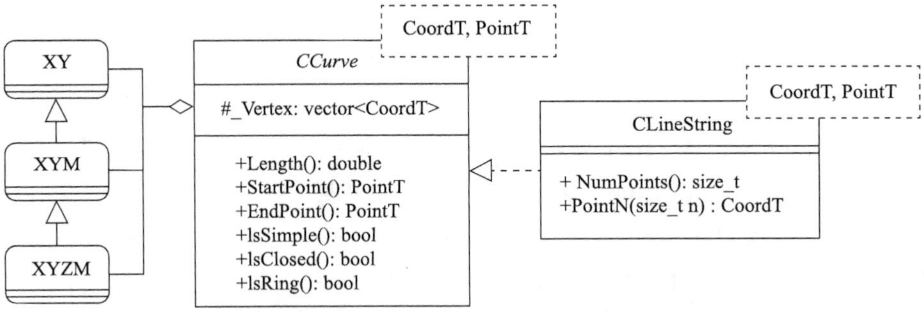

图 2-5　CCurve 类和 CLineString 类 UML 类图

OGC 的 UML 图示显示 CCurve 类是个抽象类，主要功能是用来实现一些判断曲线几何特征的函数，如成员函数 Length()返回长度，StartPoint()返回起点，EndPoint()返回终点，IsSimple()判断不是自相交的情况，IsClosed()判断是否闭合（起点与终点重合），IsRing()判断是否成环（起点与终点重合，且不自相交），如图 2-6 所示。

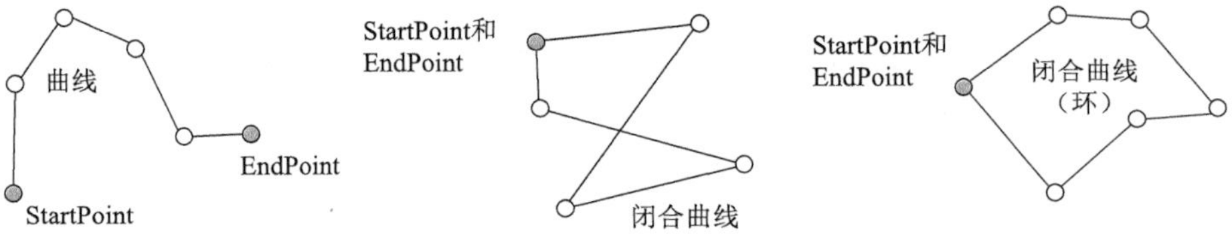

图 2-6　曲线要素图示

但是，OGC 的 CCurve 类和 CLineString 类的 UML 图在用 C++实现的时候有两个问题。

一个问题在于 OGC 把 CPoint 类作为 CLineString 类的组成，如图 2-1 所示，如果这样设计的话，CCurve 类不包含曲线上的坐标点，坐标点是在派生类 CLineString 中，这样 CCurve 类就没有办法实现它上述的成员函数的功能了。所以，我们实现的时候，需要把曲线的坐标点放在 CCurve 类里面。

另一个问题是 OGC 把曲线上的点定义为 CPoint 类，而 CPoint 是继承自顶层抽象类 CGeometry 的，因此，如果这样定义的话，曲线上的每一个坐标点都要包含一个 C++中虚函数表的指针地址数据，这在 64 位操作系统中占据 8 个字节的内存空间，不但浪费了内存，而且造成调用虚函数的额外运行时间开销，最糟糕的是一条曲线上的各个坐标数据（如 X 和 Y）之间不断被虚函数表地址打断，造成处理的不便。所以，我们在实现 CCurve 类的时候，把前面定义的坐标 Coord 类作为曲线数据的模板参数，并进而用 vector 包含所有的坐标点 Coord 数据，而没有采用 CPoint 类作为曲线的模板参数，即没有形成 CPoint 类对象的 vector。为了去除虚函数表地址，在定义坐标 Coord 类时特意没有采用虚函数的成员函数形式。代码如下：

```
template <typename CoordT, typename PointT = CPoint<CoordT>>
class CCurve : public CGeometry
{
public:
    double Length() const;
    const PointT StartPoint() const;
    const PointT EndPoint() const;
    bool IsClosed() const;
```

```
    bool IsRing() const;

    virtual size_t Dimension() const final;
    virtual bool IsSimple() const final;
protected:
    vector<CoordT> _Vertex;
};
```

CLineString 类按照 OGC 的方案，包含成员函数 NumPoints()，返回直线串上坐标点的个数，成员函数 PointN()通过参数 *n* 返回下标为 *n*（从 0 开始）的点坐标。此外还增加了向直线串中逐个添加坐标点的函数 AddVertex()。代码如下：

```
template <typename CoordT, typename PointT = CPoint<CoordT>>
class CLineString : public CCurve<CoordT, PointT>
{
public:
    CLineString();
    CLineString(const CLineString& ls);
    CLineString(CLineString&& ls);
    CLineString(vector<CoordT>&& cs);
    CLineString& operator = (const CLineString& ls);
    CLineString& operator = (CLineString&& ls);
    void AddVertex(const CoordT& pt);
    void AddVertex(const vector<CoordT>& cs);
    void AddVertex(vector<CoordT>&& cs);

    size_t NumPoints() const;
    const CoordT& PointN(size_t n) const;

protected:
    const vector<CoordT>& GetCoord() const;
};
```

在上述的 CLineString 类中，我们设计了右值引用作为参数的构造函数和赋值运算符重载，这是因为，在 GIS 中，往往大量的坐标数据都是存储在 CLineString 及其派生类之中的，它不但用来表达矢量的线要素，也用来表达矢量的多边形面要素的边界。所以，CLineString 几乎是矢量数据中最重要的结构。也难怪 ESRI 把主要产品命名为 ArcGIS，Arc 的意思就是表达线要素的弧段。所以，如果没有右值引用的构造函数和赋值运算符，那么就可能产生大量坐标数据的深拷贝的时间开销和内存开销。故而，使用右值引用，直接获取 CLineString 类中的大量坐标数据，是节省运行时间和内存的重要方法。

五、OGC 的直线段（Line）类

Line 是指两点形成的直线段，用 Cline 类实现，继承自 CLineString 类，对其添加了一个包含两个直线段端点的构造函数。代码如下：

```
template <typename CoordT, typename PointT = CPoint<CoordT>>
```

```
class CLine : public CLineString<CoordT, PointT>
{
public:
    CLine(const PointT& sp, const PointT& ep)
        {  AddVertex(sp);   AddVertex(ep); };
    CLine(const CoordT& sp, const CoordT& ep)
        {  AddVertex(sp);   AddVertex(ep); };
};
```

六、OGC 的线性环（LinearRing）类

LinearRing 类是首尾闭合且不自相交的环状直线串类，是直线串类的特化子类。它还是多边形的边界的组成部分。我们用 CLinearRing 类来实现。为了实现首尾闭合，添加了一个 CloseRing()的成员函数，调用该函数，会把第一个坐标点加到线的末尾，实现首尾闭合。代码如下：

```
template <typename CoordT, typename PointT = CPoint<CoordT>>
class CLinearRing : public CLineString<CoordT, PointT>
{
public:
    void CloseRing();
};
template<typename CoordT, typename PointT>
void CLinearRing<CoordT, PointT>::CloseRing()
{
    this->AddVertex(this->PointN(0));
}
```

七、OGC 的多边形（Polygon）类

OGC 方案中的面要素或 Polygon 是一个二维的几何对象，表示平面中的一个区域。多边形是由一个封闭的外环和零到若干个封闭的内环组成，而外环和内环可以是首尾相接封闭的直线串，即线性环，如图 2-7 所示。

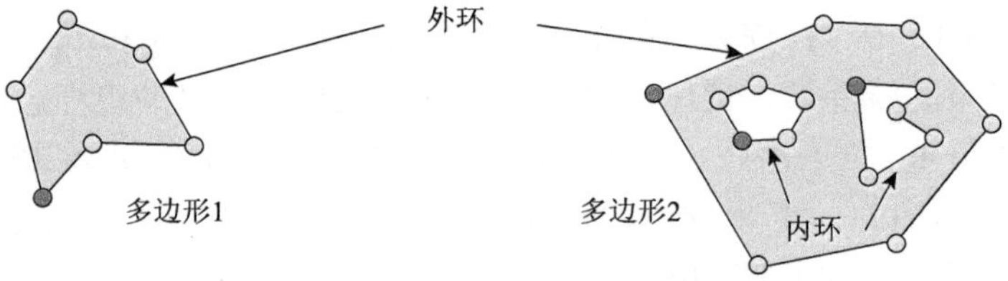

图 2-7　多边形及其外环和内环图示
深色的为起始点和终止点，浅色的为中间点

OGC 方案中，Polygon 类是作为曲面要素 Surface 类的派生类来实现的。Surface 类是抽象类，用来定义面类型的若干接口。除了 Polygon 是 Surface 的特化子类以外，还有多面体表面（PolyhedralSurface）类是 Surface 的派生类。多面体是由若干个多边形在公共边上连接而

成的，在 GIS 中常见的多面体就是不规则三角网（TIN），这里先定义 Surface 和 Polygon 的类实现 CSurface 和 CPolygon。OGC 的曲面、多边形和多面体表面的 UML 类图如图 2-8 所示。

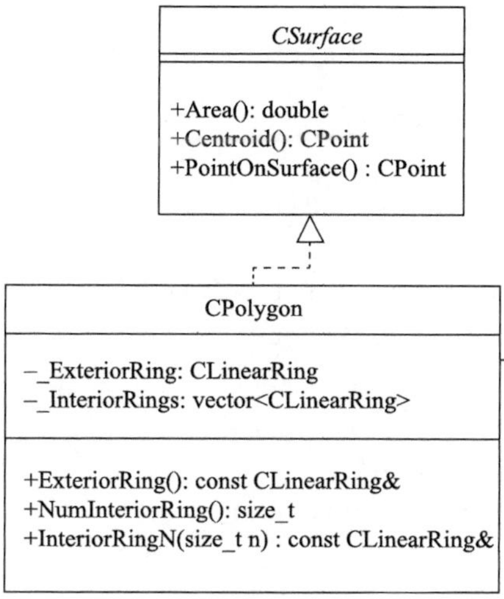

图 2-8　曲面、多边形和多面体表面的 UML 类图

在 CSurface 类中要实现计算面积（Area）、计算几何中心即质心（Centroid）和在面上取一点（PointOnSurface）的成员函数。在 CPolygon 类中，一个多边形由一个外环（_ExteriorRing）和 0 到多个内环（_InteriorRing）组成，并实现获取外环（ExteriorRing）、内环个数（NumInteriorRing）和获取第 n 个内环（InteriorRingN）的成员函数。多面体表面 CPolyhedralSurface 类由若干个多边形的面片（_Patches）组成，还具有面片个数（NumPatches）与获取第 n 个面片的成员函数。代码如下：

```
template <typename CoordT, typename PointT = CPoint<CoordT>>
class CSurface : public CGeometry
{
public:
    virtual double Area() const = 0;
    virtual const PointT Centroid() const = 0;
    virtual const PointT PointOnSurface() const = 0;
};
```

Polygon 可以用 CPolygon 类来实现，我们增加了一个 AddExteriorRing()函数来添加一个外环数据，该函数对于每一个多边形对象只能被调用一次；另一个函数 AddInteriorRing()添加一个内环，该函数可以被调用多次。代码如下：

```
template <typename CoordT, typename PointT = CPoint<CoordT>>
class CPolygon : public CSurface<CoordT, PointT>
{
public:
    virtual size_t Dimension() const override;
    virtual bool IsSimple() const override;

```

```
    virtual double Area() const override;
    virtual const PointT Centroid() const override;
    virtual const PointT PointOnSurface() const override;

public:
    const CLinearRing<CoordT, PointT>& ExteriorRing() const;
    size_t NumInteriorRing() const;
    const CLinearRing<CoordT, PointT>& InteriorRingN(size_t n) const;

    void AddExteriorRing(CLinearRing<CoordT, PointT>&& r);
    void AddInteriorRing(CLinearRing<CoordT, PointT>&& r);

private:
    CLinearRing<CoordT, PointT> _ExteriorRing;
    vector<CLinearRing<CoordT, PointT>> _InteriorRings;
};
```

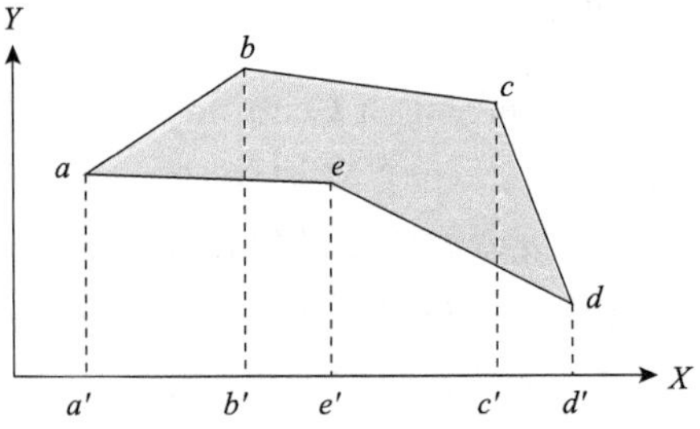

图 2-9　梯形法求线性环包围的面积

图中字母表示坐标点，加撇的字母表示坐标点在 *X* 轴上的投影

在上面的程序中，多边形面积计算函数 Area() 的实现可以借助组成多边形的线性环的面积来计算。所以可以在线性环 CLinearRing 中添加一个计算环面积的函数，再计算多边形的面积。计算线性环面积的算法可以使用梯形法来计算的，如图 2-9 所示。

一个封闭的直线串包围的面积可以分解成若干个梯形面积的和。如图 2-9 所示，由 *abcdea* 六个坐标点连接成的多边形，其面积是梯形 *abb'a'*的面积，加上梯形 *bcc'b'*的面积，加上梯形 *cdd'c'*的面积，减去梯形 *dee'd'*的面积，再减去梯形 *eaa'e'*的面积。写成公式就是：

$$A=\frac{1}{2}\left|\sum_{i=1}^{n-1}\left(x_{i+1}-x_i\right)\left(y_{i+1}+y_i\right)\right| \quad 或 \quad A=\frac{1}{2}\left|\sum_{i=1}^{n-1}\left(x_i y_{i+1}-x_{i+1}y_i\right)\right|$$

式中，A 为封闭的线性环包围的面积；n 为线性环的坐标数，第一个坐标和最后一个坐标相同；x_i 和 y_i 为第 i 个点的坐标。由于线性环坐标环绕的方向不同，顺时针方向计算出的面积为正，逆时针方向计算出的面积为负，所以最终的结果需要取绝对值。代码如下：

```
template<typename CoordT, typename PointT>
double CLinearRing<CoordT, PointT>::Area() const
{
    double a = 0.;
    for (size_t i = 0; i < this->NumPoints() - 1; ++i)
        a += (this->PointN(i + 1).X() - this->PointN(i).X()) *
             (this->PointN(i + 1).Y() + this->PointN(i).Y());
    return fabs(a) / 2.;
}
```

而多边形的面积计算就是先计算出外环包围的面积，减去所有内环包围的面积。代码如下：

```
template<typename CoordT, typename PointT>
double CPolygon<CoordT, PointT>::Area() const
{
    auto a = ExteriorRing().Area();
    for (size_t i = 0; i < NumInteriorRing(); ++i)
        a -= InteriorRingN(i).Area();
    return a;
 }
```

多边形的重心（或称质心、几何中心）的坐标（c_x，c_y）的计算算法如下：

$$\begin{cases} c_x = \dfrac{1}{6A}\displaystyle\sum_{i=1}^{n-1}\left(x_i + x_{i+1}\right)\left(x_i y_{i+1} - x_{i+1} y_i\right) \\ c_y = \dfrac{1}{6A}\displaystyle\sum_{i=1}^{n-1}\left(y_i + y_{i+1}\right)\left(x_i y_{i+1} - x_{i+1} y_i\right) \end{cases}$$

式中，A 为多边形面积；n 为线性环的坐标数，第一个坐标和最后一个坐标相同；x_i 和 y_i 为第 i 个点的坐标。代码如下：

```
template<typename CoordT, typename PointT>
const PointT CPolygon<CoordT, PointT>::Centroid() const
{
    double cx = 0., cy = 0.;
    auto er = ExteriorRing();

    for (size_t i = 0; i < er.NumPoints() - 1; ++i)
    {
        auto d = er.PointN(i).X() * er.PointN(i + 1).Y() -
            er.PointN(i + 1).X() * er.PointN(i).Y();
        cx += (er.PointN(i).X() + er.PointN(i + 1).X()) * d;
        cy += (er.PointN(i).Y() + er.PointN(i + 1).Y()) * d;
    }

    auto a = 1. / (6. * er.Area());
    return PointT(cx * a, cy * a);
}
```

八、OGC 的多点（MultiPoint）类、多直线串（MultiLineString）类和多多边形（MultiPolygon）类

OGC 的 MultiPoint 类也是一个 0 维的几何要素，是由多个点要素组合而成。如果多点要素中没有任何两点相等（即坐标相同），则该多点要素是简单的要素。该要素用 CMultiPoint 类来实现，继承自 CGeometryCollection 类，要重写 CGeometry 类的纯虚函数 Dimension()。此外，还要实现 1 个函数 AddPoint()向对象中添加新的点。如图 2-10 所示，代码如下：

```
template <typename CoordT, typename PointT = CPoint<CoordT>>
class CMultiPoint : public CGeometryCollection
{
public:
    virtual size_t Dimension() const final;
    void AddPoint(const PointT& p);
};

template<typename CoordT, typename PointT>
void CMultiPoint<CoordT, PointT>::AddPoint(const PointT& p)
{
    _Shape.emplace_back(make_shared<PointT>(p));
}
```

OGC 的 MultiLineString 类是多条直线串的组合，如图 2-11 所示，可以用 CMultiLineString 类来实现，该类直接继承自 CMultiCurve，而 CMultiCurve 则继承自 CGeometryCollection 类。CMultiLineString 类需要重写基类 CGeometry 的纯虚函数 Dimension()，并实现一个 AddLineString()成员函数用来添加新的直线串。代码如下：

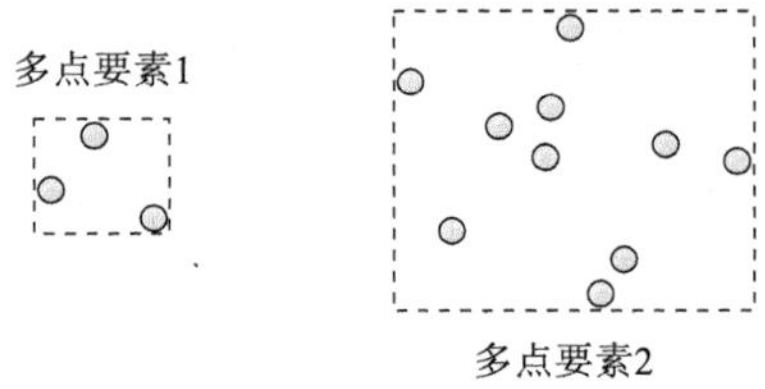

图 2-10 多点要素示意图

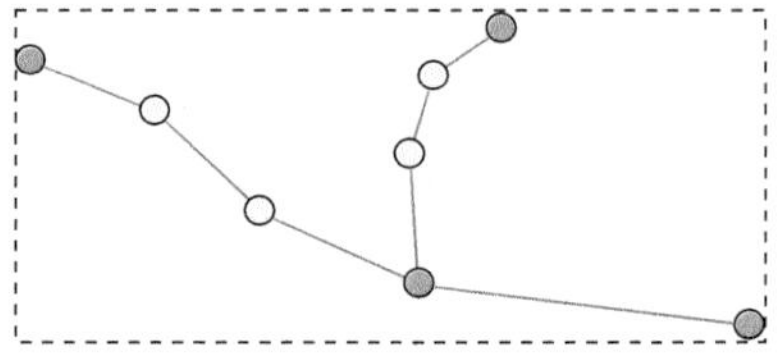

图 2-11 多直线串示意图

```
template <typename CoordT, typename PointT = CPoint<CoordT>>
class CMultiCurve : public CGeometryCollection
{
public:
    virtual bool IsClosed() const = 0;
    virtual double Length() const = 0;
};

template <typename CoordT, typename PointT = CPoint<CoordT>>
class CMultiLineString : public CMultiCurve<CoordT, PointT>
{
public:
    virtual size_t Dimension() const final;
    virtual bool IsClosed() const final;
    virtual double Length() const final;
public:
    void AddLineString(const CLineString<CoordT, PointT>& ls);
};

```

```
template<typename CoordT, typename PointT>
void CMultiLineString<CoordT, PointT>::AddLineString(
        const CLineString<CoordT, PointT>& ls)
{
    CMultiCurve<CoordT, PointT>::_Shape.emplace_back(
        make_shared<CLineString<CoordT, PointT>>(ls));
}
```

OGC 的 MultiPolygon 类是多个多边形的组合，图 2-12 为两个多边形组合成的多多边形，该类型可以用 CMultiPolygon 类实现，继承自 CMultiSurface 类，和上述的多点和多直线串一样，需要重写实现基类的纯虚函数，并添加成员函数 AddPolygon()来向对象中添加新的多边形。代码如下：

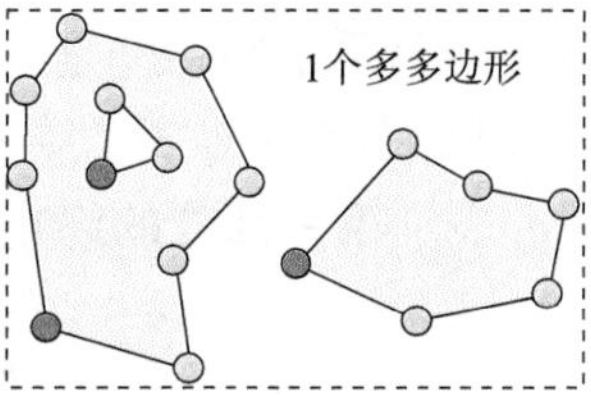

图 2-12　多多边形示意图

```
template <typename CoordT, typename PointT = CPoint<CoordT>>
class CMultiSurface : public CGeometryCollection
{
public:
    virtual double Area() const = 0;
    virtual const PointT Centroid() const = 0;
    virtual const PointT PointOnSurface() const = 0;
};

template <typename CoordT, typename PointT = CPoint<CoordT>>
class CMultiPolygon : public CMultiSurface<CoordT, PointT>
{
public:
    virtual size_t Dimension() const final;
    virtual double Area() const final;
    virtual const PointT Centroid() const final;
    virtual const PointT PointOnSurface() const final;
public:
    void AddPolygon(const CPolygon<CoordT, PointT>& pg);
};

template<typename CoordT, typename PointT>
void CMultiPolygon<CoordT, PointT>::AddPolygon(
        const CPolygon<CoordT, PointT>& pg)
{
    CMultiSurface<CoordT, PointT>::_Shape.emplace_back(
        make_shared<CPolygon<CoordT, PointT>>(pg));
}
```

第二节　基本几何性质

一、线要素简单类型判断

上述的几何要素类 CGeometry 中，OGC 定义了一些几何元素之间的关系判定函数。例如，有一个是判断线和面要素是否是简单类型的函数（IsSimple），不同的几何要素判断其是否是简单要素的条件是不一样的，以线要素是否是简单类型为例，如表 2-1 所示，图中的 s 表示开始节点（s_1 表示第一部分的开始节点，s_2 表示第二部分的开始节点），e 表示终止节点（e_1 表示第一部分的终止节点，e_2 表示第二部分的终止节点）。

表 2-1　几何线要素是否为简单要素的判定条件

几何要素	简单要素判定条件	举例（简单要素）	举例（非简单要素）
LineString	直线串上不经过重复的点，即没有线段相交的情况，则称为简单直线串（包括封闭的情况）	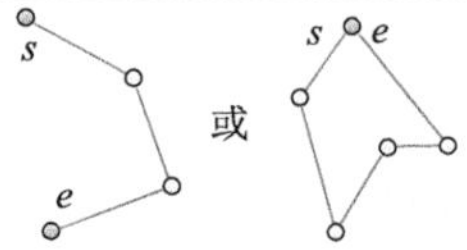	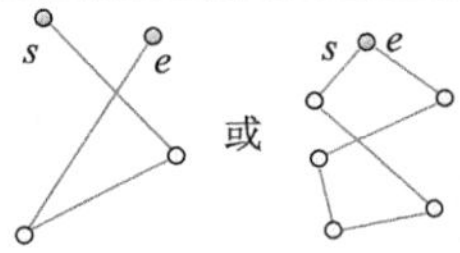
MultiLineString	每个组成直线串都是简单的，各个直线串之间也不相交或仅在顶点处相交	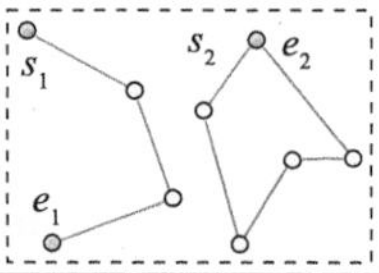	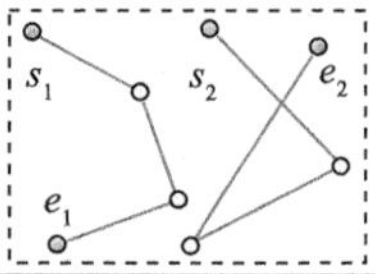

线要素是否是简单要素，就是要判断线要素各个组成线段是否相交。判断线段相交的方法有很多，这里介绍一个简单的算法。首先定义一个三点方向的概念，设在平面上有三个点 P_1、P_2 和 P_3，按顺序连接三个点可以有如下三个方向，即顺时针、逆时针和共线，如图 2-13 所示。

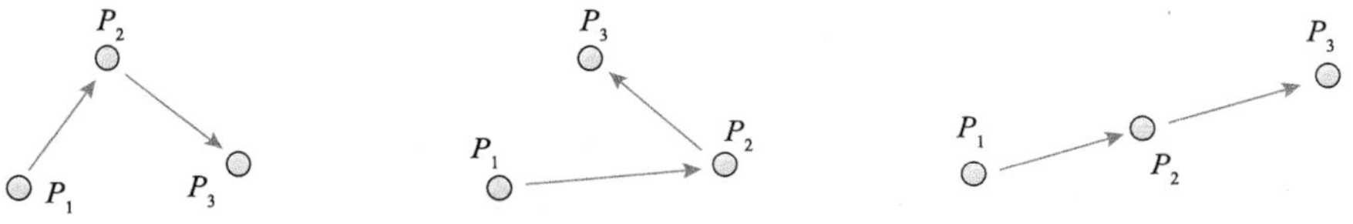

图 2-13　三点方向的定义

有了上述的三点方向，就可以判断两个直线段是否相交。相交的判断算法思想如下。

（1）普通情况的判定：如表 2-2 所示，有两条直线段，分别是（P_1, P_2）和（P_3, P_4），如果两直线段相交，则有三点方向（P_1, P_2, P_3）和（P_1, P_2, P_4）不同（例如，一个是顺时针，另一个是逆时针，或另一个是共线），并且三点方向（P_3, P_4, P_1）和（P_3, P_4, P_2）也不同。否则就不相交。

（2）特殊情况的判定：如表 2-2 所示，三点方向（P_1, P_2, P_3）、（P_1, P_2, P_4）、（P_3, P_4, P_1）和（P_3, P_4, P_2）都共线，如果两个直线段在 x 方向的投影相交且 y 方向的投影也相交，则两个直线段共线且相交，否则共线而不相交。

表 2-2　两直线段相交的判定

	相交		不相交	
普通情况	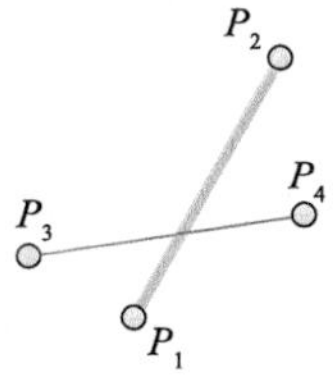	三点方向(P_1, P_2, P_3)为逆时针，(P_1, P_2, P_4) 为顺时针，不同；且三点方向 (P_3, P_4, P_1) 和 (P_3, P_4, P_2) 也不同	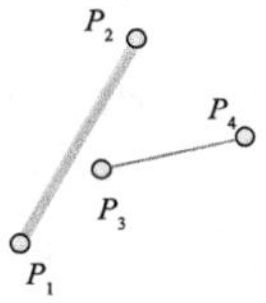	三点方向 (P_1, P_2, P_3) 为顺时针，(P_1, P_2, P_4) 也为顺时针，相同；而三点方向(P_3, P_4, P_1) 和 (P_3, P_4, P_2) 不同
	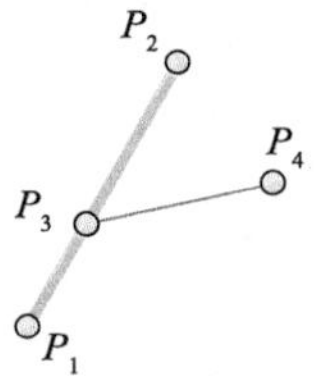	三点方向 (P_1, P_2, P_3) 为共线，(P_1, P_2, P_4) 为顺时针，不同；且三点方向 (P_3, P_4, P_1) 和 (P_3, P_4, P_2) 也不同	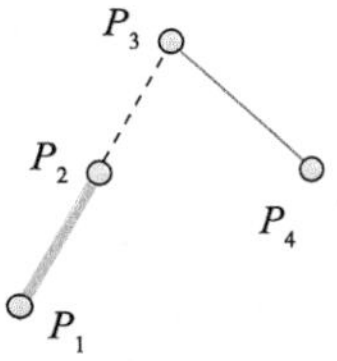	三点方向 (P_1, P_2, P_3) 为共线，(P_1, P_2, P_4) 为顺时针，不同；但三点方向 (P_3, P_4, P_1) 和 (P_3, P_4, P_2) 相同
特殊情况	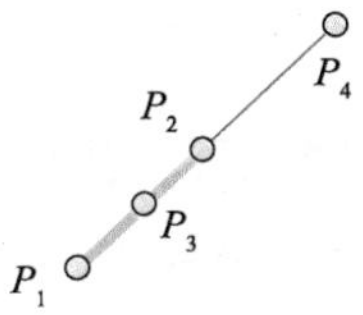	所有点都共线，(P_1, P_2) 和 (P_3, P_4) 在 x 和 y 方向的投影相交	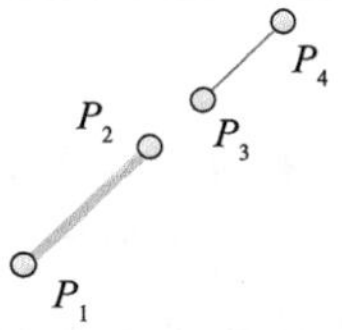	所有点都共线，(P_1, P_2) 和 (P_3, P_4) 在 x 和 y 方向的投影都不相交

对于三点方向的判定，可以采用斜率计算的方式，如图 2-14 所示：P_1 点到 P_2 点的斜率为 $S_{1-2}=(y_2-y_1)/(x_2-x_1)$，$P_2$ 点到 P_3 点的斜率为 $S_{2-3}=(y_3-y_2)/(x_3-x_2)$，如果 S_{1-2} 大于 S_{2-3}，则三点方向是顺时针，反之是逆时针，相等是共线。所以，判断下面这个式子的符号来决定三点方向：$D=(y_2-y_1)(x_3-x_2)-(y_3-y_2)(x_2-x_1)$。如果 D 大于 0，则顺时针；D 小于 0，则逆时针；D 等于 0，则共线。

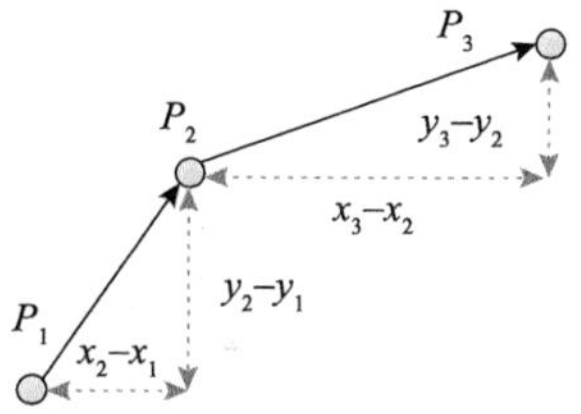

图 2-14　斜率计算判定三点方向

可以设计一个新的拓扑类 CTopology 来实现所有的几何性质的判定，其中，首先定义一个函数 TriPointOrient 来判断三点方向，三点共线函数返回 0，顺时针函数返回 1，逆时针函数返回−1。代码如下：

```
template<typename CoordT, typename PointT = CPoint<CoordT>>
class CTopology
{
public:
    int TriPointOrient(const CoordT& p1, const CoordT& p2,
        const CoordT& p3) const
    bool MBRIntersect(const CoordT& pmin1, const CoordT& pmax1,
        const CoordT& pmin2, const CoordT& pmax2) const;
    CoordT MinXYPoint(const CoordT& p1, const CoordT& p2) const;
    CoordT MaxXYPoint(const CoordT& p1, const CoordT& p2) const;
    bool SegmentIntersect(const CoordT& p1, const CoordT& p2,
        const CoordT& p3, const CoordT& p4) const;
```

```
    bool PointInLinearRing(const CoordT& p,
        const CLinearRing<CoordT, PointT>& lr) const;
};

template<typename CoordT, typename PointT>
int CTopology<CoordT, PointT>::TriPointOrient(
    const CoordT& p1, const CoordT& p2, const CoordT& p3) const
{
    auto ds = (p2.Y() - p1.Y()) * (p3.X() - p2.X()) -
        (p2.X() - p1.X()) * (p3.Y() - p2.Y());

    if (fabs(ds) < 1.e-6)
        return 0;
    return ds > 0. ? 1 : -1;
}
```

有了三点方向的判断函数，接下来就可以实现线段相交的判断函数了，其中对于普通情况的判断比较简单，但对于特殊情况中的在 x 和 y 方向投影相交的判断需要先写一个函数来解决。这可以通过判断直线段的最小外接矩形（minimum bounding rectangle，MBR）是否相交来实现，如图 2-15 所示。

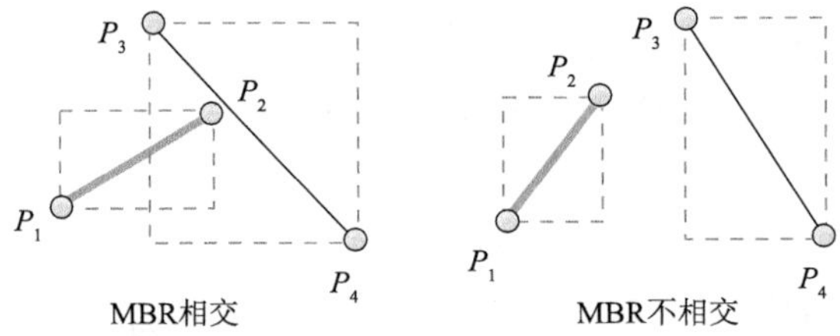

图 2-15　直线段 MBR 相交的示意图

直线段的 MBR 可以用两个点要素来表达，即最小 XY 坐标点和最大 XY 坐标点。可以先写两个函数来求得直线段的最小 XY 坐标点和最大 XY 坐标点，函数名分别为 MinXYPoint 和 MaxXYPoint。函数的参数就是直线段的首末两点，返回值是组成直线段 MBR 的最小 XY 坐标点或最大 XY 坐标点。代码如下：

```
template<typename CoordT, typename PointT>
CoordT CTopology<CoordT, PointT>::MinXYPoint(const CoordT& p1,
    const CoordT& p2) const
{
    CoordT c;
    c.SetX(fmin(p1.X(), p2.X()));
    c.SetY(fmin(p1.Y(), p2.Y()));
    return c;
}

template<typename CoordT, typename PointT>
CoordT CTopology<CoordT, PointT>::MaxXYPoint(const CoordT& p1,
```

```
    const CoordT& p2) const
{
    CoordT c;
    c.SetX(fmax(p1.X(), p2.X()));
    c.SetY(fmax(p1.Y(), p2.Y()));
    return c;
}
```

利用上述的代码，就可以进一步写出判断两个直线段的 MBR 是否相交的函数，函数名为 MBRIntersect，参数为第一条直线段 MBR 的最小 XY 点 pmin1、最大 XY 点 pmax1；第二条直线段 MBR 的最小 XY 点 pmin2、最大 XY 点 pmax2。代码如下：

```
template<typename CoordT, typename PointT>
bool CTopology<CoordT, PointT>::MBRIntersect(const CoordT& pmin1,
    const CoordT& pmax1, const CoordT& pmin2, const CoordT& pmax2) const
{
    if (pmax1.X() < pmin2.X() || pmin1.X() > pmax2.X() ||
        pmax1.Y() < pmin2.Y() || pmin1.Y() > pmax2.Y())
        return false;

    return true;
}
```

最后，就可以写出判断两条直线段是否相交的函数 SegmentIntersect，函数的参数是第一条直线段的首末点 p1 和 p2，以及第二条直线段的首末点 p3 和 p4。代码如下：

```
template<typename CoordT, typename PointT>
bool CTopology<CoordT, PointT>::SegmentIntersect(const CoordT& p1,
    const CoordT& p2, const CoordT& p3, const CoordT& p4) const
{
    auto pmin1 = MinXYPoint(p1, p2);
    auto pmax1 = MaxXYPoint(p1, p2);
    auto pmin2 = MinXYPoint(p3, p4);
    auto pmax2 = MaxXYPoint(p3, p4);

    if (!MBRIntersect(pmin1, pmax1, pmin2, pmax2))  // MBR 不相交
        return false;

    if (TriPointOrient(p1, p2, p3) != TriPointOrient(p1, p2, p4) &&
        TriPointOrient(p3, p4, p1) != TriPointOrient(p3, p4, p2))
        return true;

    return false;
}
```

这样，就可以写出 CCurve 类判断是否是简单要素的函数 IsSimple，只要将曲线中的每一

段直线段取出来（即依次取出连续的两点），和其他直线段进行相交判定，存在相交的情况直线串就不是简单要素。需要注意的是，每个直线段只和其不相连的直线段进行判定，有共同节点的相连直线段不做判断。代码如下：

```
template<typename CoordT, typename PointT>
bool CCurve<CoordT, PointT>::IsSimple() const
{
    CTopology<CoordT> tp;
    for (size_t i = 0; i < _Vertex.size(); ++i)
        for (size_t j = i + 2; j < _Vertex.size(); ++j)
            if (tp.SegmentIntersect(_Vertex[i], _Vertex[i + 1],
                _Vertex[j], _Vertex[j + 1]))
                return false;
    return true;
}
```

二、点在多边形内判断

还有一个常用的几何性质就是判断点是否在多边形之内，一个通用的算法是铅垂线算法，或称为射线（ray-casting）算法。该判断方法是：由点的位置向某一方向作射线，如果是横向作射线，就叫作射线算法；如果是垂直方向作射线，则叫作铅垂线算法。至于向哪个方向作，其结果是没有区别的。判断该射线与某多边形所有边界相交的总次数，如相交 0 次或偶数次，则待判点在多边形的外部；如为奇数次，则待判点在多边形内部。如图 2-16 所示，为五个点 *abcde* 分别作铅垂线与多边形 *ABCDEA* 相交的情况。

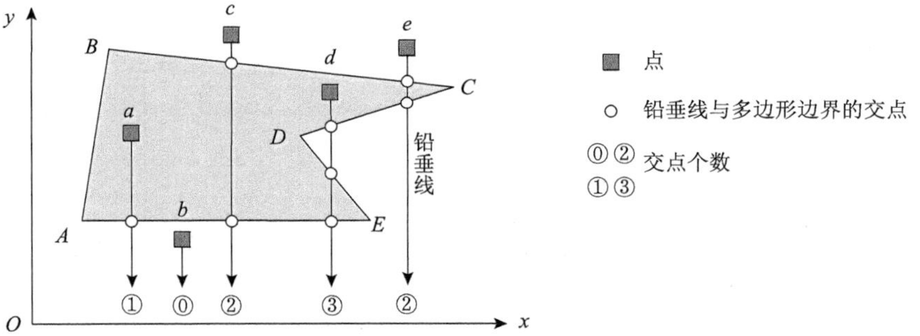

图 2-16　判断点在多边形内的射线算法

可以在 CPoint 类与 CLinearRing 类之间实现点在多边形内的判定功能。在上述的 CTopology 类中添加一个函数 PointInLinearRing 来实现点在线性环中的判定。由于 OGC 中所有的多边形都是由若干个线性环组成的，所以要判断一个点是在多边形的内部还是外部，只要判断该点是在外环的内部同时在内环的外部，就可以判定该点是在多边形内部了。所以首先要实现点在线性环内部的判定算法。代码如下：

```
template<typename CoordT, typename PointT>
    bool CTopology<CoordT, PointT>::PointInLinearRing(const CoordT& p,
    const CLinearRing<CoordT, PointT>& lr) const
{
```

```
    bool bIn = false;
    for (size_t i = 0, j = lr.NumPoints() - 1; i < lr.NumPoints(); j = i++)
    {
        if (((lr.PointN(i).Y() > p.Y()) != (lr.PointN(j).Y() > p.Y())) &&
           (p.X() < (lr.PointN(j).X() - lr.PointN(i).X()) *
           (p.Y() - lr.PointN(i).Y()) / (lr.PointN(j).Y() - lr.PointN(i).Y())
            + lr.PointN(i).X()))
            bIn = !bIn;
    }
    return bIn;
}
```

实 验 习 题

1. 从 OGC 网站下载最新的 GIS 简单要素模型的说明文档，学习相关内容。
2. 上机输入本章代码，并补充正文中所缺的相关代码，编译通过。

主要参考文献

马劲松. 2020. 地理信息系统基础原理与关键技术[M]. 南京：东南大学出版社.

OGC. 1999. OpenGIS® Simple Features For OLE/COM[EB/OL]. https://www.ogc.org/ standard/sfo/[2023-7-1].

第三章　矢量数据结构和 Shapefile

以点、线、面几何元素形式表达的地理空间数据称为矢量数据。第二章中讨论了点、线、面等几何元素的类的结构和基本功能。在 GIS 中，通常这些相同性质的几何元素又聚集成地理空间数据层，再由若干个地理空间数据层组合成地理空间数据集，最后由地理空间数据集组成地理空间数据库。其层次结构和包含关系如图 3-1 所示。

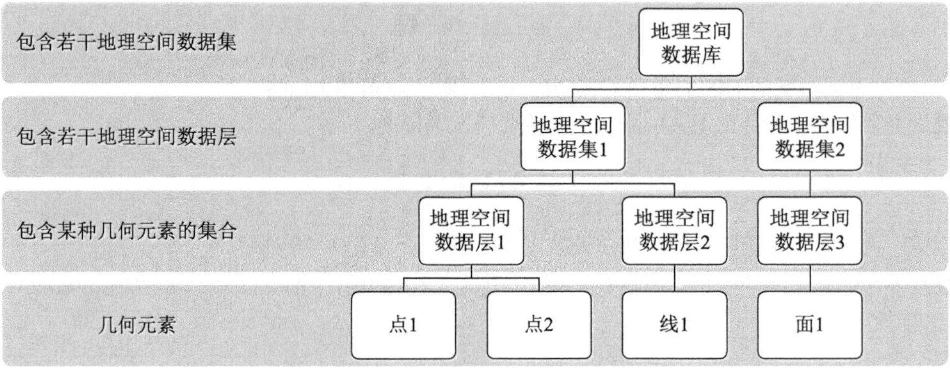

图 3-1　矢量数据的层次组织

第一节　地理空间数据层

GIS 中的地理空间数据层（简称空间数据层）是某一个地区相同几何性质的空间要素的集合。空间数据层有多种类型，最为常见的两种类型为矢量数据的数据层和栅格数据的数据层。所以，在设计空间数据层的时候，要用几个类来表达不同空间数据层类型的层次和组织结构。

我们可以设计一个空间数据层类，它作为矢量数据层和栅格数据层的基类，名为 CGeoLayer。然后再设计一个矢量数据层，名为 CVectorLayer，以及一个栅格数据层，名为 CRasterLayer。矢量数据层和栅格数据层都从空间数据层类中派生出来，继承空间数据层中共同的一些性质，如空间元数据和空间数据、属性元数据和属性数据，以及空间数据的输入输出方法等。

一个空间数据层的空间元数据涉及的方面很多，如国际标准化组织的 ISO 19115 定义了空间元数据的一种标准。我们在本章中仅仅实现其中必不可少的一小部分空间元数据（用结构 GEO_META_DATA 实现），其中包括数据存储的位置（可以是文件在硬盘中存储的路径，也可以是数据库的连接）、数据名称（可以是空间数据文件名，也可以是空间数据库中的表的名称）、数据类型（用枚举类型 ESourceType 实现）、空间范围（用结构 GEOEXTENT 实现）和包含空间要素的数量等。地理坐标系和投影坐标系等元数据放在第九章中讨论，同样，属性元数据也放在第六章中讨论并实现。

一个空间数据层中的空间数据包括所有的矢量空间要素（点、线、面）或栅格数据。本章先讨论并实现其中的矢量空间数据,栅格空间数据和栅格数据层放在第五章中讨论并实现。

矢量空间数据以空间数据记录（用 CGeoRecord 类实现）组成的列表（用 CGeoTable 类实现）形式存储在空间数据层中，一个空间数据记录包含一个空间要素（例如点类 CPolint、线类 CLineString、多边形类 CPolygon 等，也可以包含后面要讨论的栅格数据类 CRaster），每个空间数据记录除了要素的坐标数据以外，还要有一个唯一确定该空间要素的标识符（Identifier，ID）。通过该 ID 可以查找到其对应的属性数据记录。这是 GIS 中地理关系数据模型的实现方式。

空间数据层和矢量数据层的 UML 类图如图 3-2 所示。其中，空间数据层类 CGeoLayer 是一个不能实例化的抽象类，矢量数据层 CVectorLayer 则可以形成空间数据层类的一个实例化对象。

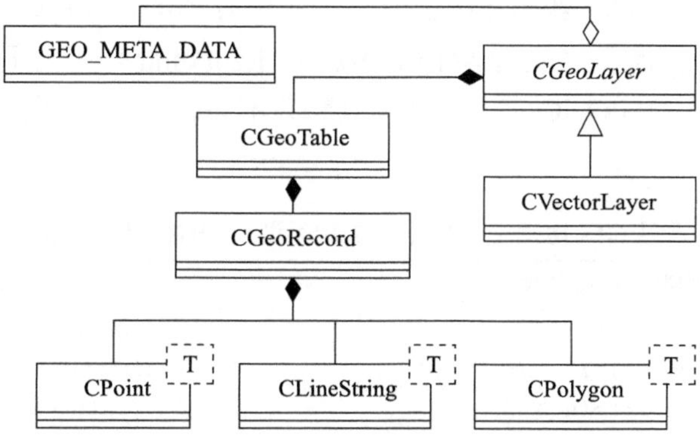

图 3-2　空间数据层和矢量数据层的 UML 类图

一、空间元数据

空间元数据结构 GEO_META_DATA 的定义如下：_Source 是空间数据的存储位置，如文件夹的路径或数据库的连接；_Name 是数据名称，如空间数据文件名，或空间数据库表名；_SourceType 是空间数据源的类型，如 Shapefile 文件、ESRI 文本栅格数据等；_GeoType 是空间要素的类型，如矢量点要素，或整型栅格数据等；_Extent 是空间数据的范围；_FeatureCount 是包含的矢量空间要素的个数，或栅格数据的波段数等。代码如下：

```
struct GEO_META_DATA
{
    wstring _Source{ L"" };
    wstring _Name{ L"" };
    ESourceType _SourceType{ ESourceType:: Unknown_Source };
    EGeoType _GeoType{ EGeoType::NullShape };
    GEOEXTENT _Extent;
    size_t _FeatureCount{ 0 };
};
```

上述空间元数据结构中的空间数据源的类型，用下面的枚举类型定义：

```
enum class ESourceType : uint32_t
{
    Unknown_Source = 0,                    // 未知类型
    ESRI_Shapefile = 1,                    // ESRI 的 Shapefile
                                           // 其他类型……
    ESRI_ASCII_Raster_Int = 1000,          // ESRI 的整型 ASCII 栅格数据
    ESRI_ASCII_Raster_Float = 1002,        // ESRI 的浮点型 ASCII 栅格数据
    ESRI_BIL_RASTER = 1004                 // ESRI 的 BIL 格式栅格数据
};
```

按照 ESRI 的 Shapefile 的设定，通常 GIS 数据层中的矢量要素类型包括：点（Point）、折线（PolyLine）、多边形（Polygon）、多点（MultiPoint）、具有 *Z* 值的三维点（PointZ）、具有 *Z* 值的三维折线（PolyLineZ）、具有 *Z* 值的三维多边形（PolygonZ）、具有 *Z* 值的多点（MultiPointZ）、具有 *M* 值的三维点（PointM）、具有 *M* 值的三维折线（PolyLineM）、具有 *M* 值的三维多边形（PolygonM）、具有 *M* 值的多点（MultiPointM）、多面体（MultiPatch）等。

上述的矢量要素类型与 OGC 定义的几何类型并不完全一致，它们之间的对应关系如表 3-1 所示。

表 3-1　常见 GIS 地理空间数据层要素类型与 OGC 几何元素类型的关系

几何类型	空间数据层空间要素类型	OGC 几何类
点	EGeoType::Point	CPoint<XY>
	EGeoType::MultiPoint	CMultiPoint<XY>
	EGeoType::PointZ	CPoint<XYZM>
	EGeoType::MultiPointZ	CMultiPoint<XYZM>
	EGeoType::PointM	CPoint<XYM>
	EGeoType::MultiPointM	CMultiPoint<XYM>
线	EGeoType::PolyLine	CLineString<XY> 或 CMultiLineString<XY>
	EGeoType::PolyLineZ	CLineString<XYZM> 或 CMultiLineString<XYZM>
	EGeoType::PolyLineM	CLineString<XYM> 或 CMultiLineString<XYM>
面	EGeoType::Polygon	CPolygon<XY> 或 CMultiPolygon<XY>
	EGeoType::PolygonZ	CPolygon<XYZM> 或 CMultiPolygon<XYZM>
	EGeoType::PolygonM	CPolygon<XYM> 或 CMultiPolygon<XYM>
多面体	EGeoType::MultiPatch	CPolyHedralSurface<XYZM>

因此，空间数据层的空间要素类型的定义如下：

```
enum class EGeoType : uint32_t
{
    NullShape = 0,
    Point = 1,  PolyLine = 3,   Polygon = 5,        MultiPoint = 8,
    PointZ = 11,    PolyLineZ = 13, PolygonZ = 15,  MultiPointZ = 18,
    PointM = 21,    PolyLineM = 23, PolygonM = 25,  MultiPointM = 28,
    MultiPatch = 31, TIN = 33,  IntRaster = 9,  FloatRaster = 19
};
```

空间数据范围的结构定义如下，包含了 X、Y、Z、M 四维的最大最小值。

```
struct GEOEXTENT
{
    double _MinX, _MinY, _MinZ, _MinM;
    double _MaxX, _MaxY, _MaxZ, _MaxM;
};
```

二、空间数据

空间数据层中的空间数据以空间数据列表（CGeoTable 类）的形式来组织，列表中包含若干空间数据记录（CGeoRecord 类）。每个空间数据记录包含一个空间要素的 ID 码和其几何要素（坐标数据）。CGeoRecord 类定义如下，因为比较简单，就不再给出具体的实现代码，学生们可以自行实现：

```
class CGeoRecord
{
public:
    CGeoRecord() = delete;
    CGeoRecord(size_t ID, shared_ptr<CGeometry> pGeometry);

    size_t GetID() const;
    void SetID(size_t ID);

    const CGeometry& GetGeometry() const;
    void SetGeometry(shared_ptr<CGeometry> pGeometry);

private:
    size_t _ID{ 0 };
    shared_ptr<CGeometry> _pGeometry{ nullptr };
};
```

空间数据列表类 CGeoTable 的定义如下：

```
class CGeoTable
{
private:
    vector<CGeoRecord> _Records;              // 空间数据记录的数组
    map<size_t, size_t> _IdToRecIdx;          // 用于从记录 ID 查找记录的数组下标

    size_t _CurrentIdx{ 0 };                  // 用于遍历记录的当前记录数组下标
    long long FindRecordIndex(size_t ID);     // 查找 ID 的数组下标,未找到返回-1

public:
    const CGeoRecord& GetRecord(size_t ID); // 按 ID 查找空间数据记录

    size_t AddRecord(const CGeoRecord& Rec); // 添加一个空间数据记录
```

```
    size_t AddRecord(shared_ptr<CGeometry> pGeometry, size_t ID);

    void DeleteRecord(size_t ID);                // 删除标识码为 ID 的记录

    void FromBegin();                            // 初始化从第一个记录进行遍历
    void MoveToNext();                           // 遍历到下一个记录
    bool IsEnd() const;                          // 是否遍历完所有的记录
    const CGeoRecord& CurrentRecord();           // 返回当前遍历记录
};
```

下面给出一个 AddRecord()成员函数的实现代码，其中，假定所有的空间数据记录的 ID 码都是唯一且不重复的，所以代码并没有对这一要求是否满足进行判断。类中其他函数的代码学生们可以自行实现。

```
size_t CGeoTable::AddRecord(shared_ptr<CGeometry> pGeometry, size_t ID)
{
    size_t Idx = _Records.size();
    _Records.emplace_back(CGeoRecord(ID, pGeometry));
    _IdToRecIdx[ID] = Idx;
    return Idx;
}
```

三、空间数据层

在定义了上述的空间元数据和空间数据列表与记录以后，就可以实现空间数据层的类定义了。代码如下所示，其中定义了四个虚函数分别从各种不同的数据源（CDataSource 类）中读取空间元数据和空间数据，以及向不同的空间数据源中保存空间元数据和空间数据。这些函数的功能可以由继承该类的特定的矢量数据层类或栅格数据层类来实现，也可以使用该空间数据层基类中的实现。

```
class CGeoLayer
{
public:
    GEO_META_DATA _GeoMetaData;           // 空间元数据
    CGeoTable _GeoTable;                  // 空间数据列表

    // 属性元数据、属性数据表、坐标系统数据(在后续章节补充)

public:
    virtual void LoadGeoMetaData(CDataSource& DataSource); // 加载空间元数据
    virtual void LoadGeoData(CDataSource& DataSource);     // 加载空间数据

    virtual void SaveGeoMetaData(CDataSource& DataSource); // 存储空间元数据
    virtual void SaveGeoData(CDataSource& DataSource);     // 存储空间数据
};
```

本章只讨论矢量数据层类的实现，由于一般性的矢量数据层和后面要讨论的栅格数据层可以直接使用基类 CGeoLayer 中的输入输出函数，所以就不用重写上述 CGeoLayer 中的存取数据的函数，代码如下所示：

```
class  CVectorLayer : public CGeoLayer
{
public:
    // 其他数据在后续章节补充
};
```

我们看到，在这里我们需要实现矢量数据从空间数据源中读取和向空间数据源中保存的功能。由于 GIS 中有多种不同的空间数据源，如各种格式的空间数据文件和各种空间数据库，所以，必须先抽象出一个空间数据源的类来表示所有空间数据源共性的数据和功能，具体的空间数据源则可以从这个抽象类中派生出来，这样有利于用相同的方法来实现不同的空间数据文件或数据库的数据输入输出。抽象类空间数据源定义如下：

```
class CDataSource
{
public:
    CDataSource() = delete;
    CDataSource(const wstring& Source,
        const wstring& Name,
        ESourceType SourceType);

public:
    GEO_META_DATA _GeoMetaData;                    // 空间元数据

    virtual void GetGeoMetaData() = 0;         // 读取空间元数据
    virtual void SaveGeoMetaData() = 0;        // 保存空间元数据

    virtual shared_ptr<CGeometry> GetGeometry(size_t& ID) = 0;
    virtual void SaveGeometry(size_t ID, shared_ptr<CGeometry> pGeometry) = 0;
};
```

上述类中主要的接口是 GetGeoMetaData()、SaveGeoMetaData()、GetGeometry()和 SaveGeometry()，它们分别负责读入空间元数据、存储空间元数据、读入空间数据中的一个要素和存储空间数据中的一个要素，具体实现取决于继承它的子类。例如，GIS 中最常用的矢量数据文件是 ESRI 的 Shapefile，我们可以把 Shapefile 作为 CDataSource 的一个可实例化的派生类来设计，完成从 Shapefile 中读取矢量空间数据和向 Shapefile 中保存矢量空间数据的功能。本章第二节就简单介绍 Shapefile 文件的格式及其存取方法。

第二节 Shapefile 文件

ESRI 的 Shapefile 文件由于结构是开放的，所以目前成为实际上的 GIS 空间数据标准。

一个 Shapefile 数据至少要包括三个文件：一个主文件（*.shp）、一个索引文件（*.shx）和一个 dBASE Ⅲ属性表文件（*.dbf）。此外还可以有定义空间参照系的投影文件（*.prj）等。

主文件是一个记录长度可变的二进制文件，其中每个记录包含一个要素（点、线或多边形）的所有坐标。在索引文件中，每条记录包含它对应的主文件记录距离主文件头开始的字节偏移量，所以索引文件的作用是加速记录查询，这个功能与上述空间数据列表 CGeoTable 中 map<size_t, size_t> _IdToRecIdx 的作用相似。

dBASE Ⅲ是 20 世纪 90 年代初流行的桌面个人数据库系统，其二进制文件结构也是公开的，被用来存储属性数据表，包含了主文件中每一个要素的属性记录。主文件中要素记录和其属性记录之间的一一对应关系是基于相同的记录 ID 码。在 dBASE Ⅲ文件中的属性记录必须和主文件中的要素记录顺序是相同的。

对于 Shapefile 详细的文件结构，可以参考本章结尾参考文献 *ESRI Shapefile White Paper*，该白皮书详尽描述了 Shapefile 的文件结构。限于篇幅，在此仅仅对点、线、面等最为常见的几何要素略作介绍。参考完整白皮书的内容，就可以编写程序来读写 Shapefile 文件。

一、主文件及其文件头

Shapefile 主文件就是坐标文件（.shp），由固定长度的文件头和紧接着的可变长度坐标数据记录组成。文件头是 100 个字节的说明信息，主要说明文件的长度、Shape 类型、整个 Shape 数据的空间范围等，这些信息构成了空间数据的元数据。定义如下：

```
struct  SHAPEMAINHEADER // 100 bytes
{
    uint32_t _FileCode, _Unused[5], _FileLength, _Version, _ShapeType;
    double _Xmin, _Ymin, _Xmax, _Ymax, _Zmin, _Zmax, _Mmin, _Mmax;
};
```

紧接文件头后面的变长度空间数据记录由固定长度的记录头和变长度记录内容组成，其记录结构基本类似。记录头的内容包括记录号（_RecordNumber）和坐标记录长度（_ContentLength）两项，Shapefile 文件中的记录号都从 1 开始，坐标记录长度是按 16 位字（双字节数）来计算的。记录头的代码如下：

```
struct RECORDHEADER
{
    uint32_t _RecordNumber, _ContentLength;
};
```

可以定义类 CShapefile 来实现读写 Shapefile 文件，该可实例化的类继承自抽象类 CDataSource。正如前面看到的那样，抽象类空间数据层 CGeoLayer 中对 CDataSource 类是关联的关系，由此使得可实例化的矢量数据层 CVectorLayer 类也与 CShapefile 类形成关联关系。这样设计使得空间数据层和各种空间数据源之间能够形成一种松耦合的联系，如图 3-3 所示。

为了不至于篇幅太长，这里我们只列出了 CShapefile 类中读取 Shapefile 空间元数据和空间数据的代码。读取属性元数据、属性数据、坐标参照系数据，以及向 Shapefile 保存上述数据的代码暂时都不列出，留待需要的时候补充，学生们也可以自行实现它们。代码如下：

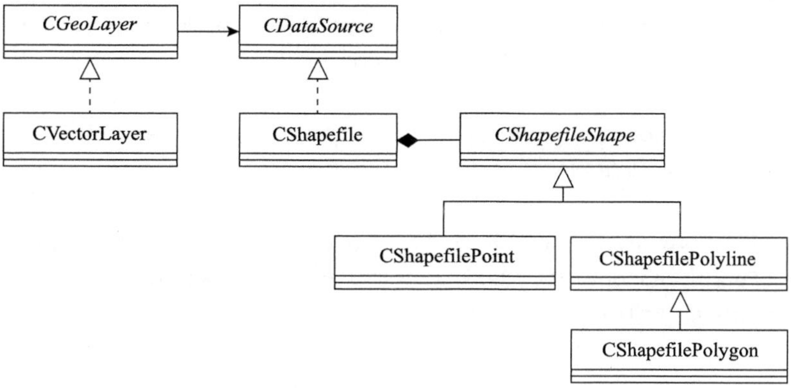

图 3-3　空间数据层与空间数据源的 UML 类图

```
class CShapefile final : public CDataSource
{
public:
    CShapefile(const wstring& Source, const wstring& Name,
        ESourceType SourceType);
    ~CShapefile();

public:
    virtual void GetGeoMetaData() override; // 读取空间元数据
    virtual shared_ptr<CGeometry> GetGeometry(size_t& ID) override;

protected:
    RECORDHEADER _RecordHeader;           // 记录头数据
    void ReadRecordHeader();              // 读取记录头数据

private:
    ifstream _MainFileIn;                 // 主文件
    ifstream _IndexFileIn;                // 索引文件

    unique_ptr<CShapefileShape> _pShapefileShape;          // 存取要素的指针

    void OpenReadShpHeader(SHAPEMAINHEADER& MainHeader);   // 读取主文件头
    void OpenReadIdxHeader(SHAPEMAINHEADER& IndexHeader);  // 读取索引文件头
};
```

下面是读取主文件头的代码，读取索引文件头函数代码与此相似，区别在于主文件是以*.shp 为文件扩展名，而索引文件是以*.shx 为文件扩展名。两个文件的文件头的结构是完全一样的。

在下面的代码中有一个 ChangeByteOrder 函数用来实现不同字节顺序的转换。因为在 Shapefile 文件中，涉及记录长度等信息都是用大端字节顺序编码的，所以在程序里要把字节的顺序颠倒过来使用。

```
void CShapefile::OpenReadShpHeader(SHAPEMAINHEADER& MainHeader)
{
```

```
    _MainFileIn.open(_GeoMetaData._Source + _GeoMetaData._Name,
        ios_base::in | ios_base::binary);

    _MainFileIn.read(reinterpret_cast<char*>(&MainHeader),
        sizeof(SHAPEMAINHEADER));

    CBasicFunc::ChangeByteOrder(sizeof(uint32_t), &(MainHeader._FileCode));
    CBasicFunc::ChangeByteOrder(sizeof(uint32_t), &(MainHeader._FileLength));
    MainHeader._FileLength <<= 1;
}
```

二、主文件记录

主文件头后紧接着的是主文件记录，记录内容包括要素的几何类型和具体的坐标数据（*X* 和 *Y*），也可能有 *Z* 坐标和 *M* 坐标。记录坐标内容因要素几何类型的不同而各异。在此主要讨论最常见的点、线和多边形记录的内容。

Shapefile 二维点要素的记录存储结构如表 3-2 所示。

表 3-2　Shapefile 二维点要素存储记录内容

字节偏移	名称	值	类型
0	要素类型代码	1	4 字节整型
4	*X* 坐标	坐标值	8 字节双精度
12	*Y* 坐标	坐标值	8 字节双精度

上述 Shapefile 的二维点要素其坐标对应着 OGC 中的 CPoint<XY>类，如果 Shapefile 点要素还有 *M* 坐标或 *Z* 坐标，则对应于 OGC 的 CPoint<XYM>类和 CPoint<XYZM>类。我们先设计一个抽象类 CShapefileShape 作为存取 Shapefile 中各种几何要素的类的基类，提供读取和保存各种几何要素的功能接口。然后再设计一个可实例化的 CShapefilePoint 类继承该抽象类，具体读取和保存 Shapefile 中的点要素。CShapefileShape 类的定义如下：

```
class CShapefileShape
{
public:
    virtual shared_ptr<CGeometry> ReadShape(ifstream& MainFileIn) = 0;
    virtual void WriteShape(ofstream& MainFileOut,
        const shared_ptr<CGeometry> pGeometry) = 0;
};
```

CShapefilePoint 类用来专门负责在 Shapefile 文件中读取和保存点要素。由于点要素可能带有 *M* 坐标或 *Z* 坐标，所以，在该类中实现存取点坐标的接口函数中要判断各种坐标的情况，代码如下：

```
class CShapefilePoint : public CShapefileShape
{
public:
```

```
    virtual shared_ptr<CGeometry> ReadShape(ifstream& MainFileIn) override;
    virtual void WriteShape(ofstream& MainFileOut,
        const shared_ptr<CGeometry> pGeometry) override;
};

shared_ptr<CGeometry> CShapefilePoint::ReadShape(ifstream& MainFileIn)
{
    EGeoType Type;
    MainFileIn.read(reinterpret_cast<char*>(&Type), sizeof(uint32_t));

    double data[4];
    if (Type == EGeoType::Point)
    {
        MainFileIn.read(reinterpret_cast<char*>(data), sizeof(XY));
        return make_shared<CPoint<XY>>(XY(data));
    }
    else if(Type == EGeoType::PointM)
    {
        MainFileIn.read(reinterpret_cast<char*>(data), sizeof(XYM));
        return make_shared<CPoint<XYM>>(XYM(data));
    }
    else if(Type == EGeoType::PointZ)
    {
        MainFileIn.read(reinterpret_cast<char*>(data), sizeof(XYZM));
        return make_shared<CPoint<XYZM>>(XYZM(data));
    }
}
```

Shapefile 的线要素结构较为复杂，二维的线要素记录存储结构如表 3-3 所示：

表 3-3　Shapefile 二维线要素存储记录内容

字节偏移	名称	值	类型	数量
0	要素类型代码	3	4 字节整型	1
4	范围（Box）	$X_{min}, Y_{min}, X_{max}, Y_{max}$	8 字节双精度	4
36	组合数（NumParts）	$1,\cdots,n$	4 字节整型	1
40	总坐标数（NumPoints）	$2,\cdots,n$	4 字节整型	1
44	各组合坐标起始（Parts）	[0, …]	4 字节整型	NumParts
X	点坐标数组（Points）	[X_0, Y_0, …]	一对 8 字节双精度	NumPoints

注：$X = 44 + 4\times$NumParts

表 3-3 中的 Parts 是线要素各个组成部分的坐标在点坐标数组（Points）中的起始下标，从 0 开始计算。如果组合数 NumParts 等于 1，就是一个简单的线要素，没有组合部分，相当于 OGC 模型中的 CLineString 类。如果组合数 NumParts 大于 1，则包含多个组合部分，相当于 OGC 模型中的 CMultiLineString 类。所以，在实现的时候，要加以区别对待。

与读取点要素相似，我们设计一个 CShapefilePolyline 类来读取 Shapefile 二维线要素。代码如下：

```
class CShapefilePolyline : public CShapefileShape
{
public:
    virtual shared_ptr<CGeometry> ReadShape(ifstream& MainFileIn) override;
    virtual void WriteShape(ofstream& MainFileOut,
        const shared_ptr<CGeometry> pGeometry) override;

protected:
    uint32_t _NumPoints;    // 总坐标数
    double _Box[8];         // minx, miny, maxx, maxy, minm, minm, maxz, maxz
    uint32_t _NumParts;     // 组成部分的个数

private:
    // 读一条简单线要素
    shared_ptr<CGeometry> ReadSinglePolyLine(ifstream& MainFileIn) const;
    // 读一条组合线要素
    shared_ptr<CGeometry> ReadPolyPolyLine(ifstream& MainFileIn) const;
};
```

下面是读取一条线要素的函数代码，其中根据情况，调用了读取简单线要素或组合线要素的私有成员函数。

```
shared_ptr<CGeometry> CShapefilePolyline::ReadShape(ifstream& MainFileIn)
{
    EGeoType Type;                                              // Polyline 类型
    MainFileIn.read(reinterpret_cast<char*>(&Type), sizeof(uint32_t));
    MainFileIn.read(reinterpret_cast<char*>(_Box), sizeof(double) * 4);
    MainFileIn.read(reinterpret_cast<char*>(&_NumParts), sizeof(uint32_t));
    MainFileIn.read(reinterpret_cast<char*>(&_NumPoints), sizeof(uint32_t));

    if (_NumParts == 1)                                         // 简单线要素
        return ReadSinglePolyLine(MainFileIn);                  // 读入简单线要素
    else
        return ReadPolyPolyLine(MainFileIn);                    // 读入组合线要素
}
```

读入简单线要素的实现较为简单，在此列出读入组合线要素的代码。为了节省篇幅，所以没有进一步把 XYM 和 XYZM 坐标的情况加进去，只实现了 XY 坐标的组合线要素的读取功能。

```
shared_ptr<CGeometry> CShapefilePolyline::ReadPolyPolyLine(
    ifstream& MainFileIn) const
{
    // 各个组成部分的坐标起始下标，0 开始
    auto Parts = make_unique<uint32_t[]>(_NumParts);
```

```
    MainFileIn.read(reinterpret_cast<char*>(Parts.get()),
        sizeof(uint32_t) * _NumParts);

    auto pMultiLineString = make_shared<CMultiLineString<XY>>();// 组合线要素

    for (uint32_t i = 0; i < _NumParts; ++i)
    {
        auto NumPntInPart =
            ((i != _NumParts - 1) ? Parts[i + 1] : _NumPoints) - Parts[i];
        vector<XY> Points(NumPntInPart);
        MainFileIn.read(reinterpret_cast<char*>(Points.data())
            sizeof(XY) * NumPntInPart);

        CLineString<XY> ls;                      // 简单线要素
        ls.AddVertex(move(Points));              // 加入坐标点
        pMultiLineString->AddLineString(move(ls)); // 添加进组合线要素中
    }

    pMultiLineString->SetExtent(_Box[0], _Box[2], _Box[1], _Box[3]);
    return pMultiLineString;
}
```

Shapefile 中多边形要素的存储结构和线要素完全一样，只是其中的坐标表达的是多边形的边界。所以，在设计读取多边形要素的类 CShapefilePolygon 时，可以从读取线要素的类 CShapefilePolyline 中派生出来，继承线要素的类方法可以读取多边形的边界线形成 CLineString 类对象，也可以加入自身读取多边形的方法形成 CPolygon 类对象。同样也是为了节省篇幅，没有列出读取 XYM 和 XYZM 坐标的多边形要素，只读取了最常见的 XY 坐标的多边形要素，CShapefilePolygon 类定义如下：

```
class CShapefilePolygon final : public CShapefilePolyline
{
public:
    virtual shared_ptr<CGeometry> ReadShape(ifstream& MainFileIn) override;
    virtual void WriteShape(ofstream& MainFileOut,
        const shared_ptr<CGeometry> pGeometry) override;

private:
    // 读入一个简单多边形要素,单一外环,没有内环
    shared_ptr<CGeometry> ReadSinglePolygon(ifstream& MainFileIn) const;

    // 读入组合多边形的所有外环和内环
    void ReadExInRings(ifstream& MainFileIn,
        vector<CLinearRing<XY>>& ExRingSet,
        vector<CLinearRing<XY>>& InRingSet) const;

    // 在读入的所有外环和内环的基础上,生成单外环,多内环的 PolyPolygon
```

```
    shared_ptr<CGeometry> MakePolyPolygon(vector<CLinearRing<XY>>& ExRingSet,
        vector<CLinearRing<XY>>& InRingSet) const;

    // 在读入的所有外环和内环的基础上,生成多外环,0 或多个内环的 MultiPolyPolygon
    shared_ptr<CGeometry> MakeMultiPolygon(vector<CLinearRing<XY>>& ExRingSet,
        vector<CLinearRing<XY>>& InRingSet) const;
};
```

每个多边形可以由 1 到多个外环边界和 0 到多个内环边界所组成。对于外环边界与内环边界的区分，Shapefile 采用了这样一个规则，即沿着边界遍历所有的坐标点，多边形的内部区域被定义为在遍历方向的右侧。所以，多边形所有的外环边界都是顺时针方向的坐标顺序，而所有的内环边界都是逆时针的坐标顺序。

要判断一个环是顺时针还是逆时针，可以在 CLinearRing 类中添加一个判断函数 IsClockwise 来判断组成多边形边界的环的坐标方向。其算法可以参照上述的环面积计算，对于顺时针方向的外环，其面积是正值，而对于逆时针方向的内环，其面积是负值。

读入一个 Shapefile 多边形要素的代码如下：

```
shared_ptr<CGeometry> CShapefilePolygon::ReadShape(ifstream& MainFileIn)
{
    EGeoType Type;  // 多边形类型
    MainFileIn.read(reinterpret_cast<char*>(&Type), sizeof(uint32_t));
    MainFileIn.read(reinterpret_cast<char*>(_Box), sizeof(double) * 4);
    MainFileIn.read(reinterpret_cast<char*>(&_NumParts), sizeof(uint32_t));
    MainFileIn.read(reinterpret_cast<char*>(&_NumPoints), sizeof(uint32_t));

    if (_NumParts == 1)                                            // 简单多边形
        return ReadSinglePolygon(MainFileIn);
    else
    {
        vector<CLinearRing<XY>> ExRingSet, InRingSet;              // 存储外环和内环
        ReadExInRings(MainFileIn, ExRingSet, InRingSet);           // 读入外环和内环

        if (ExRingSet.size() == 1)                         // 生成 PolyPolygon
            return MakePolyPolygon(ExRingSet, InRingSet);
        else                                               // 生成 MultiPolyPolygon
            return MakeMultiPolygon(ExRingSet, InRingSet);
    }
}
```

下面是读入一个 Shapefile 简单多边形要素的代码：

```
shared_ptr<CGeometry> CShapefilePolygon::ReadSinglePolygon(
    ifstream& MainFileIn) const
{
    int Parts[1];
    MainFileIn.read(reinterpret_cast<char*>(Parts), sizeof(uint32_t));
```

```

    vector<XY> Points(_NumPoints);
    MainFileIn.read(reinterpret_cast<char*>(Points.data()),
        sizeof(XY) * _NumPoints);

    CLinearRing<XY> ExRing;                                   // 建立外环的线性环
    ExRing.AddVertex(move(Points));

    ExRing.SetExtent(_Box[0], _Box[2], _Box[1], _Box[3]);  // 设置外环的范围
    auto pPolygon = make_shared<CPolygon<XY>>();            // 创建一个多边形
    pPolygon->AddExteriorRing(move(ExRing));                // 多边形加入外环

    return pPolygon;
}
```

如果不是简单的多边形要素，如包含洞的多边形要素，或者组合多边形要素，则需要先把外环和内环的坐标数据分别先读出来，区分出哪些是外环，哪些是内环，再形成多边形。读出内外环坐标数据的函数代码如下：

```
void CShapefilePolygon::ReadExInRings(ifstream& MainFileIn,
    vector<CLinearRing<XY>>& ExRingSet,
    vector<CLinearRing<XY>>& InRingSet) const
{
    auto Parts = make_unique<uint32_t[]>(_NumParts); // 各个部分坐标起始下标
    MainFileIn.read(reinterpret_cast<char*>(Parts.get()),
        sizeof(uint32_t) * _NumParts);
    for (uint32_t i = 0; i < _NumParts; ++i)
    {
        auto NumPntInPart =                          // 各环坐标数
            ((i != _NumParts - 1) ? Parts[i + 1] : _NumPoints) - Parts[i];
        vector<XY> Points(NumPntInPart);             // 坐标数组
        MainFileIn.read(reinterpret_cast<char*>(Points.data()),
            sizeof(XY) * NumPntInPart);              // 读入坐标

        CLinearRing<XY> lr;                          // 线性环
        lr.AddVertex(move(Points));                  // 线性环加入该环的坐标

        if (lr.IsClockwise())                        // 顺时针,是外环
            ExRingSet.emplace_back(lr);              // 加入外环的数组
        else
            InRingSet.emplace_back(lr);              // 加入内环的数组
    }
}
```

在区分出内外环以后，就可以把这些内外环进行组合，第一种情况是生成单个外环包含内环的 CPolygon 类对象，第二种情况就是生成多个外环的组合多边形 CMultiPolygon 类对象。第一种情况的生成代码如下：

```
shared_ptr<CGeometry> CShapefilePolygon::MakePolyPolygon(
    vector<CLinearRing<XY>>& ExRingSet,
    vector<CLinearRing<XY>>& InRingSet) const
{
    auto pPolygon = make_shared<CPolygon<XY>>();            // 创建多边形
    pPolygon->AddExteriorRing(move(ExRingSet.front()));     // 多边形添加外环

    for (auto& InRing : InRingSet)                          // 逐个添加内环
        pPolygon->AddInteriorRing(move(InRing));            // 多边形添加内环

    pPolygon->SetExtent(_Box[0], _Box[2], _Box[1], _Box[3]); // 设置多边形范围
    return pPolygon;
}
```

第二种情况的生成代码如下：

```
shared_ptr<CGeometry> CShapefilePolygon::MakeMultiPolygon(
    vector<CLinearRing<XY>>& ExRingSet,
    vector<CLinearRing<XY>>& InRingSet) const
{
    CTopology<XY> tp;                                    // 拓扑关系

    auto pMultiPolygon = make_shared<CMultiPolygon<XY>>();
    for (auto& ExRing : ExRingSet)                       // 外环循环
    {
        CPolygon<XY> Polygon;                            // 创建单外环多边形
        for (auto itr = InRingSet.begin(); itr != InRingSet.end();)
        {
            if (tp.PointInLinearRing(itr->StartPoint(), ExRing))
            {
                Polygon.AddInteriorRing(move(*itr));     // 多边形添加内环
                InRingSet.erase(itr);                    // 数组中删除该内环
            }
            else
                ++itr;
        }

        Polygon.AddExteriorRing(move(ExRing));           // 多边形添加外环
        pMultiPolygon->AddPolygon(move(Polygon));        // 添加多边形
    }

    pMultiPolygon->SetExtent(_Box[0], _Box[2], _Box[1], _Box[3]);
    return pMultiPolygon;
}
```

有了上述的读取 Shapefile 基本的点、线、多边形数据的函数，就可以实现读取整个 Shapefile 文件的函数，其中读取空间元数据的函数代码如下：

```
void CShapefile::GetGeoMetaData()
{
    SHAPEMAINHEADER MainHeader;          // 主文件头
    OpenReadShpHeader(MainHeader);       // 读入主文件头数据

    SHAPEMAINHEADER IndexHeader;         // 索引文件头
    OpenReadIdxHeader(IndexHeader);      // 读入索引文件头数据

    _GeoMetaData._FeatureCount = (IndexHeader._FileLength -
        sizeof(SHAPEMAINHEADER)) / (sizeof(uint32_t) << 1);

    _GeoMetaData._GeoType = static_cast<EGeoType>(MainHeader._ShapeType);

    _GeoMetaData._Extent.SetExtent(MainHeader._Xmin, MainHeader._Xmax,
        MainHeader._Ymin, MainHeader._Ymax,
        MainHeader._Zmin, MainHeader._Zmax,
        MainHeader._Mmin, MainHeader._Mmax);

    if  (_GeoMetaData._GeoType == EGeoType::Point)          // 点数据
        _pShapefileShape = make_unique<CShapefilePoint>(); // 处理点数据对象
    else if (_GeoMetaData._GeoType == EGeoType::PolyLine)  // 线数据
       _pShapefileShape = make_unique<CShapefilePolyline>();// 处理线数据对象
    else if (_GeoMetaData._GeoType == EGeoType::Polygon)   // 面数据
       _pShapefileShape = make_unique<CShapefilePolygon>(); // 处理面数据对象
}
```

读取一个空间要素的代码如下：

```
shared_ptr<CGeometry> CShapefile::GetGeometry(size_t& ID)
{
    ReadRecordHeader();                                     // 读入记录头
    ID = static_cast<size_t>(_RecordHeader._RecordNumber); // 获取记录 ID

    return _pShapefileShape->ReadShape(_MainFileIn);    // 读入记录空间数据
}
```

最后，在空间数据层 CGeoLayer 类中实现从空间数据源读取空间元数据和空间数据的函数代码如下：

```
void CGeoLayer::LoadGeoMetaData(CDataSource& DataSource)
{
    DataSource.GetGeoMetaData();                    // 从空间数据源获取空间元数据
    _GeoMetaData = DataSource._GeoMetaData;      // 复制空间数据源的元数据
}

void CGeoLayer::LoadGeoData(CDataSource& DataSource)
{
```

```
    for (size_t i = 0; i < _GeoMetaData._FeatureCount; ++i)
    {
        size_t ID;
        auto pGeometry = DataSource.GetGeometry(ID);
        _GeoTable.AddRecord(pGeometry, ID);
    }
}
```

总结一下本章矢量数据层类和读取 Shapefile 文件的类之间的关系，如图 3-4 所示。通过 CGeoLayer 类和 CDataSource 类，数据层和数据源共享空间元数据，而实际读取哪一种空间数据文件或数据库则由派生出的类来实现，从而将数据层和数据源进行了解耦。

有了上述的类，就能具体实现把 Shapefile 文件中的空间元数据和空间数据读入空间数据层的功能，如假设在 D:盘的 Data 文件夹下有一个 Shapefile 点要素的数据文件名为 point.shp，读入数据的代码如下：

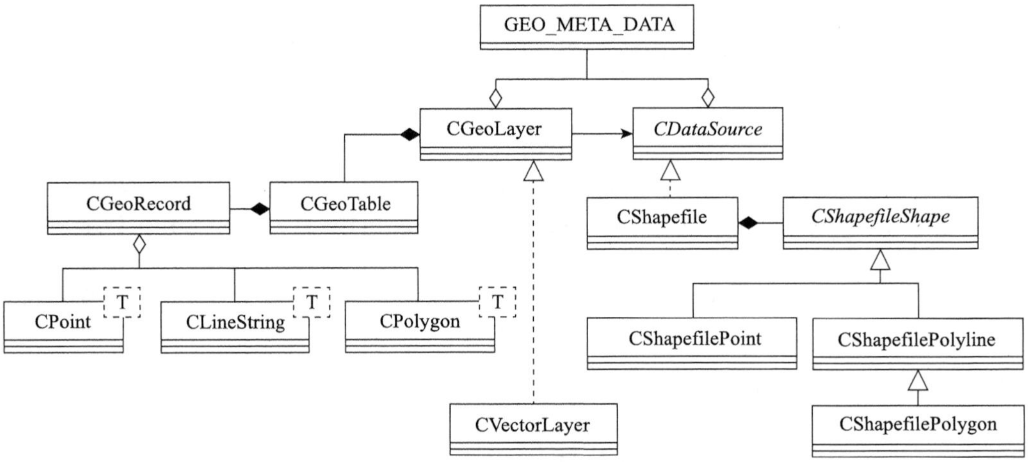

图 3-4　空间数据层和空间数据源的 UML 类图

```
CShapefile Shapefile(L"D:/Data/", L"point.shp",
    ESourceType::ESRI_Shapefile);
CVectorLayer PointLayer;                    // 点要素数据层
PointLayer.LoadGeoMetaData(Shapefile);      // 读入空间元数据
PointLayer.LoadGeoData(Shapefile);          // 读入空间数据
```

实 验 习 题

1. 从 ESRI 网站下载 Shapefile 的说明文档，学习相关内容。
2. 上机输入本章代码，并补充正文中所缺的相关代码，编译通过。
3. 编写读入 Shapefile 格式的点要素、线要素和面要素的程序。

主要参考文献

马劲松. 2020. 地理信息系统基础原理与关键技术[M]. 南京：东南大学出版社.
ESRI. 1998. ESRI Shapefile Technical Description[EB/OL]. https://support.esri.com/en/white-paper/279[2023-7-1].

第四章　矢量数据可视化

第三章中实现了矢量数据结构特别是 Shapefile 格式数据的读取功能，为了更好地开展后续的 GIS 算法学习，需要讨论矢量数据的可视化。矢量数据可视化是空间数据可视化的一部分。空间数据可视化还包括栅格数据的可视化等。空间数据可视化简单地讲就是把 GIS 中的空间数据以图形的形式显示出来，这种显示出的图形常常是地图的形式。矢量点要素的空间数据以点状地图符号显示，矢量线要素的空间数据以线状地图符号显示，矢量面要素的空间数据以面状地图符号显示。所以，矢量空间数据的可视化往往又称为地图符号化。

第一节　地 图 图 层

如第二章和第三章讨论的那样，一个地区的某一类型的空间矢量数据通常组织成矢量数据层，一层数据可以是点要素的居民点，也可以是线要素的等高线或面要素的行政区等。每一层数据层在可视化或符号化的过程中，都要形成一个对应的地图图层。地图图层中包含了相应的空间要素绘制成地图符号的相关信息，如绘制到计算机屏幕上的位置坐标、符号种类、符号大小、符号的颜色等。

一个地图图层要想显示在计算机的屏幕上，还需要设计出绘制各种地图符号的绘图算法，所以，绘图算法是实现地图图层绘制的必备条件之一。此外，由于计算机屏幕是一个物理显示设备，有其自身的设备坐标系。当要把地图符号绘制显示在计算机屏幕上时，还要有一些算法来把空间数据的地图坐标转换成计算机屏幕上的坐标。GIS 软件在屏幕上显示空间数据时，通常具有对图形进行缩放、平移等操作，这些操作也需要坐标系的转换算法来实现。

空间数据有矢量数据和栅格数据之分，它们的可视化方式是不同的。所以，要分别加以讨论。本章首先讨论矢量数据的可视化算法。

一、矢量地图图层

一个地图图层用来记录通用的图层信息。在地图图层中，要包含对地图绘制工具类和地图坐标转换类的引用；此外，要包含地图图层所含的空间数据的范围和空间要素的个数；并且还要包含绘制空间数据的地图符号序列以及每个要素使用哪个地图符号绘制的信息。

在实现地图图层时，我们设计一个虚拟的基类 CMapLayer，让它可以派生出具体的矢量图层和栅格图层类。如图 4-1 所示，地图图层类可以有四个继承的子类，CPointMapLayer 类是点符号的图层，CLineMapLayer 类对应着线符号的图层，CPolygonMapLayer 类是实现面符号的图层。此外，还有一个 CRasterMapLayer 类用来表达栅格图层。

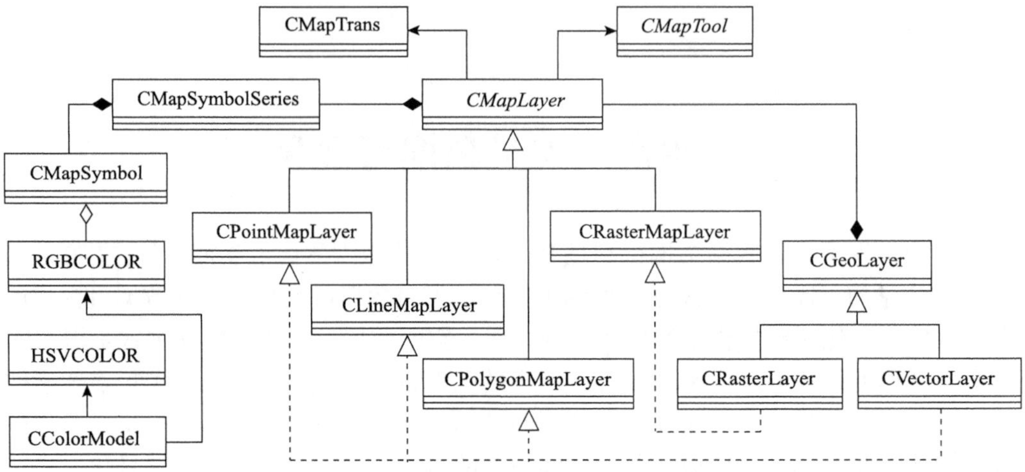

图 4-1　空间数据可视化的 UML 类图

前面第三章已经介绍了空间数据层（CGeoLayer）类，它也是一个抽象的虚拟基类，可派生出矢量数据层（CVectorLayer）类和栅格数据层（CRasterLayer）类。一个空间数据层的可视化需要对应生成一个地图图层类。根据具体是矢量数据层类还是栅格数据层类，由它们分别生成不同的图层类。矢量数据层类可生成点符号图层类、线符号图层类和面符号图层类的对象，而栅格数据层类生成栅格图层类的对象。

CMapTool 类是一个虚接口类，用来抽象出绘制地图图层中的各种地图符号的绘制方法。由于具体的图形绘制与计算机系统功能有关，Windows 操作系统下的绘制方法与 Linux 及苹果电脑的 MacOS 操作系统中的绘图功能都不相同，所以需要用这样的接口类来实现虚拟的绘图功能。具体的绘制方法在不同的系统中用特定的绘图函数来实现。

CMapTrans 类主要用来实现地图坐标与计算机屏幕上的绘图窗口坐标之间的变换。因为现在的操作系统都是类似的视窗图形界面，地图的显示都是在屏幕窗口中实现的。用户可以在屏幕窗口中放大、缩小及平移地图图层中的图形。这都会造成地图符号绘制坐标的变化。这样的操作功能也是在该类中加以实现。

点、线、面符号的绘制离不开对点、线、面符号特征的定义，如符号在屏幕上显示的大小、线条的粗细和颜色，面状符号渲染的颜色等。这些特征构成了地图符号类 CMapSymbol 的主要内容。该类用来定义一个特定符号的绘制特征，但由于通常的地图中有多种不同的地图符号用来表达不同的地理含义，在一个地图图层中需要有一系列的地图符号形成地图符号序列，所以，需要定义一个新的类 CMapSymbolSeries 来包含由多个地图符号 CMapSymbol 组成的地图符号序列。这个地图符号序列成为地图图层不可或缺的组成部分。

结构 RGBCOLOR 用来描述一个 RGB 颜色模型表达的颜色数值，当然，在 GIS 的地图可视化应用中，通常使用 HSV 颜色模型更加方便，所以用一个结构 HSVCOLOR 来表示一个 HSV 颜色模型表达的颜色数值。CColorModel 类一方面用来实现在 RGB 模型与 HSV 模型表达的颜色数值之间进行转换，另一方面用来实现几种常见的地图颜色序列生成算法。

CMapLayer 类的声明代码如下：

```
class CMapLayer
{
```

```
public:
    CMapLayer(CMapTool& MapTool, CMapTrans& MapTrans,
      EMapSymbology Symbology);
protected:
    CMapTool& _MapTool;                          // 地图绘制工具
    CMapTrans& _MapTrans;                        // 地图坐标转换工具

public:
    EMapSymbology _Symbology;                    // 符号化的方法
    GEOEXTENT _Extent;                           // 地图范围
    size_t _FeatureCount;                        // 要素个数

    CMapSymbolSeries _SymbolSeries;              // 地图符号数组
    vector<unsigned short> _SymbolIndex;         // 要素对应的符号数组下标

    void CreateSymbolSet();                      // 创建所有的绘图符号

    virtual void UpdateDrawingCoord() = 0;       // 更新要素的绘图坐标
    virtual void Draw() const = 0;               // 绘制图层中的所有地图符号
};
```

地图图层类的创建需要在构造函数中传递三个参数：第一个参数是实现地图符号绘制算法的 CMapTool 类的对象，第二个参数是用来实现地图坐标变换的 MapTrans 类的对象，第三个参数是一个枚举类型 Symbology，用来说明地图符号化的各种方法。该枚举类型的声明代码如下：

```
enum class EMapSymbology
{
    SingleSymbol,          // 全部图形使用单一颜色符号
    UniqueSymbol,          // 每个图形使用一种独特的符号
    CategoricalSymbol,     // 按不同类型使用不同颜色的符号
    GraduatedSymbol,       // 按照数值使用渐进色符号
    FullSpectralSymbol     // 按照数值使用全光谱颜色的符号
};
```

矢量地图的图层类只是包含了一些图层的基本信息，而 GIS 中实际的矢量空间数据分为点要素层、线要素层和多边形要素层。所以，需要从矢量地图图层类中派生出点图层、线图层和面图层，分别绘制点要素类、线要素类和多边形要素类。点图层的类声明如下：

```
class CPointMapLayer : public CMapLayer
{
public:
    CPointMapLayer(CMapTool& MapTool, CMapTrans& MapTrans,
          EMapSymbology Symbology)
        : CMapLayer(MapTool, MapTrans, Symbology) {}

```

```
public:
    vector<XY> _Points;                          // 点的空间坐标
    vector<DRAWXY> _DrawPoint;                   // 点的绘图坐标

    virtual void UpdateDrawingCoord() override;// 更新点的绘图坐标
    virtual void Draw() const override;         // 根据绘图坐标绘制点符号
};
```

上面的点图层类中，存储了一个空间数据层中所有的点要素的空间坐标，同时也包含了这些点要素绘制在计算机屏幕上的绘图坐标，即计算机屏幕的设备坐标。通常设备坐标都是整型数，所以定义一个点的绘图坐标结构如下：

```
struct DRAWXY         // 二维绘图中的一个点的坐标对
{
    int _X;           // 设备坐标 X
    int _Y;           // 设备坐标 Y
};
```

用户在计算机屏幕上每次操作地图显示进行图形的缩放、平移等都会直接改变空间要素的绘图坐标，所以虚拟函数 UpdateDrawingCoord 用来对空间坐标进行转换，生成相应的绘图坐标。这个功能由地图坐标转换 CMapTrans 类具体来实现，所以这里只是调用 CMapTrans 的成员函数 MapToView 来实现坐标的转换，即空间坐标转换成绘图设备坐标，代码如下：

```
void CPointMapLayer::UpdateDrawingCoord()
{
    for (size_t i = 0; i < _FeatureCount; ++i)
        _MapTrans.MapToView(_Points[i].X(), _Points[i].Y(),
            _DrawPoint[i]._X, _DrawPoint[i]._Y);
}
```

点图层的绘制函数 Draw 也仅仅是调用地图绘制工具 CMapTool 类中的虚拟绘制函数 DrawPointSymbol 来实现整个图层中点符号的绘制。而具体的绘制代码要通过 C++多态的机制由具体的类来实现，这个具体的类在不同的操作系统、不同的图形库中其实现都不尽相同，后面会有针对性地加以讨论。点图层绘制函数的实现代码如下：

```
void CPointMapLayer::Draw() const
{
    for (size_t i = 0; i < _FeatureCount; ++i)
    {
        _MapTool.SetSymbol(_SymbolIndex[i]);          // 设置要绘制的地图符号
        _MapTool.DrawPointSymbol(_DrawPoint[i]);      // 绘制地图符号
        _MapTool.ClearSymbol();                       // 绘制完成后的一些清理工作
    }
}
```

有了上述的点图层的经验，我们可以相应地实现线图层和面图层的类，其中线图层的实现代码如下：

```
class CLineMapLayer : public CMapLayer
{
public:
    CLineMapLayer(CMapTool& MapTool, CMapTrans& MapTrans,
           EMapSymbology Symbology)
            : CMapLayer(MapTool, MapTrans, Symbology) {}

public:
    vector<int> _PartNum;                          // 组合线的组合数量
    vector<vector<int>> _PartPntCount;             // 每个组合部分含有的坐标数
    vector<vector<XY>> _Lines;                     // 线的空间坐标
    vector<vector<DRAWXY>> _DrawLines;             // 线的绘图坐标

    virtual void UpdateDrawingCoord() override; // 更新线的绘图坐标
    virtual void Draw() const override;            // 根据绘图坐标绘制线符号
};
```

更新线的绘图坐标的函数实现代码如下：

```
void CLineMapLayer::UpdateDrawingCoord()
{
    for (size_t i = 0; i < _FeatureCount; ++i)
        for (size_t j = 0; j < _Lines[i].size(); ++j)
            _MapTrans.MapToView(_Lines[i][j].X(), _Lines[i][j].Y(),
                _DrawLines[i][j]._X, _DrawLines[i][j]._Y);
}
```

相应的根据绘图坐标绘制线符号的代码如下：

```
void CLineMapLayer::Draw() const
{
    for (size_t i = 0; i < _FeatureCount; ++i)
    {
      _MapTool.SetSymbol(_SymbolIndex[i]);
      _MapTool.DrawLineSymbol(_PartNum[i], _PartPntCount[i], _DrawLines[i]);
      _MapTool.ClearSymbol();
    }
}
```

由于面图层的内容与线图层几乎完全一样，在此就不具体列出，学生们可以根据线图层的代码，写出面图层 CPolygonMapLayer 的所有代码。

二、地图图层的生成

前面第三章已经讨论了 GIS 矢量数据层的生成，如读入一个 Shapefile 文件并生成相应的矢量数据层对象。所以，当要在计算机屏幕上显示这个矢量数据层中的矢量数据时，就需要该矢量数据层自己创建一个地图图层用来实现地图图形的显示。所以我们在第三章中已经实现了的空间数据层类 CGeoLayer 以及其派生类 CVectorLayer 中需要加入生成地图图层的功能，代码如下：

```
class CGeoLayer
{
    // ...
public:
    shared_ptr<CMapLayer> _pMapLayer;            // 地图图层指针

    // 创建一个地图图层对象,并复制空间几何坐标到图层中
    virtual void MakeMapLayer(CMapTool& MapTool,
         CMapTrans& MapTrans, EMapSymbology Symbology) = 0;

    void UpdateDrawData() const;                 // 更新图层的绘图坐标
    void Draw() const;                           // 让地图图层进行绘制
};
```

上述代码中，MakeMapLayer 函数是纯虚函数，以地图绘制类对象 MapTool、地图坐标转换类对象 MapTrans 和地图符号化方法枚举类型对象 Symbology 为传入参数。因为具体的函数实现是取决于矢量数据还是取决于栅格数据，其实现方式不同，所以留给派生出的矢量数据层或栅格数据层来实现。更新图层的绘图坐标和绘制函数只要调用生成的地图图层相应功能即可，代码如下：

```
void CGeoLayer::UpdateDrawData() const
{
    _pMapLayer->UpdateDrawingCoord();
}

void CGeoLayer::Draw() const
{
    _pMapLayer->Draw();
}
```

派生出的矢量数据层主要用来实现 MakeMapLayer 函数，代码如下：

```
class CVectorLayer : public CGeoLayer
{
public:
    virtual void MakeMapLayer(CMapTool& MapTool, CMapTrans& MapTrans,
        EMapSymbology Symbology) override;

private:
    void MakePointMapLayer(CMapTool& MapTool, CMapTrans& MapTrans,
        EMapSymbology Symbology);        // 生成点图层

    void MakeLineMapLayer(CMapTool& MapTool, CMapTrans& MapTrans,
        EMapSymbology Symbology);        // 生成线图层
```

```
    void GetSingleLine(shared_ptr<CLineMapLayer> pLineMapLayer);
    void GetMultiLine(shared_ptr<CLineMapLayer> pLineMapLayer);

    void MakePolygonMapLayer(CMapTool& MapTool, CMapTrans& MapTrans,
        EMapSymbology Symbology);        // 生成面图层
    void GetSinglePolygon(shared_ptr<CPolygonMapLayer> pPolygonMapLayer);
    void GetMultiPolygon(shared_ptr<CPolygonMapLayer> pPolygonMapLayer);

    void SetMapLayerInfo();              // 设置符号化等信息
};
```

矢量数据层的函数 MakeMapLayer 根据空间元数据中记录的数据类型，分别创建点图层、线图层或面图层。

```
void CVectorLayer::MakeMapLayer(CMapTool& MapTool, CMapTrans& MapTrans,
        EMapSymbology Symbology)         // 创建一个绘图的图层对象
{
    switch (_GeoMetaData._GeoType)       // 空间元数据
    {
    case EGeoType::Point:                // 创建一个点图层
        MakePointMapLayer(MapTool, MapTrans, Symbology);   break;
    case EGeoType::PolyLine:             // 创建一个线图层
        MakeLineMapLayer(MapTool, MapTrans, Symbology);        break;
    case EGeoType::Polygon:              // 创建一个面图层
        MakePolygonMapLayer(MapTool, MapTrans, Symbology); break;
    }

    // 设置地图的范围
    MapTrans.SetMapExtent(WORLDRECT(_GeoMetaData._Extent._MinX,
        _GeoMetaData._Extent._MinY, _GeoMetaData._Extent._MaxX,
        _GeoMetaData._Extent._MaxY));

    _pMapLayer->CreateSymbolSet();
}
```

下面我们以创建一个点图层的函数为例，来说明创建图层的方法，限于篇幅，创建线图层和面图层的函数由学生们自行实现。

```
void CVectorLayer::MakePointMapLayer(CMapTool& MapTool,
    CMapTrans& MapTrans, EMapSymbology Symbology)
{
    auto pPointMapLayer = make_shared<CPointMapLayer>
        (MapTool, MapTrans, Symbology);
    _pMapLayer = pPointMapLayer;
    SetMapLayerInfo();

    pPointMapLayer->_DrawPoint.resize(pPointMapLayer->_FeatureCount);
```

```

    unsigned short Index = 0;
    for (MoveToFirstFeature(); !HasBeenLastFeature(); MoveToNextFeature())
    {
        const auto& P = static_cast<const CPoint<XY>&>
            (GetCurrentFeature().GetGeometry());
        pPointMapLayer->_Points.emplace_back(P.X(), P.Y());
        pPointMapLayer->_SymbolIndex.push_back(Index);

        if (_pMapLayer->_Symbology == EMapSymbology::UniqueSymbol)
            ++ Index;
    }
}
```

上述代码中的函数 SetMapLayerInfo 用于生成地图符号序列，这将在下面一节具体讨论。

```
void CVectorLayer::SetMapLayerInfo()
{
    _pMapLayer->_Extent = _GeoMetaData._Extent;                // 范围
    _pMapLayer->_FeatureCount = _GeoMetaData._FeatureCount;// 创建一个线图层

    if (_pMapLayer->_Symbology == EMapSymbology::SingleSymbol)
        _pMapLayer->_SymbolSeries.MakeSingleSymbol();        // 单一符号
    else if (_pMapLayer->_Symbology == EMapSymbology::UniqueSymbol)
        _pMapLayer->_SymbolSeries.MakeUniqueSymbol(          // 单一类型符号
            (int)_pMapLayer->_FeatureCount);
}
```

第二节　矢量地图符号

为了尽可能简单地说明问题，我们只设计了最简约的矢量地图符号特征，即地图符号的几种常规的视觉变量。例如，点符号在屏幕上显示的大小，线符号在屏幕上显示的宽度，这里都是以像素为单位。此外，还有线符号显示的颜色，以及面符号的填充颜色等。

```
class CMapSymbol
{
public:
    int _Size;                  // 点符号大小
    RGBCOLOR _LineColor;        // 线颜色
    int _LineWidth;             // 线的宽度
    RGBCOLOR _FillColor;        // 填充颜色
};
```

一、地图符号的颜色模型

这里用来表达 RGB 颜色模型的颜色结构 RGB 声明代码如下：

```
struct RGBCOLOR
{
    RGBCOLOR() = default;
    RGBCOLOR(unsigned char Red, unsigned char Green, unsigned char Blue)
        : _Red(Red), _Green(Green), _Blue(Blue) {}

    void SetColor(unsigned char R, unsigned char G, unsigned char B)
    {
        _Red = R;
        _Green = G;
        _Blue = B;
    }

    unsigned char _Red { 255 };     // 红色分量
    unsigned char _Green = { 255 };// 绿色分量
    unsigned char _Blue = { 255 }; // 蓝色分量
};
```

另一种地图常用的颜色模型是 HSV 颜色模型，HSV 分别是色相（hue）、色饱和度（saturation）和明度（value）。这个颜色系统中，色相指某种纯色，色饱和度指颜色的鲜艳程度，明度指颜色的深浅程度。这种三分量的定义符合人对颜色的感性认知。

HSV 颜色模型的 Hue 以 0°表示红，120°表示绿，240°表示蓝，旋转一圈到 360°又回到红。在红绿蓝之间，按照线性插值混合两种颜色的光得到中间各种颜色。HSV 颜色模型的结构声明代码如下：

```
struct HSVCOLOR
{
public:
    HSVCOLOR() = default;
    HSVCOLOR(double Hue, double Saturation, double Value)
        : _Hue(Hue), _Saturation(Saturation), _Value(Value) {}

public:
    double _Hue = 0.;                  // 色相分量
    double _Saturation = 0.;           // 色饱和度分量
    double _Value = 0.;                // 明度分量
};
```

RGB 颜色模型适合于在电子设备屏幕上显示颜色，而 HSV 颜色模型适合于设置不同饱和度、不同明度变化的地图符号颜色。所以需要在这两种颜色模型之间进行转换。设计地图符号颜色时使用 HSV 模型，在计算机屏幕上显示地图符号颜色时把 HSV 颜色模型转换成 RGB 颜色模型使用。HSV 颜色模型转 RGB 颜色模型的方法如下：

设色相 $H\in[0°, 360°]$，色饱和度 $S_{HSV}\in[0, 1]$，明度 $V\in[0, 1]$

设 $C = V\times S_{HSV}$，$X = C\times(1-|(H/60°)\bmod 2-1|)$，则$(R', G', B')$的计算方法为

$$\left(R',G',B'\right)=\begin{cases}\left(C,X,0\right) & 0°\leqslant H<60° \\ \left(X,C,0\right) & 60°\leqslant H<120° \\ \left(0,C,X\right) & 120°\leqslant H<180° \\ \left(0,X,C\right) & 180°\leqslant H<240° \\ \left(X,0,C\right) & 240°\leqslant H<300° \\ \left(C,0,X\right) & 300°\leqslant H<360°\end{cases}$$

再令 $m=V-C$，则 RGB 颜色模型的三个分量为

$$(R, G, B)=((R'+m)\times 255, (G'+m)\times 255, (B'+m)\times 255)$$

HSV 颜色模型转 RGB 颜色模型的实现放在一个新的类 CColorModel 里实现，该类声明如下：

```
class CColorModel
{
public:
    static HSVCOLOR RGBtoHSV(const RGBCOLOR& RGB); // RGB 转 HSV
    static RGBCOLOR HSVtoRGB(const HSVCOLOR& HSV); // HSV 转 RGB
    // ...
};
```

HSV 颜色模型转 RGB 颜色模型的代码实现如下：

```
RGBCOLOR CColorModel::HSVtoRGB(const HSVCOLOR& HSV)
{
    if (HSV._Saturation == 0.)
    {
        unsigned char gray = static_cast<unsigned char>(HSV._Value * 255.);
        return RGBCOLOR(gray, gray, gray);
    }

    double H = HSV._Hue / 60.;
    int i = (int)H;
    unsigned char a = static_cast<unsigned char>
        (HSV._Value * 255. * (1. - HSV._Saturation));
    unsigned char b = static_cast<unsigned char>
        (HSV._Value * 255. * (1. - HSV._Saturation * (H - i)));
    unsigned char c = static_cast<unsigned char>
        (HSV._Value * 255. * (1. - HSV._Saturation * (1. - (H - i))));
    unsigned char v = static_cast<unsigned char>(HSV._Value * 255.);

    if (i == 0)          return RGBCOLOR(v, c, a);
    else if (i == 1)        return RGBCOLOR(b, v, a);
    else if (i == 2)        return RGBCOLOR(a, v, c);
    else if (i == 3)        return RGBCOLOR(a, b, v);
```

```
    else if (i == 4)        return RGBCOLOR(c, a, v);
    else /*if (i == 5)*/    return RGBCOLOR(v, a, b);
}
```

RGB 颜色模型转 HSV 颜色模型的时候，色相 H 的计算方法为

设 $R' = R / 255$，$G' = G / 255$，$B' = B / 255$。

$C_{\max} = \max(R', G', B')$，$C_{\min} = \min(R', G' B')$，$\varDelta = C_{\max} - C_{\min}$。则

$$H = \begin{cases} 0^{\circ}, & \varDelta = 0 \\ 60^{\circ\circ} \times \left(\dfrac{G' - B'}{\varDelta} \bmod 6 \right), & C_{\max} = R' \\ 60^{\circ\circ} \times \left(\dfrac{B' - R'}{\varDelta} + 2 \right), & C_{\max} = G' \\ 60^{\circ\circ} \times \left(\dfrac{R' - G'}{\varDelta} + 4 \right), & C_{\max} = B' \end{cases}$$

色饱和度 S_{HSV} 和明度 V 的计算方法为

$$S_{\mathrm{HSV}} = \begin{cases} 0, & C_{\max} = 0 \\ \dfrac{\varDelta}{C_{\max}}, & C_{\max} \neq 0 \end{cases}$$

$$V = C_{\max}$$

RGB 颜色模型转 HSV 颜色模型的实现代码如下：

```
HSVCOLOR CColorModel::RGBtoHSV(const RGBCOLOR& RGB)
{
    auto MaxRGB = RGB._Red > RGB._Green ? RGB._Red : RGB._Green;
    MaxRGB = MaxRGB > RGB._Blue ? MaxRGB : RGB._Blue;

    if (MaxRGB == 0)
        return HSVCOLOR(0., 0., 0.);

    auto MinRGB = RGB._Red < RGB._Green ? RGB._Red : RGB._Green;
    MinRGB = MinRGB < RGB._Blue ? MinRGB : RGB._Blue;

    double Delta = static_cast<double>(MaxRGB - MinRGB);
    double Value = MaxRGB / 255.;
    double Saturation = Delta / MaxRGB;
    double Hue = 60. / Delta;

    if (MaxRGB == RGB._Red)
        Hue *= static_cast<double>(RGB._Green) -
            static_cast<double>(RGB._Blue);
    else if (MaxRGB == RGB._Green)
        Hue = 2. + Hue * (static_cast<double>(RGB._Blue) -
```

```
            static_cast<double>(RGB._Red));
    else if (MaxRGB == RGB._Blue)
        Hue = 4. + Hue * (static_cast<double>(RGB._Red) -
            static_cast<double>(RGB._Green));

    return HSVCOLOR(Hue < 0. ? Hue + 360. : Hue, Saturation, Value);
}
```

作为抽象基类的地图图层类，只有两个函数需要实现，其他的纯虚函数都由派生的子类来实现。这两个函数一个是构造函数，另一个是创建所有用于绘图的地图符号的函数。其代码如下：

```
CMapLayer::CMapLayer(CMapTool& MapTool, CMapTrans& MapTrans,
    EMapSymbology Symbology)
    : _MapTool(MapTool), _MapTrans(MapTrans), _Symbology(Symbology)
{
    _MapTool.Initialize();
}

void CMapLayer::CreateSymbolSet()
{
    for (const auto& Symbol : _SymbolSeries._SymboSet)
        _MapTool.CreateSymbol(Symbol);
}
```

构造函数主要就是调用参数传入的地图绘图工具进行初始化工作，而创建地图符号的函数也仅仅是调用地图绘制工具的方法，把存储在地图符号序列中的所有地图符号描述信息都转变成具体的可以被地图绘制工具类绘制的地图符号。

二、矢量符号的颜色序列

上述地图图层类中地图符号序列对象_SymbolSeries 的类定义如下：

```
class CMapSymbolSeries
{
public:
    vector<CMapSymbol> _SymboSet;        // 地图符号数组

public:
    // 创建一个单一地图符号
    void MakeSingleSymbol(int Size = 10);
    // 给每个要素创建一个独特颜色的地图符号
    void MakeUniqueSymbol(int SymbolNumber, int Size = 10);
    // 创建用于分类的一系列颜色的地图符号
    void MakeCategoricalSymbols(int ClassNumber, int Size = 10);
    // ...
};
```

创建一个单一的地图符号的方法比较简单，这通常是 GIS 软件打开一个新的矢量空间数据时所采用的方法。这时对于整个数据层中的所有空间要素，无论是点符号、线符号或面符号，都使用相同的地图符号显示。即用相同大小、相同线的宽度和相同线和面的颜色显示所有的矢量空间要素。不过，每次打开一个新的矢量空间数据时，所使用的地图符号颜色都是随机的，我们由此来实现创建单一地图符号的函数，代码如下：

```
void CMapSymbolSeries::MakeSingleSymbol(int Size)
{
    CMapSymbol Symbol;
    Symbol._LineColor.SetColor(0, 0, 0);    // 线颜色默认为黑色

    srand((unsigned int)time(NULL));        // 产生随机种子
    Symbol._FillColor = CColorModel::GetUniqueColor(36, rand() % 36);

    Symbol._Size = Size;                    // 点符号大小默认为 10 像素
    Symbol._LineWidth = 1;                  // 线符号宽度默认为 1 像素

    _SymboSet.emplace_back(Symbol);
}
```

当有若干个不同的空间要素需要在显示的时候区分开来，这时就要为每一个空间要素创建一个独特颜色的地图符号，通常是给定一个参数，用来表示不同颜色地图符号的数量，然后在整个颜色系统中找出不同色相的相互之间区别最大的若干种颜色形成颜色序列，这就需要使用下面的代码来实现：

```
void CMapSymbolSeries::MakeUniqueSymbol(int SymbolNumber, int Size)
{
    vector<int> Index(SymbolNumber);        // 颜色的序号
    for (int i = 0; i < SymbolNumber; ++i)
        Index[i] = i;

    CMapSymbol Symb;                        // 地图符号
    Symb_LineColor.SetColor(0, 0, 0);       // 线默认颜色为黑色
    Symb._Size = Size;                      // 符号大小
    Symb._LineWidth = 1;                    // 线宽默认 1 个像素

    for (int i = 0; i < SymbolNumber; ++i)
    {
        srand((unsigned int)time(NULL));    // 初始化随机数发生器
        swap(Index[i], Index[i + rand() % (SymbolNumber - i)]);// 打乱颜色序号

        Symb._FillColor = CColorModel::GetUniqueColor(SymbolNumber, Index[i]);
        _SymboSet.push_back(Symb);
    }
}
```

上面代码中调用了颜色模型类的静态函数 GetUniqueColor，这个函数需要在颜色模型类 CColorModel 中加以实现。其思想就是把整个光谱颜色序列按照用户输入的参数等分成若干份，在每一份中取出一个颜色，这样就能保证获得若干个相互区别的不同颜色。该函数的实现代码如下所示，其中参数 TotalColor 是总的要生成的颜色数，Index 是取回其中第几个颜色，取值从 0 到 TotalColor –1。Saturation 和 Value 指明所有颜色共同处于哪一级的色饱和度与明度。在地图学中，当获取一系列这种独特的颜色时，通常都保持相同的色饱和度与明度。在使用 HSV 颜色模型生成颜色后，再转成 RGB 模型颜色。

```
RGBCOLOR CColorModel::GetUniqueColor(size_t TotalColor,
    size_t Index, double Saturation /* = 0.5 */, double Value /* = 1. */)
{
    HSVCOLOR HSV(static_cast<double>(Index) * 360. /
        static_cast<double>(TotalColor), Saturation, Value);
    return HSVtoRGB(HSV);
}
```

第三节　地图坐标变换

一、屏幕设备坐标变换

矢量数据的空间坐标需要转换成计算机屏幕窗口的设备坐标才可以显示在屏幕上，地图坐标变换的方法使用 CMapTrans 类实现。把地图的坐标转成屏幕的坐标，通常可以使用简单的几何变换来实现。之所以说是简单的几何变换，就是因为这个从一个平面直角坐标系到另一个平面直角坐标系的转换只需要用到平移和按比例缩放两种变换，而且在 X 和 Y 两个方向使用的缩放倍数是相同的。这比仿射变换要简单得多。只要计算出缩放的比例系数和平移的数值，就可以实现变换。所以，在定义 CMapTrans 类时，首先要声明缩放系数和在 X 与 Y 方向平移的数值这三个成员变量，代码如下：

```
class CMapTrans
{
private:
    double _Scale;                  // 缩放比例
    double _TransX, _TransY;        // 平移量

    // ...
};
```

计算缩放比例和平移量需要参考整个地图的实际空间范围和计算机屏幕窗口显示区的大小，我们先定义一个结构保存地图的空间范围：

```
struct WORLDRECT
{
    double _MinMapX, _MinMapY, _MaxMapX, _MaxMapY;      // 地图空间坐标范围

```

```
    WORLDRECT(double MinMapX = 0., double MinMapY = 0.,     // 构造函数
        double MaxMapX = 0., double MaxMapY = 0.)
        : _MinMapX(MinMapX), _MinMapY(MinMapY),
        _MaxMapX(MaxMapX), _MaxMapY(MaxMapY) {}

    double Width() const    { return _MaxMapX - _MinMapX; }// X方向宽度
    double Height() const   { return _MaxMapY - _MinMapY; }// Y方向高度

    void InflateRect(double Dx, double Dy)     // 扩大范围
    {
        _MinMapX -= Dx;     _MinMapY -= Dy;
        _MaxMapX += Dx;     _MaxMapY += Dy;
    }

    double MidX() const { return (_MaxMapX + _MinMapX) / 2.; }
    double MidY() const { return (_MaxMapY + _MinMapY) / 2.; }
    void MidPoint(double& MidX, double& MidY) const    // 范围的中心点
    {
        MidX = (_MaxMapX + _MinMapX) / 2.;
        MidY = (_MaxMapY + _MinMapY) / 2.;
    }
};
```

定义了表达空间范围的结构以后，就可以在上述的地图坐标变换类中继续添加地图的空间范围信息，代码如下。其中的成员变量_ExtendMapExtent 是用来表达扩展的地图空间范围，它比实际的地图空间范围_MapExtent 在长度和宽度上略大百分之十，其作用就是在地图显示全图时，不要完全占满整个屏幕窗口。

```
class CMapTrans
{
private:
    // ...
    WORLDRECT _MapExtent;            // 地图空间范围
    WORLDRECT _ExtendMapExtent;      // 扩展的地图空间范围

public:
    void SetMapExtent(const WORLDRECT& MapExtent);      // 设置地图范围
    void GetMapExtent(WORLDRECT& MapExtent) const;      // 获得地图的范围
    void UnionMapExtent(const WORLDRECT& MapExtent);    // 更新地图范围
    // ...
};
```

上述设置地图空间范围数据的成员函数代码如下：

```
void CMapTrans::SetMapExtent(const WORLDRECT& MapExtent)
{
```

```
    _MapExtent = MapExtent;                               // 复制地图空间坐标范围

    double Extend = min(_MapExtent.Width(), _MapExtent.Height()) * 0.05;
    _ExtendMapExtent = MapExtent;
    _ExtendMapExtent.InflateRect(Extend, Extend);  // 扩展地图空间坐标范围
}
```

实现了设置地图的空间坐标范围，接下来还要知道地图显示在计算机屏幕上的窗口的范围。我们继续在 CMapTrans 类中添加屏幕窗口的大小信息，显示窗口的大小通常是以屏幕像素为单位的，声明的代码如下，具体的实现代码由于比较简单，篇幅所限就不一一列出，学生们可以自行实现。其中 ViewportSized 函数涉及用户改变窗口大小操作的处理，放在后面第五章详细说明。

```
class CMapTrans
{
private:
    // ...
    int _ViewWidth, _ViewHeight;                  // 显示窗口宽、高

public:
    void SetViewExtent(int Width, int Height); // 设置显示窗口的大小
    int GetViewWidth() const;                     // 获取显示窗口的宽度
    int GetViewHeight() const;                    // 获取显示窗口的高度
    void ViewportSized(int Width, int Height); // 窗口大小改变以后的处理
    //...
};
```

下面实现地图空间坐标和屏幕窗口显示坐标之间的变换方法，地图空间坐标转为屏幕窗口坐标的方法使用下面的公式实现：

$$X_{\text{view}} = \lfloor x_{\text{map}} \cdot S + T_x \rfloor$$

$$Y_{\text{view}} = \lfloor V_{\text{height}} - y_{\text{map}} \cdot S - T_y \rfloor$$

式中，X_{view} 和 Y_{view} 为屏幕窗口坐标；x_{map} 和 y_{map} 为地图空间坐标；S 为缩放比例；T_x 和 T_y 为平移量；V_{height} 为屏幕窗口的高度；符号 $\lfloor a \rfloor$ 表示对 a 取整。而从屏幕窗口坐标转为地图空间坐标的公式如下：

$$x_{\text{map}} = \frac{X_{\text{view}} - T_x}{S}$$

$$y_{\text{map}} = \frac{V_{\text{height}} - Y_{\text{view}} - T_y}{S}$$

我们接下来就在 CMapTrans 类中继续添加实现坐标变换的代码，如下所示：

```
class CMapTrans
{
    // ...
public:
    // 地图空间坐标转成屏幕坐标
    void MapToView(double MapX, double MapY, int& ViewX, int& ViewY) const;
    tuple<int, int> MapToView(double MapX, double MapY) const;
    int MapToViewX(double MapX) const;
    int MapToViewY(double MapY) const;

    // 屏幕坐标转成地图空间坐标
    void ViewToMap(int ViewX, int ViewY, double& MapX, double& MapY) const;
    tuple<double, double> ViewToMap(int ViewX, int ViewY) const;
    double ViewToMapX(int ViewX) const;
    double ViewToMapY(int ViewY) const;
    //...
};
```

下面就是地图空间坐标和屏幕窗口坐标的转换函数的实现代码，这里只是列出了同时转换 X 和 Y 坐标的函数，单独转换 X 或 Y 坐标的函数不再列出。

```
void CMapTrans::MapToView(double MapX, double MapY,
    int& ViewX, int& ViewY) const
{
    ViewX = static_cast<int>(MapX * _Scale + _TransX);
    ViewY = static_cast<int>(_ViewHeight - MapY * _Scale - _TransY);
}

void CMapTrans::ViewToMap(int ViewX, int ViewY,
    double& MapX, double& MapY) const
{
    MapX = (ViewX - _TransX) / _Scale;
    MapY = (_ViewHeight - ViewY - _TransY) / _Scale;
}
```

二、地图缩放平移操作

用户在计算机屏幕上进行的常规地图显示操作包括显示全图、缩放、平移。缩放又包括在鼠标位置通过滚轮滚动的缩放，以及通过按住鼠标左键拉出一个矩形框进行的缩放。平移则是按下鼠标左键拖动来实现。下面在 CMapTrans 类中实现这些操作。这里先实现屏幕窗口范围的定义，结构声明代码如下：

```
struct VIEWRECT
{
    VIEWRECT(int ViewLeft = 0, int ViewTop = 0,
        int ViewRight = 0, int ViewBottom = 0)
```

```
            : _ViewLeft(ViewLeft), _ViewTop(ViewTop),
            _ViewRight(ViewRight), _ViewBottom(ViewBottom) {}

    int _ViewLeft, _ViewTop, _ViewRight, _ViewBottom; // 窗口左、上、右、下坐标

    int Width() const       { return _ViewRight - _ViewLeft; } // 窗口宽度
    int Height() const  { return _ViewBottom - _ViewTop; }      // 窗口高度

    double MidX() const { return (_ViewRight + _ViewLeft) / 2; }
    double MidY() const { return (_ViewBottom + _ViewTop) / 2; }
};
```

接下来向 CMapTrans 类里面继续添加地图操作函数，代码如下：

```
class CMapTrans
{
    // ...
    void DisplayAll();          // 显示地图全部范围

private:
    double _WheelRate = 1.2;    // 滚轮滚动每次缩放的比例
public:
    void ZoomInWheel(int ViewX, int ViewY);     // 在某点处滚轮放大
    void ZoomOutWheel(int ViewX, int ViewY);    // 在某点处滚轮缩小

    void ZoomInBox(const VIEWRECT& Box);        // 拉框放大
    void ZoomOutBox(const VIEWRECT& Box);       // 拉框缩小

private:
    double _FromMapX, _FromMapY;                // 平移起点
public:
    void PanFrom(int FromViewX, int FromViewY); // 开始平移
    void PanTo(int ToViewX, int ToViewY);       // 平移到某点
};
```

下面是实现显示地图全图的方法，显示的缩放比例为屏幕窗口宽高与地图范围宽高之比中较小的那个，并将地图范围的中心点置于窗口的中心，实现代码如下：

```
void CMapTrans::DisplayAll()
{
    _Scale = min(_ViewWidth / _ExtendMapExtent.Width(),
        _ViewHeight / _ExtendMapExtent.Height());
    _TransX = _ViewWidth / 2. - _ExtendMapExtent.MidX() * _Scale;
    _TransY = _ViewHeight / 2. - _ExtendMapExtent.MidY() * _Scale;
}
```

用户在屏幕窗口某点处（坐标为 ViewX 和 ViewY）滚动鼠标的滚轮，通常向前滚动表

示放大操作，向后滚动表示缩小操作。设置一个每次滚动固定的缩放比例_WheelRate即可实现该功能。代码如下：

```
void CMapTrans::ZoomInWheel(int ViewX, int ViewY)
{
    double MapX, MapY;
    ViewToMap(ViewX, ViewY, MapX, MapY);

    _Scale *= _WheelRate;                          // 比例放大
    _TransX = ViewX - MapX * _Scale;
    _TransY = _ViewHeight - MapY * _Scale - ViewY;
}

void CMapTrans::ZoomOutWheel(int ViewX, int ViewY)
{
    double MapX, MapY;
    ViewToMap(ViewX, ViewY, MapX, MapY);
    _Scale /= _WheelRate;                          // 比例缩小
    _TransX = ViewX - MapX * _Scale;
    _TransY = _ViewHeight - MapY * _Scale - ViewY;
}
```

拉框放大指的是用户按下鼠标左键，拖动鼠标在屏幕窗口中画出一个矩形框，然后将当前矩形框中显示的图形放大到整个屏幕窗口中。这时，显示的缩放比例就是整个屏幕窗口宽高与矩形框对应的地图范围宽高之比中较小的那个。并将矩形框的中心点放在屏幕窗口的中心点位置，实现代码如下：

```
void CMapTrans::ZoomInBox(const VIEWRECT& Box)
{
    WORLDRECT BoxMap;
    ViewToMap(Box._ViewLeft, Box._ViewBottom,
        BoxMap._MinMapX, BoxMap._MinMapY);
    ViewToMap(Box._ViewRight, Box._ViewTop,
        BoxMap._MaxMapX, BoxMap._MaxMapY);

    _Scale = min(_ViewWidth / BoxMap.Width(), _ViewHeight / BoxMap.Height());
    _TransX = _ViewWidth / 2. - BoxMap.MidX() * _Scale;
    _TransY = _ViewHeight / 2. - BoxMap.MidY() * _Scale;
}
```

拉框缩小指的是用户按下鼠标左键，拖动鼠标在屏幕窗口中画出一个矩形框，当前整个屏幕窗口的内容都缩小放入这个矩形框的范围之中。这时的缩放比例是当前的比例乘以矩形框的宽高与屏幕窗口高宽之比中较小的那个，并使原来屏幕窗口的中点放置在矩形框的中点处，实现代码如下：

```
void CMapTrans::ZoomOutBox(const VIEWRECT& Box)
{
    double MidViewMapX, MidViewMapY;
    ViewToMap(_ViewWidth / 2, _ViewHeight / 2,
        MidViewMapX, MidViewMapY);

    _Scale *= min((double)Box.Width() / _ViewWidth,
         (double)Box.Height() / _ViewHeight);
    _TransX = Box.MidX() - MidViewMapX * _Scale;
    _TransY = _ViewHeight - MidViewMapY * _Scale - Box.MidY();
}
```

平移操作是用户在屏幕窗口中某处按下鼠标左键并保持按下状态，然后拖动鼠标，这时整个地图显示跟随鼠标移动位置而相应地移动。平移操作实现起来比较简单，因为缩放比例保持不变，仅仅根据移动位置改变平移量即可。不过需要首先记录下开始移动时的鼠标位置，代码如下，函数 PanFrom 用来记录开始按下鼠标的位置，函数 PanTo 用来实现移动到新的位置。

```
void CMapTrans::PanFrom(int FromViewX, int FromViewY)
{
    ViewToMap(FromViewX, FromViewY, _FromMapX, _FromMapY);
}

void CMapTrans::PanTo(int ToViewX, int ToViewY)
{
    _TransX = ToViewX - _FromMapX * _Scale;
    _TransY = _ViewHeight - _FromMapY * _Scale - ToViewY;
}
```

第四节　地图符号绘制

由于在不同的操作系统、使用不同的图形函数库等原因，具体的地图绘制方法是不同的。所以，在这里我们对于地图符号的绘制可以设计一个抽象的接口类，定义绘制各种地图符号的接口函数，而具体的实现留给具体的派生类来完成。地图绘制工具类的声明如下：

```
struct DRAWXY          // 二维绘图中的一个点的坐标对（单位为像素）
{
    int _X, _Y;
};

class CMapTool
{
public:
    virtual void Initialize() = 0;                              // 初始化
    virtual void CreateSymbol(const CMapSymbol& MapSymbol) = 0;  // 生成符号
```

```
    virtual void SetSymbol(size_t SymbolIndex) = 0;           // 选择使用符号
    virtual void ClearSymbol() = 0;                           // 清除符号

    virtual void DrawPointSymbol(const DRAWXY& Point) = 0; // 画点符号

    virtual void DrawLineSymbol(int PartNum,                  // 画线符号
        const vector<int>& PointsNumber,  const vector<DRAWXY>& Points) = 0;

    virtual void DrawPolygonSymbol(int PartNum,               // 画面符号
        const vector<int>& PointsNumber, const vector<DRAWXY>& Points) = 0;
};
```

完成了上述的代码，离具体实现矢量数据的可视化就差最后一步了。但最后这一步就不能只局限于使用标准 C++的功能来实现了。必须选择一种具体的操作系统和特定的绘图函数库来实现。在这里，我们以 Windows 操作系统为例，使用 Microsoft 公司的 Visual Studio 作为集成开发环境（integrated development environment，IDE），使用微软的 MFC 函数库作为实现图形界面的C++开发库,用来说明矢量数据可视化的实现方法。当然,我们也可以在Linux或其他操作系统上实现，如使用跨平台的 Qt 库或 wxWidgets 库来实现，它们实现的方式都是相似的。

首先，创建一个 Visual Studio 的 MFC 应用项目，命名为 Mapping，为了简单起见，我们生成的软件项目使用单文档界面的方式，也就是只有一个图形窗口用来显示图形。并只包含一个菜单栏和一个状态栏。中间的空白窗口部分就是地图显示的区域，如图 4-2 所示。

图 4-2　矢量数据可视化的绘图程序用户界面

其次，我们具体来实现地图绘制工具中的绘图功能，先从 CMapTool 中派生出一个 MFC 专用的绘图工具 CMFCMapTool 类，该绘图工具类使用 MFC 的绘图函数进行点符号、线符号和面符号的绘制。关于这一部分的代码，学生们可以自行参考 MFC 相关的书籍了解具体的绘图函数的功能。代码如下：

```
class CMFCMapTool : public CMapTool
{
public:
    ~CMFCMapTool();
```

```

    CDC* _pDC;                              // 绘图的设备上下文
    vector<CMFCSymbol> _SymbolSet;  // 符号数组
    int _CurSymbolSize;                     // 当前要绘图的符号的大小

public:
    virtual void Initialize() override;
    virtual void CreateSymbol(const CMapSymbol& MapSymbol) override;
    virtual void SetSymbol(size_t SymbolIndex) override;
    virtual void ClearSymbol() override;

    virtual void DrawPointSymbol(const DRAWXY& Point) override;   // 绘制点符号

    virtual void DrawLineSymbol(int PartNum,                        // 绘制线符号
        const vector<int>& PointsNumber,
        const vector<DRAWXY>& Points) override;

    virtual void DrawPolygonSymbol(int PartNum,                     // 绘制面符号
        const vector<int>& PointsNumber,
        const vector<DRAWXY>& Points) override;
};
```

上述代码中，使用了在 MFC 库中描述地图符号的类 CMFCSymbol，该类的声明代码如下：

```
class CMFCSymbol
{
public:
    CPen* _pPen;                // 线要素的画笔
    CBrush* _pBrush;            // 面要素填充的画刷
    int _Size;                  // 点符号大小
};
```

下面实现创建绘图符号的方法 CreateSymbol。代码如下：

```
void CMFCMapTool::CreateSymbol(const CMapSymbol& MapSymbol)
{
    CMFCSymbol Symbol;
    Symbol._pPen = new CPen;                // 创建线要素的画笔
    Symbol._pPen->CreatePen(PS_SOLID, MapSymbol._LineWidth,
        RGB(MapSymbol._LineColor._Red, MapSymbol._LineColor._Green,
            MapSymbol._LineColor._Blue));

    Symbol._pBrush = new CBrush;            // 创建面要素填充的画刷
    Symbol._pBrush->CreateSolidBrush(RGB(MapSymbol._FillColor._Red,
        MapSymbol._FillColor._Green, MapSymbol._FillColor._Blue));

    Symbol._Size = MapSymbol._Size;         // 点符号大小
```

```

    _SymbolSet.push_back(Symbol);        // 记录符号
}
```

绘制点、线、面符号的函数相对简单，直接调用 MFC 相关的绘图函数即可，代码如下：

```
void CMFCMapTool::DrawPointSymbol(const DRAWXY& Point)
{
   _pDC->Ellipse(Point._X - _CurSymbolSize / 2, Point._Y - _CurSymbolSize / 2,
        Point._X + _CurSymbolSize / 2, Point._Y + _CurSymbolSize / 2);
}

void CMFCMapTool::DrawLineSymbol(int PartNum,
    const vector<int>& PointsNumber, const vector<DRAWXY>& Points)
{
    _pDC->PolyPolyline((const POINT*)(Points.data()),
        (const DWORD*)(PointsNumber.data()), PartNum);
}

void CMFCMapTool::DrawPolygonSymbol(int PartNum,
    const vector<int>& PointsNumber, const vector<DRAWXY>& Points)
{
    _pDC->PolyPolygon((const POINT*)(Points.data()),
        (const INT*)(PointsNumber.data()), PartNum);
}
```

以显示 Shapefile 文件为例，我们为了在窗口中显示 Shapefile 的地图图形，需要在 MFC 的视图 CView 类的派生 CMappingView 类中一方面加入前面第三章中实现的 CShapefile 类、矢量数据层 CVectorLayer 类和地图坐标变换 CMapTrans 类的对象，还要加入本章实现的 CMFCMapTool 对象，并重写 OnDraw 方法，具体的代码如下所示：

```
class CMappingView : public CView
{
protected: // 仅从序列化创建
    CMappingView() noexcept;
    DECLARE_DYNCREATE(CMappingView)

public:
    CMappingDoc* GetDocument() const;

    CShapefile* _pShapefile{ nullptr };          // Shapefile 对象指针
    CVectorLayer* _pVectorLayer{ nullptr };      // 矢量数据层对象指针

    CMFCMapTool* _pMapTool{ nullptr };           // 地图绘制工具对象指针
    CMapTrans* _pMapTrans{ nullptr };            // 地图坐标变换对象指针

    // ...
```

```
};
```

对 OnDraw 函数的重写代码如下：

```
void CMappingView::OnDraw(CDC* pDC)
{
    if (_pVectorLayer != nullptr)
    {
        _pMapTool->_pDC = pDC;
        _pVectorLayer->Draw();
    }
}
```

另外，我们还要建立一个菜单项，其功能是选择一个 Shapefile 文件，并读入文件，进行地图显示。在 CMappingView 中实现响应该菜单项的函数，代码如下：

```
void CMappingView::OnShapefileOpen()
{
    CString filter = L"Shapefile(*.shp)|*.shp||";
    CFileDialog dlg(TRUE, NULL, NULL, OFN_HIDEREADONLY, filter);

    if (dlg.DoModal() != IDOK)
        return;

    wstring Path = wstring(dlg.GetFolderPath()) + L"\\";
    wstring FileName = wstring(dlg.GetFileName());

    _pShapefile = new CShapefile(Path, FileName,     // 新建 Shapefile 对象
        ESourceType::ESRI_Shapefile);
    _pVectorLayer = new CVectorLayer();              // 新建矢量数据层对象

    _pVectorLayer->LoadGeoMetaData(*_pShapefile);    // 读入 Shapefile 元数据
    _pVectorLayer->LoadGeoData(*_pShapefile);        // 读入 Shapefile 坐标数据

    _pMapTool = new CMFCMapTool();                   // 新建地图绘制工具对象
    _pMapTrans = new CMapTrans();                    // 新建地图坐标变换对象
    _pVectorLayer->MakeMapLayer(*_pMapTool, *_pMapTrans,
        EMapSymbology::UniqueSymbol);                // 创建一个地图图层

    CRect ClientRect;
    GetClientRect(&ClientRect);                      // 获取当前显示窗口大小
    _pMapTrans->SetViewExtent(ClientRect.Width(), ClientRect.Height());
    _pMapTrans->DisplayAll();                        // 设置显示全图
    _pVectorLayer->UpdateDrawData();                 // 计算绘图数据
    Invalidate();                                    // 绘制整个窗口
}
```

实现了上述的代码，我们就可以打开一个 Shapefile 文件，并在窗口中绘制出它的地图图形，如图 4-3 所示。

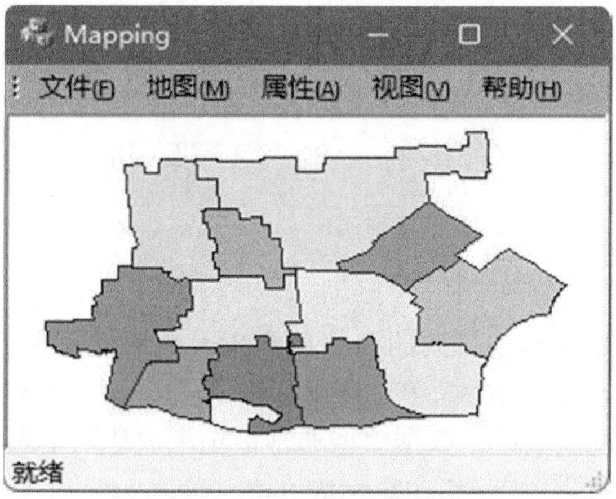

图 4-3 Shapefile 文件中空间数据的可视化程序界面

实 验 习 题

1. 实现 CVectorLayer 类和 CMapTrans 类中没有列出代码的函数功能。
2. 编写绘图程序 Mapping，编译调试，并使用 Shapefile 文件进行地图显示功能的测试。

主要参考文献

Horton I. 2010. Visual C++ 2010 入门经典[M]. 苏正泉，李文娟译. 北京：清华大学出版社.
Prosise J. 2001. MFC Windows 程序设计[M]. 北京：清华大学出版社.
Williams A. 1999. MFC 技术内幕[M]. 龚波，陈胜，赵军锁译. 北京：机械工业出版社.

第五章　栅格数据及其可视化

第一节　栅 格 数 据

一、栅格数据模型

栅格数据模型是使用按行列排列的栅格单元来表达地理要素空间分布和属性信息的数据模型。栅格数据模型的结构较为简单，在计算机中可以用一个数组进行数据存储，在文件中也可以顺序地存放和读取。栅格数据模型通常被用来表达数字高程模型（digital elevation model，DEM）、数字正射影像图（digital orthophoto quadrangle，DOQ）和数字栅格图（digital raster graphics，DRG）等。也可以用来表达离散型的数据，如点、线、面的矢量数据。

栅格数据通常分为整型栅格和浮点型栅格，整型栅格中保存的数值是整数，常常用于表达离散型的空间要素，如点、线、面。而浮点型栅格中存储浮点数，常常用来表达连续性的空间要素，如 DEM 等。所以，设计栅格数据模型的类，就要设计成模板的形式，接受整型或浮点型属性数值。

由于栅格数据是按行列排列的，类似于矩阵，通常都是采用行优先的形式存储的。而行的空间顺序又可以分为两种：一是从栅格数据的左上角开始，直到右下角；另一种是从栅格数据的左下角开始，直到右上角，所以在类中要加以区分。

为了便于处理，我们一方面把表达栅格数据的类也设计成 OGC 中顶层的几何要素基类 CGeometry 的派生类，另一方面，设计另一个基类 CCellPos，专门用于处理栅格数据的行列坐标，让栅格数据类 CRaster 从 CGeometry 和 CCellPos 两个基类多重继承，由此形成的 UML 类图如图 5-1 所示。

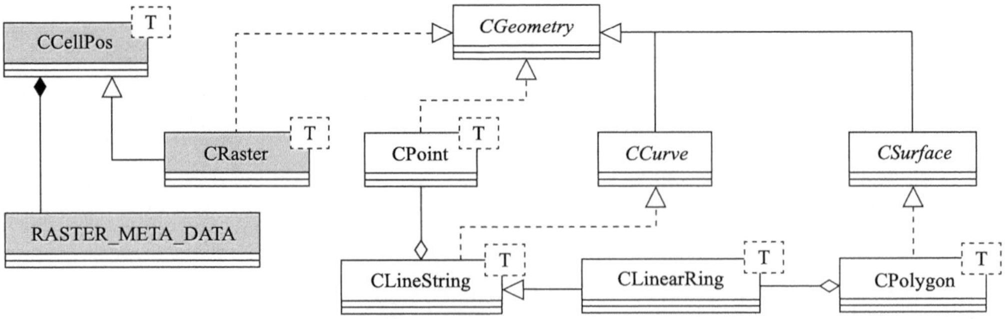

图 5-1　栅格数据 CRaster 类与 OGC 类的关系

栅格数据包含相应的元数据，如栅格数据的行列数量、左下角的 *XY* 坐标值、栅格单元的大小、无数据值采用的数值，以及栅格单元属性值的范围等。定义一个结构 RASTER_META_DATA 表达栅格数据的元数据，代码如下：

```
enum class ECellOrder                // 栅格单元排列顺序
{
    LBtoRT,                          // 栅格数据从左下角单元开始,到右上角单元
    LTtoRB                           // 栅格数据从左上角单元开始,到右下角单元
};

constexpr long g_InvalidPos = -1;    // 无效的栅格单元位置下标

template <typename T>                // 栅格元数据
struct RASTER_META_DATA
{
    ECellOrder _CellOrder{ ECellOrder::LBtoRT };    // 栅格单元排列顺序

    long _RowNumber{ 0 }, _ColNumber{ 0 };          // 行列数
    double _XllCorner{ 0 }, _YllCorner{ 0 };        // 左下角 xy 坐标值
    double _CellSize{ 0 };                          // 栅格单元的大小

    T _NodataValue{ 0 };                            // 表示无数据值的数值
    T _MinValue{ 0 }, _MaxValue{ 0 };               // 属性最小最大值
};
```

CCellPos 类的声明代码如下：

```
template <typename T> class  CCellPos
{
public:
    CCellPos() = default;
    CCellPos(const RASTER_META_DATA<T>& MetaData);

protected:
    RASTER_META_DATA<T> _MetaData;               // 栅格元数据

public:
    T GetNoDataValue() const;                    // 获取无数据值
    T GetMaxValue() const;                       // 获取最大值
    T GetMinValue() const;                       // 获取最小值
    double GetCellSize() const;                  // 获取栅格单元大小
    long GetRowCount() const;                    // 获取行数
    long GetColCount() const;                    // 获取列数
    long GetIndex(long Row, long Col) const;     // 获取栅格单元的下标
    bool GetRowCol(long Index, long& Row, long& Col) const;// 下标得到行列值
    bool IsValid(long Row, long Col) const;      // 判断行列值是否有效
    // ...
};
```

CCellPos 类中可以包含多个和栅格单元位置有关的成员函数，这里我们只是列出了常用

的几个，后面需要的时候再逐步向类中添加，下面实现 CCellPos 的几个成员函数。其中的 IsValid()用来判断参数 Row 和 Col 所代表的行列坐标是否是栅格数据的有效坐标，即处在栅格数据的范围之内。

```
template<typename T>
bool CCellPos<T>::IsValid(long Row, long Col) const
{
    return  (Row >= 0 && Row < _MetaData._RowNumber
        && Col >= 0  && Col < _MetaData._ColNumber);
}
```

成员函数 GetIndex()主要用来把栅格行列坐标转换成存储栅格属性值的一维数组的下标，有了数组下标，就可以存取对应栅格的属性数值了。该函数先判断行列坐标是否有效，无效则返回值为–1，否则返回有效的数组下标值。

```
template<typename T>
long CCellPos<T>::GetIndex(long Row, long Col) const
{
    if (IsValid(Row, Col))
        return Row * _MetaData._ColNumber + Col;

    return g_InvalidPos;
}
```

另一个成员函数 GetRowCol()的作用与 GetIndex()正好相反，把输入参数 Index 表达的数组下标转换成对应的行列坐标 Row 和 Col，作为输出参数返回。如果 Index 是有效数组下标（IsValid()函数判定，即判断 Index 是否大于或等于 0 且小于栅格行数和列数的乘积），则函数返回值为 true，否则为 false。

```
template<typename T>
bool CCellPos<T>::GetRowCol(long Index, long& Row, long& Col) const
{
    if (!IsValid(Index))
        return false;

    Row = Index / _MetaData._ColNumber;
    Col = Index % _MetaData._ColNumber;

    return true;
}
```

在实现了 CCellPos 类之后，我们就可以相应地设计 CRaster 类，定义如下。其中，_Value 是存储栅格数据属性值的一维数组。由于 CRaster 继承于 CGeometry 抽象基类，所以需要实现诸如 Dimension()等几个纯虚成员函数。

```
template <typename T>
```

```
class CRaster : public CGeometry, public CCellPos<T>
{
public:
    CRaster(const RASTER_META_DATA<T>& RasMeta);
    CRaster(long RowNumber, long ColNumber, double XllCorner, double YllCorner,
        double CellSize, T NodataValue, T MinValue, T MaxValue, T InitValue);
    CRaster(const CRaster<T>& RasObj);
    CRaster(CRaster<T>&& RasObj) noexcept;
    CRaster<T>& operator = (const CRaster<T>& RasObj);
    CRaster<T>& operator = (CRaster<T>&& RasObj) noexcept;

private:
    vector<T> _Value;                                    // 栅格数据（属性值）

public:
    virtual size_t Dimension() const override;           // 几何维度
    // ...

public:
    T GetCellV(long Row, long Col) const;                // 获得栅格数值
    void SetCellV(long Row, long Col, T Value);          // 设置栅格单元数值
    bool IsNoData(long Row, long Col) const;             // 是否是空值
    // ...
};
```

下面的函数 GetCellV 实现获取行列坐标分别为 Row 和 Col 的栅格单元的属性数值，在此假设已经经过预先的判断，得知行列坐标是有效的，所以，只要返回行列对应数组下标的数组元素数值即可，代码如下：

```
template <typename T>
T CRaster<T>::GetCellV(long Row, long Col) const
{
    return _Value[this->GetIndex(Row, Col)];
}
```

成员函数 SetCellV()则是给行列坐标分别为 Row 和 Col 的栅格单元赋值，同样是假定行列坐标值是有效的，代码如下：

```
template <typename T>
void CRaster<T>::SetCellV(long Row, long Col, T Value)
{
    _Value[this->GetIndex(Row, Col)] = Value;
}
```

成员函数 IsNoData()的作用是用来判定行列坐标 Row 和 Col 所指定的栅格单元是否是无数据值。代码如下：

```
template <typename T>
bool CRaster<T>::IsNoData(long Row, long Col) const
{
    return GetCellV(Row, Col) == this->_MetaData._NodataValue;
}
```

二、ESRI 的 ASCII 栅格数据文件

能够存储栅格数据的文件格式有很多种，在此仅以 ESRI 的文本格式栅格数据为例，来说明栅格数据的输入输出方法。参照前面第三章中空间数据层和空间数据源的实现方法，在其中进一步添加一个栅格数据层 CRasterLayer 类用来处理栅格数据，以及一个 CESRIASCIIRaster 类来读取 ESRI 的文本格式栅格数据。其 UML 类图如图 5-2 所示。

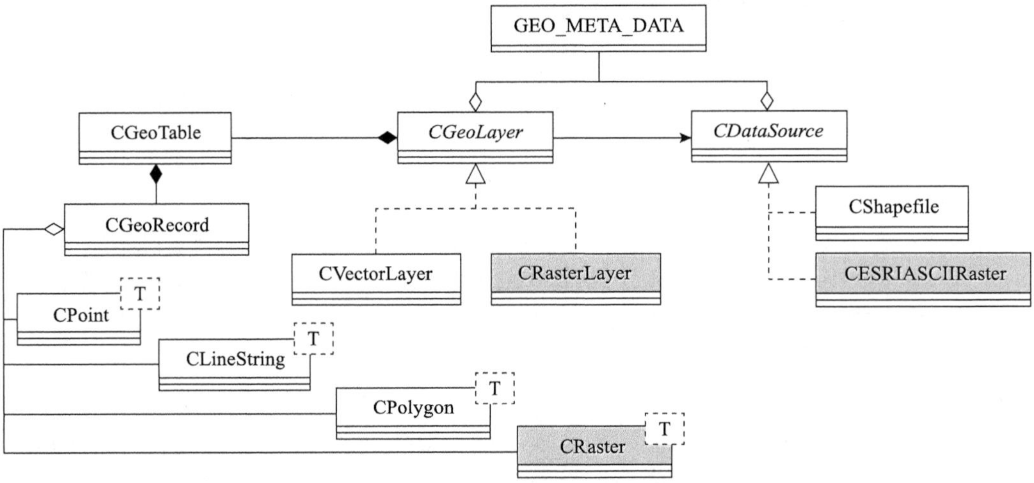

图 5-2　栅格数据层类和 ESRI 文本栅格数据文件类的 UML 类图

由于栅格数据 CRaster 被设计成是从 CGeometry 派生的，所以 CRaster 数据就可以和前面第二章中实现的同样是从 CGeometry 中派生的如点类 CPoint、直线串类 CLineString 和多边形类 CPolygon 一样被包含在空间数据记录 CGeoRecord 类中，也就可以用存储矢量数据的同样的方法存储在空间数据列表类 CGeoTable 中，这样实现起来，就不需要特别为栅格数据写存储在数据层中的代码，可以直接使用和矢量数据同样的代码。这里我们可以把每个栅格数据记录看成是栅格数据的不同波段或栅格数据的不同分块。所以，目前栅格数据层的定义和矢量数据层的定义一样，只需要使用基类 CGeoLayer 的数据输入输出方法。代码如下：

```
class CRasterLayer : public CGeoLayer
{
public:
};
```

对于栅格数据的存储格式，ESRI 的 ASCII Raster 文件是非常简单的。该文件以文本的形式存储 ESRI 的 GRID 栅格数据。其结构简单，很容易存取。文件开头是若干行关于栅格数据的元数据，主要是以下内容（×××表示具体的数值）：

```
NCOLS xxx                              // 栅格列数
NROWS xxx                              // 栅格行数
XLLCENTER xxx | XLLCORNER xxx          // 原点左下角 X 坐标（或栅格单元中心）
YLLCENTER xxx | YLLCORNER xxx          // 原点左下角 Y 坐标（或栅格单元中心）
CELLSIZE xxx                           // 栅格单元大小
NODATA_VALUE xxx                       // 无数据值的数值
```

在上述的信息后面，就是按行按列存储的栅格属性数值，数值之间以空格隔开。因此，我们可以专为该文件格式仿照 Shapefile 类，写一个读取和存储该文件并创建栅格数据层对象的类 CESRIASCIIRaster，代码如下：

```
class CESRIASCIIRaster final :  public CDataSource
{
public:
    CESRIASCIIRaster(const wstring& Source, const wstring& Name,
        ESourceType SourceType);
    ~CESRIASCIIRaster();

public:
    virtual void GetGeoMetaData() override;                          //读元数据
    virtual shared_ptr<CGeometry> GetGeometry(size_t& ID) override;//读栅格

private:
    ifstream _RasterFileIn;

    long _NCOLS;               // 栅格列数
    long _NROWS;               // 栅格行数
    double _XLLCORNER;         // 原点左下角 X 坐标（或栅格单元中心）
    double _YLLCORNER;         // 原点左下角 Y 坐标（或栅格单元中心）
    double _CELLSIZE;          // 栅格单元大小
    long _NODATA_VALUE;        // 无数据值的数值

    template<typename T>
    shared_ptr<CGeometry> ReadRasterCellValue();
};
```

读取 ESRI ASCII 栅格文件元数据的代码如下：

```
void CESRIASCIIRaster::GetGeoMetaData()
{
    if (!_RasterFileIn.is_open())
        _RasterFileIn.open(_GeoMetaData._Source + _GeoMetaData._Name);

    string TagName;
    _RasterFileIn >> TagName >> _NCOLS;          // 栅格列数
    _RasterFileIn >> TagName >> _NROWS;          // 栅格行数
    _RasterFileIn >> TagName >> _XLLCORNER;      // 原点左下角 X 坐标
```

```
    _RasterFileIn >> TagName >> _YLLCORNER;     // 原点左下角 Y 坐标
    _RasterFileIn >> TagName >> _CELLSIZE;      // 栅格单元大小
    _RasterFileIn >> TagName >> _NODATA_VALUE; // 无数据值的数值

    _GeoMetaData._FeatureCount = 1;

    if (_GeoMetaData._SourceType == ESourceType::ESRI_ASCII_Raster_Int)
        _GeoMetaData._GeoType = EGeoType::IntRaster;
    else if (_GeoMetaData._SourceType == ESourceType::ESRI_ASCII_Raster_Float)
        _GeoMetaData._GeoType = EGeoType::FloatRaster;

    _GeoMetaData._Extent.SetExtent(_XLLCORNER, _XLLCORNER +
        _CELLSIZE * _NCOLS, _YLLCORNER, _YLLCORNER + _NROWS);
}
```

读取 ESRI ASCII 栅格文件属性值数据的代码如下：

```
template<typename T>
shared_ptr<CGeometry> CESRIASCIIRaster::ReadRasterCellValue()
{
    RASTER_META_DATA<T> MetaData;
    MetaData._CellOrder = ECellOrder::LTtoRB;
    MetaData._CellSize = _CELLSIZE;
    MetaData._ColNumber = _NCOLS;
    MetaData._RowNumber = _NROWS;
    MetaData._XllCorner = _XLLCORNER;
    MetaData._YllCorner = _YLLCORNER;
    MetaData._NodataValue = _NODATA_VALUE;

    auto pRas = make_shared<CRaster<T>>(MetaData);

    for (size_t i = 0; i < pRas->GetCellCount(); ++i)
    {
        T v;
        _RasterFileIn >> v;
        pRas->SetCellV(static_cast<long>(i), v);
    }

    return pRas;
}
```

对于不同数值类型的栅格数据，可以用下面的代码分别读入：

```
shared_ptr<CGeometry> CESRIASCIIRaster::GetGeometry(size_t& ID)
{
    ID = 1; // ESRI ASCII RASTER 相当于只有一个波段

```

```
    if (_GeoMetaData._SourceType == ESourceType::ESRI_ASCII_Raster_Int)
        return ReadRasterCellValue<long>();      // 读入整型栅格数据
    else if (_GeoMetaData._SourceType == ESourceType::ESRI_ASCII_Raster_Float)
        return ReadRasterCellValue<double>();    // 读入浮点型栅格数据
    else
        return nullptr;
}
```

完成了上述的栅格数据输入的功能，就可以用类似下面的代码来读取用 ESRI ASCII 栅格文件存储的栅格 DEM 数据：

```
CESRIASCIIRaster dem(L"D:/data/", L"dem.txt",    // 设置浮点类型栅格 DEM 数据源
    ESourceType::ESRI_ASCII_Raster_Float);

CRasterLayer DEMLayer;                           // 创建一个栅格数据层
DEMLayer.LoadGeoMetaData(dem);                   // 读入栅格 DEM 元数据
DEMLayer.LoadGeoData(dem);                       // 读入栅格 DEM 数据的高程数值
```

第二节　栅格数据可视化

一、栅格数据图层

和矢量数据的可视化相同，栅格数据的可视化需要从栅格数据层中创建一个栅格数据图层来进行显示，我们在栅格数据层类 CRasterLayer 中添加相应的代码，如下所示。其功能包括判断栅格数据的种类，即整型栅格还是浮点型栅格，因为不同的栅格地图绘制方法不同。

```
class  CRasterLayer : public CGeoLayer
{
public:
    bool IsIntRaster();                          // 判断是否整型栅格数据
    bool IsFloatRaster();                        // 判断是否浮点型栅格数据

    const CRaster<long>& GetIntRaster();         // 获取整型栅格数据
    const CRaster<double>& GetFloatRaster();     // 获取浮点型栅格数据

public:
    virtual void MakeMapLayer(CMapTool& MapTool, CMapTrans& MapTrans,
        EMapSymbology Symbology) override;       // 创建栅格数据的地图图层对象

private:
    void MakeIntMapLayer(shared_ptr<CRasterMapLayer> pRasterMapLayer);
    void MakeFloatRaster(shared_ptr<CRasterMapLayer> pRasterMapLayer);
};
```

创建栅格数据地图图层的成员函数 MakeMapLayer 的实现代码如下：

```
void CRasterLayer::MakeMapLayer(CMapTool& MapTool, CMapTrans& MapTrans,
    EMapSymbology Symbology)              // 创建一个绘图的图层对象
{
    auto pRasterMapLayer = make_shared<CRasterMapLayer>(
        MapTool, MapTrans, Symbology);
    _pMapLayer = pRasterMapLayer;
    _pMapLayer->_Extent = _GeoMetaData._Extent;

    pRasterMapLayer->_MapLeft = _pMapLayer->_Extent._MinX;
    pRasterMapLayer->_MapTop = _pMapLayer->_Extent._MaxY;
    pRasterMapLayer->_MapRight = _pMapLayer->_Extent._MaxX;
    pRasterMapLayer->_MapBottom = _pMapLayer->_Extent._MinY;

    if (IsIntRaster())
        MakeIntMapLayer(pRasterMapLayer);       // 创建整型栅格地图图层
    else if (IsFloatRaster())
        MakeFloatRaster(pRasterMapLayer);       // 创建浮点型栅格地图图层

    MapTrans.SetMapExtent(WORLDRECT(_GeoMetaData._Extent._MinX,
        _GeoMetaData._Extent._MinY, _GeoMetaData._Extent._MaxX,
        _GeoMetaData._Extent._MaxY));           // 设置地图的范围
}
```

下面我们讨论创建浮点型栅格地图图层的方法 MakeFloatRaster，而把创建整型栅格地图图层的方法留给学生们实现。这两种方法在读取和存储栅格数据方面都相同，区别就在于浮点型栅格需要用连续的颜色显示，而整型栅格就如同矢量数据一样，可以采用不同的栅格单元数值用一种独特的颜色显示，这就是前面第四章已经实现了的颜色模型类 CColorModel 中的 GetUniqueColor 方法。而浮点型栅格数据的连续颜色显示，需要在颜色模型类 CColorModel 中新实现一种显示连续光谱色（即从红、橙、黄、绿，直到蓝色）的颜色序列。

```
void CRasterLayer::MakeFloatRaster(shared_ptr<CRasterMapLayer> pRasterMapLayer)
{
    const auto& Raster = GetFloatRaster();
    pRasterMapLayer->_RowNumber = Raster.GetRowCount();
    pRasterMapLayer->_ColNumber = Raster.GetColCount();
    pRasterMapLayer->_CellSize = Raster.GetCellSize();

    auto MaxV = Raster.GetMaxValue();
    auto MinV = Raster.GetMinValue();

    pRasterMapLayer->_ValueColor.resize(pRasterMapLayer->_RowNumber);
    for (long i = 0; i < pRasterMapLayer->_RowNumber; ++i)
    {
        pRasterMapLayer->_ValueColor[i].resize(pRasterMapLayer->_ColNumber);
        for (long j = 0; j < pRasterMapLayer->_ColNumber; ++j)
```

```
        {
            const auto Value = Raster.GetCellV(i, j);

            if (Value == Raster.GetNoDataValue())  // 无数据值用白色显示
               pRasterMapLayer->_ValueColor[i][j] = RGBCOLOR(255, 255, 255);
            else
                pRasterMapLayer->_ValueColor[i][j] =
                    CColorModel::GetFullSpectrolColor(MinV, MaxV, Value);
        }
    }
}
```

上面代码中的静态函数 CColorModel::GetFullSpectrolColor 就是用来生成全光谱的连续颜色的。我们在颜色模型类中继续添加这一个新的函数，代码如下：

```
RGBCOLOR CColorModel::GetFullSpectrolColor(
    double BlueValue, double RedValue, double Value)
{
    double InitColor[][3] = { {0., 0.5, 1.}, {0., 1., 1.},
        {0.5, 1., 0.}, {1., 1., 0.}, {1., 0., 0. } };

    double r = (Value - BlueValue) / (RedValue - BlueValue) * 4.;
    int i = static_cast<int>(r);

    InitColor[i][(i + 1) % 3] += pow(-1., i) * (r - i) / 2.;

    return RGBCOLOR((unsigned char)(InitColor[i][0] * 255.),
        (unsigned char)(InitColor[i][1] * 255.),
        (unsigned char)(InitColor[i][2] * 255.));
}
```

接下来我们实现栅格数据地图图层 CRasterMapLayer 类，该类同样也是从 CMapLayer 类中派生出来。它包含了栅格数据的地图空间坐标范围，栅格数据对应的计算机窗口屏幕坐标等信息，以及栅格数据中栅格单元绘制的颜色，声明代码如下：

```
class CRasterMapLayer : public CMapLayer
{
public:
    CRasterMapLayer(CMapTool& MapTool, CMapTrans& MapTrans,
        EMapSymbology Symbology)
        : CMapLayer(MapTool, MapTrans, Symbology) {}

public:
    double _MapLeft, _MapTop, _MapRight, _MapBottom;   // 栅格范围地图坐标
    int _ViewLeft, _ViewTop, _ViewRight, _ViewBottom;  // 栅格范围屏幕坐标

```

```
    long _RowNumber, _ColNumber;                              // 栅格行列数值
    double _CellSize;                                         // 栅格单元大小

    int _DrawViewLeft, _DrawViewTop, _DrawViewWidth, _DrawViewHeight;
    int _DrawRasLeftCol, _DrawRasTopRow, _DrawRasWidth, _DrawRasHeight;

    vector<vector<RGBCOLOR>> _ValueColor;                     // 栅格单元的颜色

public:
    virtual void UpdateDrawingCoord() override;               // 更新栅格绘图坐标
    virtual void Draw() const override;                       // 绘制栅格数据

protected:
    bool _bDraw = true;                                       // 是否需要绘制
    virtual bool ClipLeft(int LeftX) override;                // 视窗左边界裁剪
    virtual bool ClipRight(int RightX) override;              // 视窗右边界裁剪
    virtual bool ClipTop(int TopY) override;                  // 视窗上边界裁剪
    virtual bool ClipBottom(int BottomY) override;            // 视窗下边界裁剪
};
```

在上面的代码中，除了继承并重写 CMapLayer 类原有的虚函数以外，又增加了一个逻辑变量_bDraw，以及四个裁剪虚函数 ClipLeft、ClipRight、ClipTop 和 ClipBottom。_bDraw 的数值被用来判断图层里的要素是否需要被绘制，因为当用户进行缩放和平移等操作时，地图中有些图形会落在计算机屏幕窗口之外，这些移动到显示窗口外的空间要素的图形是不需要被绘制的，即使绘制也显示不出来，从而降低了绘制的效率。所以需要在每次绘制之前，判断每个要素或栅格数据是否落在了窗口之外。对窗口之外的栅格数据，变量_bDraw 为 false，则不用绘制。四个裁剪函数在基类 CMapLayer 中声明，在矢量地图图层中可以直接使用，在栅格地图图层中则需要重写实现。这四个裁剪函数的返回值将影响变量_bDraw 的值，下面是窗口左边界裁剪和上边界裁剪的代码，右边界和下边界裁剪的代码留给学生们自行完成。

```
bool CRasterMapLayer::ClipLeft(int LeftX)
{
    if (_ViewLeft >= LeftX)                          // 在左窗口边界之内
    {
        _DrawViewLeft = _ViewLeft;
        _DrawRasLeftCol = 0;
        return true;
    }
    else if (_ViewRight >= LeftX)                    // 超出左边界,裁剪掉左边界之外的
    {
        double ScrLeft = _MapTrans.ViewToMapX(LeftX);
        long Col = long((ScrLeft - _MapLeft) / _CellSize);
        ScrLeft = _MapLeft + Col * _CellSize;
        _DrawViewLeft = _MapTrans.MapToViewX(ScrLeft);
        _DrawRasLeftCol = Col;
```

```
        return true;
    }
    else                                          // 整体在左边界之外,不用绘制
        return false;
}
```

下面的代码是窗口上边界的裁剪函数实现：

```
bool CRasterMapLayer::ClipTop(int TopY)
{
    if (_ViewTop >= TopY)                         // 在上窗口边界之内
    {
        _DrawViewTop = _ViewTop;
        _DrawRasTopRow = 0;
        return true;
    }
    else if (_ViewBottom >= TopY)                 // 超出上边界,裁剪掉上边界之外的
    {
        double ScrTop = _MapTrans.ViewToMapY(TopY);
        long Row = long((ScrTop - _MapBottom) / _CellSize) + 1;
        ScrTop = _MapBottom + Row * _CellSize;
        _DrawViewTop = _MapTrans.MapToViewY(ScrTop);
        _DrawRasTopRow = _RowNumber - Row;
        return true;
    }
    else                                          // 整体在上边界之外,不用绘制
        return false;
}
```

有了上面实现的边界裁剪方法，就可以进一步实现更新绘制坐标的函数，如下所示：

```
void CRasterMapLayer::UpdateDrawingCoord()
{
    _MapTrans.MapToView(_MapLeft, _MapTop, _ViewLeft, _ViewTop);
    _MapTrans.MapToView(_MapRight, _MapBottom, _ViewRight, _ViewBottom);

    if (!(_bDraw = ClipLeft(0)))                  // 裁剪左边界
        return;

    if (!(_bDraw = ClipRight(_MapTrans.GetViewWidth())))// 裁剪右边界
        return;

    if (!(_bDraw = ClipTop(0)))                   // 裁剪上边界
        return;

    _bDraw = ClipBottom(_MapTrans.GetViewHeight());     // 裁剪下边界
}
```

经过上述的代码处理，就可以最终实现栅格数据的地图绘制了。先在地图绘制工具类 CMapTool 中添加绘制栅格数据的代码，其中，虚函数 PreProcessRaster 是预处理函数，留给具体实现的类对栅格图像中的像素进行相应的预处理工作，而绘制栅格数据函数 DrawRaster 则传递绘制的坐标进行实际的绘制。代码如下：

```
class CMapTool
{
public:
    // ...
    // 预处理栅格数据
    virtual void PreProcessRaster(const vector<vector<RGBCOLOR>>& ColorGrid,
        long RowNumber, long ColNumber) = 0;

    // 绘制栅格数据
    virtual void DrawRaster(int DrawViewLeft, int DrawViewTop,
        int DrawViewWidth, int DrawViewHeight,
        int DrawRasterLeftCol, int DrawRasterTopRow,
        int DrawRasterWidth, int DrawRasterHeight) = 0;
};
```

在定义了地图绘图工具类相应的函数后，就可以实现栅格数据的绘制代码，如下所示：

```
void CRasterMapLayer::Draw() const
{
    _MapTool.PreProcessRaster(_ValueColor, _RowNumber, _ColNumber); // 预处理

    if (_bDraw)      // 判断经过窗口裁剪以后，是否还需要绘制栅格数据
        _MapTool.DrawRaster(_DrawViewLeft, _DrawViewTop,    // 绘制
            _DrawViewWidth, _DrawViewHeight,
            _DrawRasLeftCol, _DrawRasTopRow,
            _DrawRasWidth, _DrawRasHeight);
}
```

二、栅格数据的绘制

栅格数据实际的绘制还是要在具体的图形函数库支持下进行，我们依然在前面第四章绘制矢量数据的 MFC 程序项目中添加绘制栅格数据的代码。首先是在继承的视图 CMappingView 类中添加下面的两个成员变量，分别用来读取 ESRI 的文本格式栅格数据，以及生成栅格数据层，代码如下：

```
CESRIASCIIRaster* _pRasterFile{ nullptr };    // 栅格数据对象指针
CRasterLayer* _pRasterLayer{ nullptr };       // 栅格数据层对象指针
```

然后在菜单栏中添加“打开整型栅格数据(I)”和“打开浮点型栅格数据(F)”两个菜单项，如图 5-3 所示，并在视图 CMappingView 类中添加菜单响应函数。

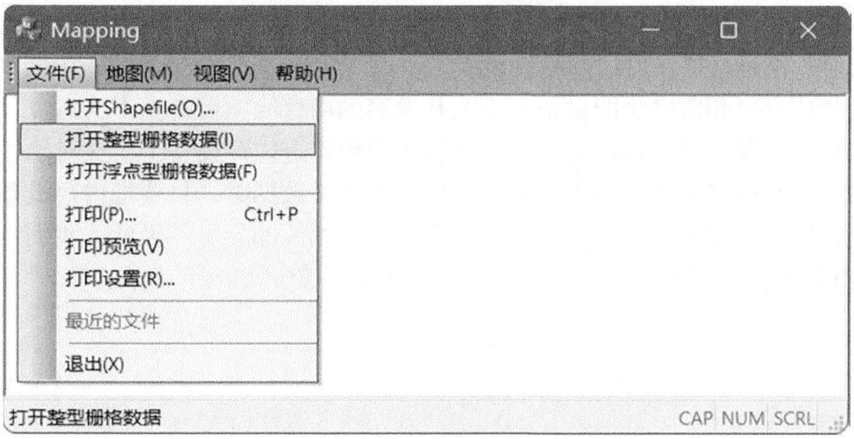

图 5-3　加载两种类型栅格数据的菜单项

对打开整型栅格数据的菜单响应函数可以按下面的代码实现，而对于打开浮点型栅格数据的菜单响应函数与此类似，留给学生们自行实现。

```
void CMappingView::OnOpenIntRaster()
{
    CString filter = L"ESRI Integer raster file(*.txt)|*.txt||";
    CFileDialog dlg(TRUE, NULL, NULL, OFN_HIDEREADONLY, filter);
    if (dlg.DoModal() != IDOK)
        return;

    wstring Path = wstring(dlg.GetFolderPath()) + L"\\"; // 栅格数据存储位置
    wstring FileName = wstring(dlg.GetFileName());       // 栅格数据文件名

    _pRasterFile = new CESRIASCIIRaster(Path, FileName,  // 新建栅格文件对象
        ESourceType::ESRI_ASCII_Raster_Int);
    _pRasterLayer = new CRasterLayer();                  // 新建栅格数据层

    _pRasterLayer->LoadGeoMetaData(*_pRasterFile);       // 读入栅格元数据
    _pRasterLayer->LoadGeoData(*_pRasterFile);           // 读入栅格数据

    _pRasterLayer->MakeMapLayer(*_pMapTool, *_pMapTrans,// 创建栅格图层
        EMapSymbology::UniqueSymbol);

    CRect ClientRect;
    GetClientRect(&ClientRect);                          // 获取屏幕窗口范围
    _pMapTrans->SetViewExtent(ClientRect.Width(), ClientRect.Height());
    _pMapTrans->DisplayAll();                            // 显示全图

    _pRasterLayer->UpdateDrawData();                     // 更新绘图数据
    Invalidate();                                        // 绘制栅格数据
}
```

栅格数据通常以图像的形式绘制，在 Windows 的 MFC 库中，对于图像的绘制可以采用双缓冲的机制，不是直接在窗口的绘图设备上下文对象（CDC 类的对象）中绘制图像，而是先在内存中生成一个和窗口绘图设备上下文相兼容的内存绘图设备上下文对象，并且再生成一个兼容的位图对象（CBitmap 对象），把位图对象选进内存设备上下文对象，同时在内存设备上下文中绘制栅格图像。当需要在窗口中显示栅格数据时，只要把内存设备上下文中的位图复制到窗口的绘图设备上下文对象中，即可实现图像的显示。因此，我们要在前面第四章实现的 MFC 绘图工具类的声明中，添加下面的成员变量和成员函数：

```
class CMFCMapTool : public CMapTool
{
    // ...
private:
    CDC _RasterDC;            // 绘制栅格数据的内存设备上下文
    CBitmap _RasterBitmap;    // 绘制栅格的位图图像

public:
    virtual void PreProcessRaster(const vector<vector<RGBCOLOR>>& ColorGrid,
        long RowNumber, long ColNumber) override;  // 预处理绘制栅格图像

    virtual void DrawRaster(int DrawViewLeft, int DrawViewTop, // 绘制栅格图像
        int DrawViewWidth, int DrawViewHeight,
        int DrawRasterLeftCol, int DrawRasterTopRow,
        int DrawRasterWidth, int DrawRasterHeight) override;
};
```

预处理栅格数据的实现方法就是在内存设备上下文中按照栅格数据行列顺序绘制每一个栅格单元点，代码如下：

```
void CMFCMapTool::PreProcessRaster(const vector<vector<RGBCOLOR>>& ColorGrid,
    long RowNumber, long ColNumber)
{
    if (_RasterDC.GetSafeHdc() != NULL)
        return;

    _RasterDC.CreateCompatibleDC(_pDC);
    _RasterBitmap.CreateCompatibleBitmap(_pDC, ColNumber, RowNumber);
    _RasterDC.SelectObject(&_RasterBitmap);

    for (long i = 0; i < RowNumber; ++i)
        for (long j = 0; j < ColNumber; ++j)
            _RasterDC.SetPixelV(j, i, RGB(ColorGrid[i][j]._Red,
                ColorGrid[i][j]._Green, ColorGrid[i][j]._Blue));
}
```

相应的绘制栅格数据的函数就非常简单，只要调用 MFC 的复制图像函数把内存设备上下文中的图像复制到窗口设备上下文中即可，代码如下：

```
void CMFCMapTool::DrawRaster(int DrawViewLeft, int DrawViewTop,
    int DrawViewWidth, int DrawViewHeight,
    int DrawRasterLeftCol, int DrawRasterTopRow,
    int DrawRasterWidth, int DrawRasterHeight)
{
    _pDC->TransparentBlt(DrawViewLeft, DrawViewTop,
        DrawViewWidth, DrawViewHeight,
        &_RasterDC, DrawRasterLeftCol, DrawRasterTopRow,
        DrawRasterWidth, DrawRasterHeight, 0xffffff);
}
```

最后，只要重写派生的视图 CMappingView 类中的窗口绘制消息响应函数 OnDraw，就可以进行栅格数据的绘制了。代码如下：

```
void CMappingView::OnDraw(CDC* pDC)
{
    if (_pVectorLayer == nullptr && _pRasterLayer == nullptr)
        return;

    _pMapTool->_pDC = pDC;

    if (_pVectorLayer != nullptr)
        _pVectorLayer->Draw();          // 绘制矢量数据
    else if (_pRasterLayer != nullptr)
        _pRasterLayer->Draw();          // 绘制栅格数据
}
```

至此，我们就全部实现了读入 ESRI 文本格式的栅格数据，并在屏幕窗口中显示的功能，读入整型栅格数据和读入浮点型栅格数据并可视化的程序界面如图 5-4 所示。

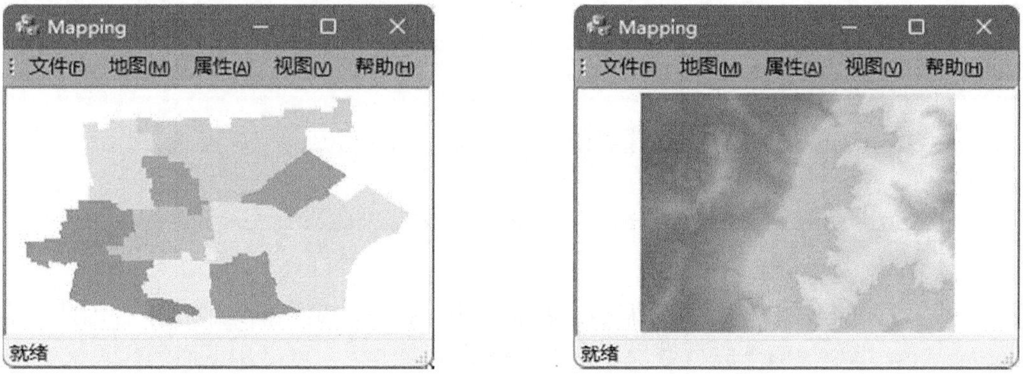

(a) 整型栅格数据显示　　(b) 浮点型栅格数据显示

图 5-4　栅格数据的可视化程序用户界面

第三节　缩放和平移的实现

前面第四章已经讨论过了使用地图坐标转换类进行图形缩放和平移的操作，这些操作的具体实现也需要在程序的派生视图 CMappingView 类中设置到相应的鼠标操作响应函数中才能最终完成。通常的鼠标操作有三种状态：第一种是拉框放大状态，第二种是拉框缩小状态，第三种是自由平移状态。为了区分当前是处于什么状态，需要先设置一个表达状态的枚举类型 EOperationStatus，并在 CMappingView 中定义一个成员变量_Status 来记录当前所处的操作状态。代码如下：

```
enum class EOperationStatus
{
    ZoomInBox,       // 拉框放大状态
    ZoomOutBox,      // 拉框缩小状态
    FreePan          // 自由平移状态
};
```

然后生成三个菜单项，分别用来设置进入哪一个操作状态，如图 5-5 所示。

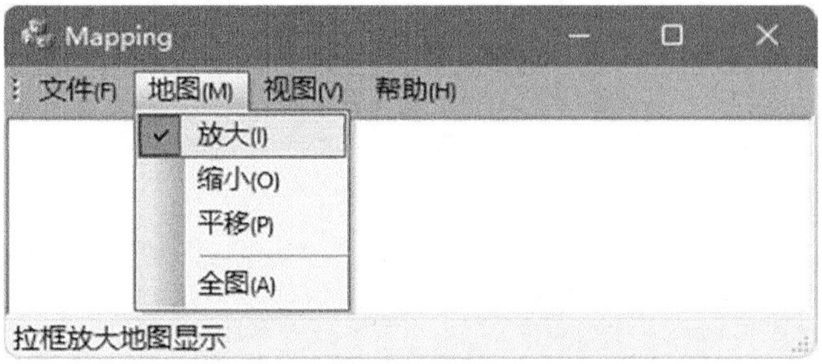

图 5-5　地图显示操作的三种状态

以设置拉框放大状态为例，下面的代码设置了进入拉框放大状态。进入其他两种状态可以采用类似的代码实现：

```
void CMappingView::OnZoomInBox()
{
    _Status = EOperationStatus::ZoomInBox;
}

void CMappingView::OnUpdateZoomInBox(CCmdUI* pCmdUI)
{
    pCmdUI->SetCheck(_Status == EOperationStatus::ZoomInBox);
}
```

若要在程序里显示拉框放大或缩小，需要把用户拉出的矩形框绘制出来，因此，需要在 CMappingView 里添加两个成员变量保存矩形框的位置坐标。可以用下面的代码来实现：

```
CPoint _StartMovePoint;       // 拉框开始用户按下左键的位置坐标
CRect _DragRect;              // 移动鼠标时形成的矩形框区域
```

下面就可以实现拉框放大、缩小和平移功能了，我们先在 CMappingView 类里实现下列的函数：

```
class CMappingView : public CView
{
    // ...
private:
    void StartFreePan(const CPoint& point);      // 用户按下左键,开始平移
    void StartDragBox(const CPoint& point);      // 用户按下左键,开始拉框

    void MovingFreePan(const CPoint& point);     // 用户按住左键平移
    void MovingDragBox(const CPoint& point);     // 用户按住左键拉框

    void EndFreePan(const CPoint& point);        // 用户松开左键,结束平移
    void EndDragBox(const CPoint& point);        // 用户松开左键,结束拉框
};
```

开始平移的实现代码如下所示，它调用地图坐标变换对象的函数记录下开始平移的位置：

```
void CMappingView::StartFreePan(const CPoint& point)
{
    _pMapTrans->PanFrom(point.x, point.y);
}
```

用户按住左键平移的过程中，调用 MovingFreePan 函数，代码如下所示，它首先调用地图坐标变换对象的函数，计算出平移量，然后更新绘图坐标，并进行重新绘制。

```
void CMappingView::MovingFreePan(const CPoint& point)
{
    _pMapTrans->PanTo(point.x, point.y);         // 计算平移量

    if (_pVectorLayer != nullptr)
        _pVectorLayer->UpdateDrawData();         // 更新矢量数据的绘图坐标
    else if (_pRasterLayer != nullptr)
        _pRasterLayer->UpdateDrawData();         // 更新栅格数据的坐标

    Invalidate();                                // 重新绘制地图
}
```

用户按下左键，开始拉框的处理函数代码如下：

```
void CMappingView::StartDragBox(const CPoint& point)
{
    SetCapture();
    _StartMovePoint = point;                     // 记录拉框的起始点坐标
    _DragRect.SetRectEmpty();                    // 初始化拉框的范围
}
```

用户按住左键拉框过程中的处理函数代码如下：

```
void CMappingView::MovingDragBox(const CPoint& point)
{
    CRect CurRect(_StartMovePoint, point);      // 当前拉框的范围
    CurRect.NormalizeRect();

    CClientDC dc(this);                         // 创建临时的绘图上下文
    dc.DrawDragRect(&CurRect, CSize(2, 2),
        &_DragRect, CSize(2, 2));               // 绘制出矩形框

    _DragRect = CurRect;                        // 保存矩形框的范围
}
```

用户松开左键结束拉框过程的处理函数代码如下，其中，要判断一下，如果拉框的范围很小，如小于 5 个像素，就相当于在该处滚轮缩放。如果不加判断，则可能因为用户误操作造成拉框范围很小，导致缩放比例过大的结果。

```
void CMappingView::EndDragBox(const CPoint& point)
{
    ReleaseCapture();

    if (_Status == EOperationStatus::ZoomInBox)
    {
        if (min(_DragRect.Width(), _DragRect.Height()) < _MinBoxSize)
            _pMapTrans->ZoomInWheel(point.x, point.y);
        else
            _pMapTrans->ZoomInBox(VIEWRECT(_DragRect.left,
                _DragRect.top, _DragRect.right, _DragRect.bottom));
    }
    else if (_Status == EOperationStatus::ZoomOutBox)
    {
        if (min(_DragRect.Width(), _DragRect.Height()) < _MinBoxSize)
            _pMapTrans->ZoomOutWheel(point.x, point.y);
        else
            _pMapTrans->ZoomOutBox(VIEWRECT(_DragRect.left,
                _DragRect.top, _DragRect.right, _DragRect.bottom));
    }

    if (_pVectorLayer != nullptr)
        _pVectorLayer->UpdateDrawData();
    else if (_pRasterLayer != nullptr)
        _pRasterLayer->UpdateDrawData();

    Invalidate();
}
```

实现了上述的功能，就可以进一步实现在 CMappingView 中响应用户鼠标操作的函数了，

即鼠标左键按下，鼠标移动和鼠标左键松开抬起的三个消息响应函数，代码如下：

```
void CMappingView::OnLButtonDown(UINT nFlags, CPoint point)
{
    if (_pVectorLayer == nullptr && _pRasterLayer == nullptr)
        return;

    if (_Status == EOperationStatus::FreePan)
        StartFreePan(point);
    else
        StartDragBox(point);
}

void CMappingView::OnLButtonUp(UINT nFlags, CPoint point)
{
    if (_pVectorLayer == nullptr && _pRasterLayer == nullptr)
        return;

    if (_Status != EOperationStatus::FreePan)
        EndDragBox(point);
}

void CMappingView::OnMouseMove(UINT nFlags, CPoint point)
{
    if (_pVectorLayer == nullptr && _pRasterLayer == nullptr)
        return;

    if (nFlags & MK_LBUTTON)
        if (_Status == EOperationStatus::FreePan)
            MovingFreePan(point);
        else
            MovingDragBox(point);
}
```

最后要实现响应鼠标滚轮消息进行缩放的功能，只要根据是向前滚动还是向后滚动，相应地调用地图坐标变换类的滚轮缩放函数就可以实现，代码如下：

```
BOOL CMappingView::OnMouseWheel(UINT nFlags, short zDelta, CPoint pt)
{
    if (_pVectorLayer == nullptr && _pRasterLayer == nullptr)
        return;

    ScreenToClient(&pt);                            // 获取光标在窗口的坐标

    if (zDelta > 0)                                 // 滚轮向前滚动
        _pMapTrans->ZoomInWheel(pt.x, pt.y);        // 放大
```

```
    else                                      // 滚轮向后滚动
        _pMapTrans->ZoomOutWheel(pt.x, pt.y); // 缩小

    if (_pVectorLayer != nullptr)
        _pVectorLayer->UpdateDrawData();
    else if (_pRasterLayer != nullptr)
        _pRasterLayer->UpdateDrawData();

    Invalidate();
}
```

实 验 习 题

1. 实现创建整型栅格地图图层的函数：MakeIntMapLayer。
2. 上网查找 ESRI 用来存储栅格数据的另一种文件结构——BIL 栅格文件的说明，以 ESRI 的 ASCII 栅格数据格式为参照，实现读取和显示 ESRI 的 BIL 格式栅格数据的功能。

主要参考文献

孔令德. 2013. 计算机图形学基础教程：Visual C++版[M]. 2 版. 北京：清华大学出版社.

马劲松. 2020. 地理信息系统基础原理与关键技术[M]. 南京：东南大学出版社.

BIL、BIP 和 BSQ 栅格文件. https://desktop.arcgis.com/zh-cn/arcmap/latest/manage-data/raster-and- images/bil-bip-and-bsq-raster-files.htm[2023-07-13].

第六章　属性数据及其显示

第一节　属性数据模型

属性数据是和空间几何数据相伴的对要素性质的描述数据。矢量数据对应的属性数据其数据模型通常是关系数据模型，即把属性数据组织和存储在关系数据库形式的属性表中。属性表由若干记录组成，记录由若干字段组成。而栅格数据的属性值是直接存储在栅格单元里面的。

在表达属性数据的时候，要分别对关系表及其表中的记录设计 C++类。如图 6-1 所示，关系表用 CAttrTable 类表示，属性记录用 CAttrRecord 类表示。结构 FIELD_META_DATA 表示关系表元数据，枚举类 EDBFieldType 表示属性数据字段的类型，它们都包含在属性表中。

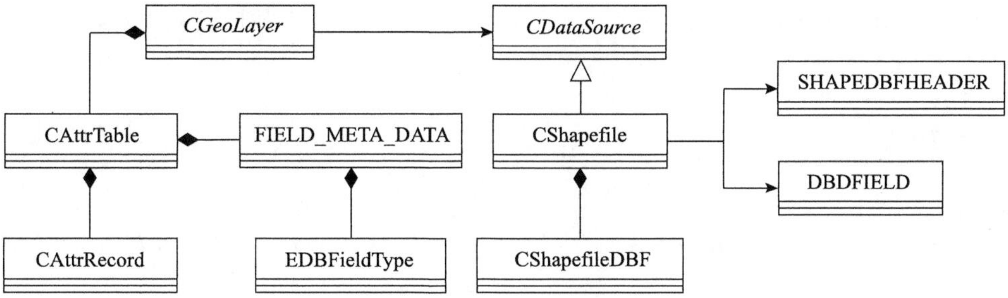

图 6-1　存取 Shapefile 属性数据的 UML 类图

第三章讨论了 Shapefile 文件中空间几何数据的存取，而其属性数据的存取是本章主要讨论的内容，我们会在 CShapefile 类中添加读取 Shapefile 属性数据的代码，主要用到 CShapefileDBF 类来读取属性表的记录数据。

一、属性数据表

矢量数据中的每一个空间要素都对应一个属性数据表中的记录，每条记录中包含不同类型的字段数值，这些字段的类型主要有整型、浮点型、字符串、逻辑型和日期时间型等。相关的枚举类可以定义如下：

```
enum class EDBFieldType                                    // 属性数据表中各种字段的类型
{
    Integer, Float, String, Bool, DateTime //整型、浮点型、字符串、逻辑型、日期
};
```

描述属性数据表中的一个字段的元数据代码如下，主要包含对字段名、字段类型、字段

长度和小数点后位数的说明信息。

```
struct FIELD_META_DATA                                  // 字段的元数据
{
    FIELD_META_DATA(const string& Name, EDBFieldType Type,
        size_t Length, size_t Decimal)
        : _Name(Name), _Type(Type), _Length(Length), _Decimal(Decimal) {}

    string _Name;                                       // 字段名
    EDBFieldType _Type{ EDBFieldType::Integer };        // 字段类型
    size_t _Length{ 0 };                                // 字段长度（字节数）
    size_t _Decimal{ 0 };                               // 小数点后位数
};
```

通常一个属性数据记录包含一到多个字段的数据，可以用下面的类来表示。其中的 ID 是用来和矢量空间数据连接用的。每个矢量数据的几何坐标数据与它对应的属性数据记录通过共享一个相同的 ID 编码数字来进行逻辑上的关联。这样从空间数据可以找到它对应的属性数据记录；反过来，一条属性数据记录也可以找到它对应的空间几何数据。

```
class CAttrRecord                                   // 属性记录的数据
{
public:
    size_t _ID;                                     // 记录 ID,连接空间数据

private:
    vector<string> _Record;                         // 一条记录中所有字段的数据

public:
    void ClearData();                               // 清空记录数据
    void AddFieldData(string&& v);                  // 按顺序逐个添加字段数据
    size_t NumField() const;                        // 返回字段的个数
    string& FieldDataN(size_t n) const;             // 返回第 n 个字段数据的引用
    const string& GetFieldDataN(size_t n) const; // 返回第 n 个字段的数据
};
```

最后要定义包含所有记录的属性表的类 CAttrTable，代码如下所示。属性表包含了属性数据的元数据和所有的记录数据。为了方便从 ID 找到记录的数据，建立了 ID 到记录的数组下标的映射关系。此外，对于属性数据中的文本数据，现在的数据库文件中通常是以 UTF-8 编码的形式存储的，当然以前的老数据库文件还有使用 ANSI 编码或中文的 GB2312 编码的，这些在实现属性数据读取时需要判断，因此，在这里保存一个_Encoding 成员变量来说明属性数据的字符编码。

```
class CAttrTable
{
private:
```

```
    vector<FIELD_META_DATA> _FieldInfo;      // 所有字段的元数据
    vector<CAttrRecord> _RecordSet;          // 所有记录的数据

    map<size_t, size_t> _ID2Index;           // ID 到记录数组下标映射

public:
    string _Encoding{ "UTF-8" };             // 默认字符编码

public:
    void AddFieldInfo(const FIELD_META_DATA& FieldInfo);  // 添加一个字段

    size_t NumField() const;                              // 获得字段个数
    const FIELD_META_DATA& GetFieldInfoN(size_t n) const; // 获得字段信息

    void AddRecordData(const CAttrRecord& Record);        // 添加一个记录

    size_t NumRecord() const;                             // 获得记录个数
    CAttrRecord& RecordN(size_t n) const;                 // 获得第 n 个记录引用
    const CAttrRecord& GetRecordN(size_t n) const;        // 获得第 n 个记录

    long long GetFieldIndex(const string FieldName) const;// 按字段名获得位置

    void MakeRecordIndex();                  // 对所有记录建立 ID 到数组下标的索引

    CAttrRecord& Record(size_t ID);          // 按 ID 找到对应的记录引用
    const CAttrRecord& GetRecord(size_t ID); // 按 ID 找到对应的记录
};
```

由于 CAttrRecord 类与 CAttrTable 类的实现较为简单，这里就不再罗列出全部代码，留给学生们自行完成。

在前面第四章里介绍过空间数据层类，当时在类中只包含了空间元数据和空间数据，而没有包含属性数据及其元数据。所以，需要在 CGeoLayer 类中添加上面定义的属性表的成员变量，并添加三个成员函数，第一个用来加载属性表的元数据，函数为 LoadAttrMetaData()；第二个用来加载属性表的各个记录的数据，函数为 LoadAttrData()；第三个是纯虚函数 LinkSpatialAttribute，用来把空间数据和属性数据连接在一起，也就是把空间数据和对应的属性数据赋予相同的 ID 编码进行关联。由于不同的空间数据源中空间数据和属性数据的连接方式不同，所以这里只能使用纯虚函数定义接口，具体的实现交由具体的数据源来完成。代码如下：

```
class CGeoLayer
{
public:
    GEO_META_DATA _GeoMetaData;     // 空间元数据
    CGeoTable _GeoTable;            // 空间数据列表
```

```
    CAttrTable _AttrTable;          // 属性数据表

public:
    // ...
    // 加载属性元数据
    virtual void LoadAttrMetaData(CDataSource& DataSource);
    // 加载属性数据
    virtual void LoadAttrData(CDataSource& DataSource);
    // 连接空间数据和属性数据
    virtual void LinkSpatialAttribute(CDataSource& DataSource) = 0;
};
```

上述类中的两个成员函数的实现代码如下：

```
void CGeoLayer::LoadAttrMetaData(CDataSource& DataSource)
{
    DataSource.GetAttrMetaData();                            // 读取属性元数据

    for (const auto& FieldInfo : DataSource._FieldInfo)   // 复制属性字段的信息
        _AttrTable.AddFieldInfo(FieldInfo);
}

void CGeoLayer::LoadAttrData(CDataSource& DataSource)
{
    for (size_t i = 0; i < DataSource._AttributeRecordCount; ++i)
    {
        CAttrRecord Rec;
        DataSource.GetAttrRecord(Rec);                       // 读取一个属性记录
        _AttrTable.AddRecordData(Rec);                       // 添加读入的属性记录
    }
}
```

第三章中介绍过数据源 CDataSource 类，其中包含了空间元数据及其读取的抽象方法。现在，需要在 CDataSource 类中，再加上属性元数据及其读取的抽象方法，代码如下：

```
class CDataSource
{
public:
    // 此处省略了空间元数据及其方法
    string _Encoding{ "UTF-8" };                     // 字符编码
    size_t _AttributeRecordCount;                    // 属性数据记录个数
    vector<FIELD_META_DATA> _FieldInfo;              // 属性字段元数据

    virtual void GetAttrMetaData() = 0;              // 读取属性元数据
    virtual void SaveAttrMetaData() = 0;             // 保存属性元数据

```

```
    // 从数据源中读取一个属性记录
    virtual void GetAttrRecord(CAttrRecord& Record) = 0;
    // 获得所有属性数据记录的 ID 号,按属性数据顺序排列
    virtual void GetAttributeIDSet(vector<size_t>& IDSet) = 0;
};
```

二、读取 Shapefile 的属性数据表

Shapefile 采用的属性数据表文件是 dBASE Ⅲ的数据库文件格式，文件扩展名为 dbf。文件的内容包含了文件头、字段描述和记录内容三部分。文件头中主要是文件的版本号、文件长度等信息，用如下的结构体 SHAPEDBFHEADER 来定义。

```
struct SHAPEDBFHEADER                          // DBF 文件的文件头,32 字节
{
    uint8_t _VersionNo;                        // 03h
    uint8_t _DateOfLastUpdate[3];              // 最后更新的时间：年月日,3 字节
    uint32_t _RecNumber;                       // 记录个数：4 字节
    uint16_t _LengthOfHeader;                  // 16 bit, 包含一个字节长度的结束标志 0Dh
    uint16_t _LengthOfRecord;                  // 16 bit, 包含一个字节的删除标志
    uint16_t _Reserved;                        // 0000h
    uint8_t _IncompleteTransac;                // 00h
    uint8_t _EncryptionFlag;                   // 00h
    uint8_t _FreeRecordThread[4];              // 00000000h
    uint8_t _ReservedForMultiUser[8];          // all 00h
    uint8_t _MDXFlag;                          // 00h
    uint8_t _LanguageDriver;                   // 00h
    uint8_t _DBaseIVReserved[2];               // 0000h
};
```

在上述文件头的后面，紧接着就是属性数据表的字段描述，用来说明字段的信息，每一个字段的信息对应下面的一个字段描述结构，表中有多少个字段，就有多少个下面的结构所表达的数据：

```
struct DBDFIELD                                // DBF 的字段描述,32 字节
{
    char _FieldName[11];                       // 字段名
    char _FieldType;                           // 类型：N 数值,C 字符,L 逻辑,D 日期
    uint32_t _FieldDataAddress;                // 4 byte all 00hh
    uint8_t _FieldLength;                      // 要转成 int 用
    uint8_t _DecimalCount;                     // 要转成 int 用
    uint8_t _ReservedForMultiUser1[2];         // 0000h
    uint8_t _WorkAreaID;                       // 00h
    uint8_t _ReservedForMultiUser2[2];         // 0000h
    uint8_t _FlagForSETFIELDS;                 // 00h
    uint8_t _Reserved[7];                      // all 00h
```

```
    uint8_t _IndexFieldFlag;           // 00h
};
```

我们可以在前面第三章定义的 CShapefile 类中，添加读取属性元数据、属性数据记录和读取字符编码文件的函数，Shapefile 通常带有一个*.cpg 的字符编码文件，文件内容只有一行文字，表示属性数据库文件*.dbf 中文字信息所使用的字符编码，现在常用 UTF-8 编码。在 CShapefile 类中添加的代码如下：

```
class CShapefile final : public CDataSource
{
public:
    // ...
    virtual void GetAttrMetaData() override;        // 读取属性元数据
    virtual void GetAttrRecord(CAttrRecord& Record) override;// 读属性记录
    virtual void GetAttributeIDSet(vector<size_t>& IDSet) override;
    virtual void SaveAttrMetaData() override;       // 保存属性元数据

private:
    ifstream _DBFFileIn;              // 读入数据库文件*.dbf
    ifstream _CPGFileIn;              // 读入字符编码文件*.cpg
    ofstream _DBFFileOut;             // 输出数据库文件*.dbf
    ofstream _CPGFileOut;             // 输出字符编码文件*.cpg

    vector<size_t> _IDSet;            // 矢量数据 ID 码,供连接属性数据
    CShapefileDBF _ShapeDBF;          // 用来读取属性记录的对象

    void OpenReadBDFHeader(SHAPEDBFHEADER& DBFHeader); //打开并读取 DBF 文件头
    string OpenReadCPGFile();         // 打开 cpg 文件,读取字符编码信息
};
```

读取 DBF 文件属性数据的元数据函数代码如下：

```
void CShapefile::GetAttrMetaData()       // 读取属性元数据
{
    _Encoding = OpenReadCPGFile();       // 打开 cpg 文件,读取字符编码信息

    SHAPEDBFHEADER DBFHeader;
    OpenReadBDFHeader(DBFHeader);        // 打开并读取 DBF 文件头

    _AttributeRecordCount = DBFHeader._RecNumber;    // 属性记录个数
    auto FieldCount = (DBFHeader._LengthOfHeader - 1) / sizeof(DBDFIELD) - 1;

    for (auto i = 0; i < FieldCount; ++i)// 逐个读取属性字段的元数据
    {
        DBDFIELD FieldInfo;
```

```
        _DBFFileIn.read(reinterpret_cast<char*>(&FieldInfo),
            sizeof(DBDFIELD));
        string FieldName(FieldInfo._FieldName);     // 字段名

        EDBFieldType FieldType;                     // 字段类型
        switch (FieldInfo._FieldType)
        {
        case 'N':                                   // 数值类型
            FieldType = (FieldInfo._DecimalCount == 0) ?
                EDBFieldType::Integer : EDBFieldType::Float;   break;
        case 'C':                                   // 字符类型
            FieldType = EDBFieldType::String;                  break;
        case 'L':                                   // 逻辑类型
            FieldType = EDBFieldType::Bool;                break;
        case 'D':                                   // 日期时间类型
            FieldType = EDBFieldType::DateTime;            break;
        }

        _FieldInfo.emplace_back(FieldName, FieldType, FieldInfo._FieldLength,
            FieldInfo._DecimalCount);               // 保存字段类型
    }
    _DBFFileIn.seekg(1, ios::cur);                  // 结束标志
}
```

读取 DBF 文件的属性记录的代码如下：

```
void CShapefile::GetAttrRecord(CAttrRecord& Record)
{
    char DeleteFlag;
    _DBFFileIn.read(&DeleteFlag, 1);                // 读入 1 字节删除标志
    Record.ClearData();
    for (size_t i = 0; i < _FieldInfo.size(); ++i) // 逐个读入各个字段
        Record.AddFieldData(_ShapeDBF.ReadField(_DBFFileIn,
            _FieldInfo[i]._Length));
}
```

上述代码中 CShapefileDBF 类的函数用来具体读入一个字段的数据，并转换成字符串形式返回，代码如下：

```
wstring CShapefileDBF::ReadField(ifstream& DBFFileIn, size_t len) const
{
    vector<char> buf(len + 1, '\0');
    DBFFileIn.read(buf.data(), len);

    wstring FieldString = ToWString(string(buf.data()));
    FieldString.erase(0, FieldString.find_first_not_of(L' '));
    FieldString.erase(FieldString.find_last_not_of(L' ') + 1);
```

```

    return move(FieldString);
}
```

有了上述的代码做基础，就很容易读取 Shapefile 文件中的属性数据了。

第二节　属性数据列表显示

属性数据的一种显示方式就是把一个地理空间数据层中的所有属性数据以表格的形式全部展现出来，每一个属性记录显示一行，每一行中又分为若干个不同的字段分别列出数据项。第一节里已经实现了读取 Shapefile 的属性数据的功能，接下来，我们在 Mapping 程序里实现打开属性表，并显示所有属性数据记录的功能。

这里还是以在 Windows 操作系统下使用 MFC 类库实现用户界面为例，我们需要在显示地图的窗口之外新建一个停靠窗口，并在其中使用类似表格的控件来显示所有的属性数据，该停靠窗口的声明代码如下：

```
class CAttributeWnd : public CDockablePane
{
public:
    CTableListCtrl _TableList;

    void LoadAttrbuteData(CVectorLayer* _pVectorLayer);

private:
    void SetTableHeader(CAttrTable& Table);     // 根据属性元数据设置表头
    void AddAttributeData(CAttrTable& Table);   // 向表中添加数据记录

    CWindowsChar _CharConvert;                  // 字符编码转换

public:
    DECLARE_MESSAGE_MAP()
    afx_msg int OnCreate(LPCREATESTRUCT lpCreateStruct);
    afx_msg void OnSize(UINT nType, int cx, int cy);
};
```

上述代码中，类 CWindowsChar 用来在 UTF_8 字符编码、ANSI 或汉字的 GB2312 编码与 Windows 系统的宽字符编码之间的转换。如果不转换字符编码，则不同的编码表达的属性数据就会显示成乱码。对于 Linux 或苹果电脑的 macOS 操作系统，也可以实现不同字符编码的方法。

成员变量_TableList 为窗口中显示属性数据表的控件，其类声明如下：

```
enum class EFieldAlign
{
    Left, Center, Right // 字段在表中显示的对齐方式：左对齐、居中、右对齐
```

```
};

class CTableListCtrl : public CMFCListCtrl
{
public:
    // 添加一个新的字段
    int AddColumn(const wstring& ColumnName, int Length, EFieldAlign Align);
    int AddRecord(size_t ID);                  // 添加一个空记录
    void SetColumnText(int Row, int Col, const wstring& Text);// 设置行列的数据
    void ClearData(void);                      // 清空所有数据
    size_t GetRecordID(int Row) const;         // 得到某一行对应的记录 ID

public:
    DECLARE_MESSAGE_MAP()
    afx_msg int OnCreate(LPCREATESTRUCT lpCreateStruct);
};
```

其中的成员函数 AddColumn 向表格控件添加一个字段，实现代码如下：

```
int CTableListCtrl::AddColumn(const wstring& ColumnName,// 字段名
    int Length, EFieldAlign Align)                      // 字段长度,对齐方式
{
    SetExtendedStyle(GetExtendedStyle() | LVS_EX_GRIDLINES);// 显示网格线

    int nHeadNum = GetHeaderCtrl().GetItemCount();      // 表格控件的表头

    if (Align == EFieldAlign::Left)                     // 左对齐
        InsertColumn(nHeadNum, ColumnName.c_str(), LVCFMT_LEFT, Length);
    else if (Align == EFieldAlign::Center)              // 居中对齐
        InsertColumn(nHeadNum, ColumnName.c_str(), LVCFMT_CENTER, Length);
    else                                                // 右对齐
        InsertColumn(nHeadNum, ColumnName.c_str(), LVCFMT_RIGHT, Length);

    return nHeadNum;
}
```

向表格控件添加一个新的属性记录的函数代码实现如下：

```
int CTableListCtrl::AddRecord(size_t ID)
{
    int RowNumber = GetItemCount();          // 目前表中已加入的总的记录数量

    InsertItem(RowNumber, to_wstring(RowNumber + 1).c_str());//插入一个记录
    SetItemData(RowNumber, ID);                           // 保存 ID

    return RowNumber;
}
```

设置记录的每一个字段的内容的函数实现代码如下：

```
void CTableListCtrl::SetColumnText(int Row, int Col, const wstring& Text)
{
    SetItemText(Row, Col, Text.c_str());
}
```

清除表格控件中所有显示的属性数据的函数实现代码如下：

```
void CTableListCtrl::ClearData(void)
{
    SetExtendedStyle(GetExtendedStyle() & ~LVS_EX_GRIDLINES);

    DeleteAllItems();                // 删除所有记录
    while (DeleteColumn(0));         // 删除所有字段
}
```

获取某一行的记录对应的 ID 编码的函数实现代码如下：

```
size_t CTableListCtrl::GetRecordID(int Row) const
{
    return size_t(GetItemData(Row));
}
```

调用属性表显示窗口类中的成员函数 LoadAttrbuteData 可以把矢量数据层中已经读入的属性数据显示在表格控件中，其代码如下：

```
void CAttributeWnd::LoadAttrbuteData(CVectorLayer* _pVectorLayer)
{
    _TableList.ClearData();                           // 清空所有数据

    SetTableHeader(_pVectorLayer->_AttrTable);        // 根据属性元数据设置表头
    AddAttributeData(_pVectorLayer->_AttrTable);      // 向表中添加数据记录
}
```

其中，根据属性元数据设置表头的函数代码如下：

```
void CAttributeWnd::SetTableHeader(CAttrTable& Table)
{
    _TableList.AddColumn(L"*", 64, EFieldAlign::Center);

    for (unsigned long i = 0; i < Table.NumField(); ++i)
    {
        const auto& Filed = Table.GetFieldInfoN(i);// 字段元数据

        wstring ColumName;
        if (Table._Encoding == "UTF-8")               // UTF-8 编码
```

```
            ColumnName = _CharConvert.UTF8_to_wstring(Filed._Name);
        else                                                  // ANSI 或 GB2312
            ColumnName = _CharConvert.ANSI_to_wstring(Filed._Name);

        EFieldAlign Align = EFieldAlign::Left;
        switch (Filed._Type)
        {
        case EDBFieldType::Integer:
        case EDBFieldType::Float:
            Align = EFieldAlign::Right;break;       // 数值型,右对齐
        case EDBFieldType::String:
            Align = EFieldAlign::Left;      break;  // 字符型,左对齐
        case EDBFieldType::DateTime:
            Align = EFieldAlign::Center;    break;  // 日期时间,居中对齐
        }

        _TableList.AddColumn(ColumnName, (int)Filed._Length * 16, Align);
    }
}
```

向表中添加数据记录的函数实现代码如下：

```
void CAttributeWnd::AddAttributeData(CAttrTable& Table)
{
    for (unsigned long i = 0; i < Table.NumRecord(); ++i)
    {
        const auto& RecData = Table.GetRecordN(i);
        int CurRow = _TableList.AddRecord(RecData._ID); // 添加一个新的记录

        for (unsigned long j = 0; j < Table.NumField(); ++j)
        {
            const auto& Field = RecData.GetFieldDataN(j);

            wstring FieldValue;
            if (Table._Encoding == "UTF-8")
                FieldValue = _CharConvert.UTF8_to_wstring(Field);
            else
                FieldValue = _CharConvert.ANSI_to_wstring(Field);

            _TableList.SetColumnText(CurRow, j + 1, FieldValue);
        }
    }
}
```

响应 Windows 创建属性表窗口消息 WM_CREATE 的处理函数实现代码如下：

```
int CAttributeWnd::OnCreate(LPCREATESTRUCT lpCreateStruct)
{
    if (CDockablePane::OnCreate(lpCreateStruct) == -1)
        return -1;

    CRect rectDummy;
    rectDummy.SetRectEmpty();
    if (!_TableList.Create(WS_CHILD | WS_VISIBLE | LVS_REPORT,
        rectDummy, this, ID_ATTRIBUTELIST))
    {
        return -1;
    }
    _TableList.SetExtendedStyle(LVS_EX_FULLROWSELECT);

    return 0;
}
```

在 CMainFrame 类的声明中添加下面的代码实现属性数据窗口对象：

```
public:
    CAttributeWnd _AttributeWnd;    // 属性数据窗口
```

在 CMainFrame 类响应 WM_CREATE 消息的函数中添加下面的代码实现创建属性数据显示窗口：

```
int CMainFrame::OnCreate(LPCREATESTRUCT lpCreateStruct)
{
    //...
    if (!_AttributeWnd.Create(L"属性数据", this, CRect(0, 0, 100, 100),
        TRUE, ID_ATTRIBUTEWND, WS_CHILD | WS_VISIBLE | WS_CLIPSIBLINGS |
        WS_CLIPCHILDREN | CBRS_BOTTOM | CBRS_FLOAT_MULTI))
    {
        TRACE0("未能创建属性数据窗口\n");
        return FALSE;
    }

    _AttributeWnd.EnableDocking(CBRS_ALIGN_ANY);
    DockPane(&_AttributeWnd);
}
```

最后，在 CMappingView 类中的打开 Shapefile 文件的函数 OnShapefileOpen 的最后添加上下面的代码，即可打开属性数据表窗口，显示全部的属性数据，如图 6-2 所示。

```
CMainFrame* pMainframe = (CMainFrame*)AfxGetMainWnd();
pMainframe->_AttributeWnd.LoadAttrbuteData(_pVectorLayer);  // 加载属性数据
pMainframe->_AttributeWnd.ShowPane(TRUE, FALSE, FALSE);     // 显示属性数据窗口
```

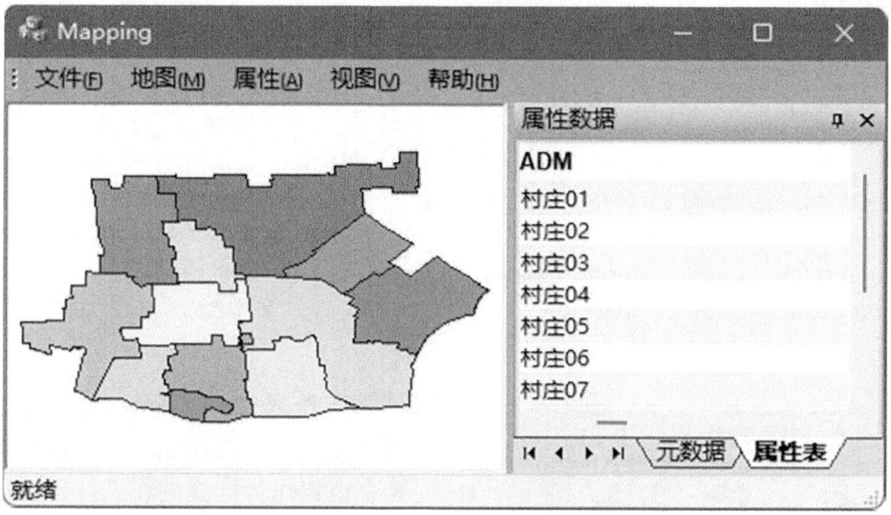

图 6-2　打开并显示 Shapefile 的属性数据表

第三节　属性数据动态标注

属性数据的显示除了用上述的属性表来显示全部数据外，还可以使用动态标注的方法在地图上把某一选定的字段数值直接用文字标注出来。这种标注不同于地图的注记，地图表面的文字注记是有着固定位置的，而这里所说的标注会随着用户在地图窗口中缩放平移等操作而自动选择适当的位置进行显示。在缩放平移等操作过程中，标注文字的位置是动态变化的，所以称为动态标注。

在 GIS 软件的空间数据显示窗口中，不同的地图符号其动态标注的特征和方法不尽相同，下面分别针对点符号、线符号和面符号进行说明。

一、点符号的动态标注

任何地图符号的动态标注，其显示出的属性文字通常要包含以下几个特征：①字符的大小（一般可以用字符显示在屏幕上的高度来确定，单位可采用像素，也可以用点数）；②注记文字离开地图符号的偏移量（也可用屏幕像素值表示）；③字符的颜色；④字符的字体名称等。当然还可以设计更多的标注特征，不过在这里，我们为了简单起见，就使用上述四种标注特征，如图 6-3 所示，地图标注类的声明代码如下：

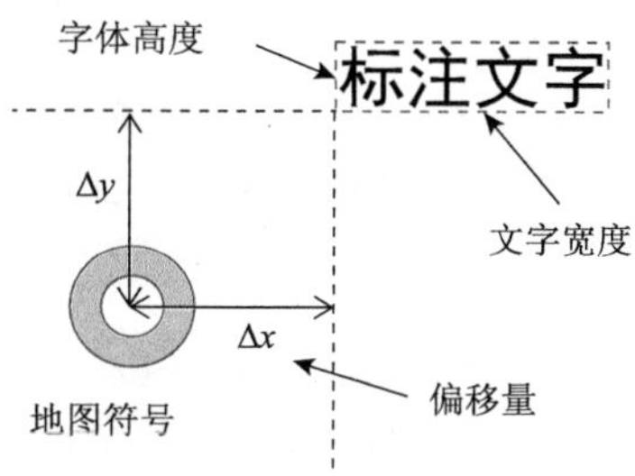

图 6-3　地图点符号与动态标注文字的位置关系

```
class CMapLabel
{
public:
    CMapLabel() {};
```

```
    CMapLabel(int Size, int Offset, double Angle,
        RGBCOLOR Color, wstring& Font)
        : _Size(Size), _Offset(Offset), _Color(Color), _Font(Font) {}

public:
    int _Size{ 16 };                          // 字符的大小（高度），像素
    int _Offset{ 6 };                         // 偏移量（X、Y 方向相同），像素
    RGBCOLOR _Color = RGBCOLOR(0, 0, 0);      // 字符的颜色
    wstring _Font{ L"等线" };                  // 字体名称
};
```

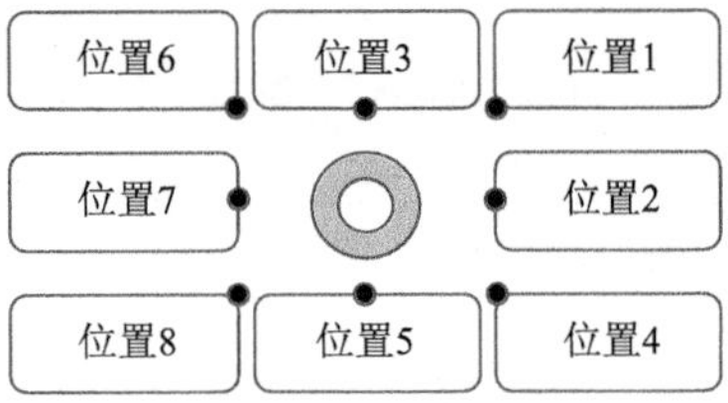

图 6-4 点符号标注的位置、常用的优先顺序和锚点

点符号的动态标注位置通常位于点符号的周围，一般在地图学中设置点符号周围 8 个位置作为标注的候选位置，如图 6-4 所示，其优先顺序即是图中从 1 到 8 的顺序，当然用户也可以设定其他的优先选择顺序。一旦在某一个位置放置标注时，如果该位置有其他标注或其他的点符号，则放弃该位置，按顺序判断下一个位置是否会和其他标注及点符号发生位置冲突。如此不停地选择下去，直到找到一个没有冲突的位置进行标注，或 8 个位置都冲突则该点符号不标注。

图 6-4 中的黑色小圆点表示标注文字的定位点，也叫锚点，即离开点符号一个偏移量位置的点。8 个候选位置的标注字符其锚点位置相对于标注的文字范围是不同的。

在绘制点符号的标注之前，先要计算出点符号没有冲突的位置，因此，要记录下每个点符号对应的属性字段的文字、显示在窗口中的范围，以及优先顺序的编号以确定锚点位置等。此外，为了和已经绘制的地图符号之间进行冲突检测，还要计算并保留每个地图符号的屏幕窗口范围数据，因此，在地图图层类中添加下面的代码：

```
class CMapLayer
{
public:
    //...
    vector<GEORECT> _RectSet;             // 每个点、线、面符号的地图坐标范围
    vector<VIEWRECT> _DrawSymbolRect;     // 每个符号显示范围的窗口坐标
    vector<bool> _bDraw;                  // 每个符号是否被裁剪掉，能否绘制符号

    bool _bShowLayerLabel = false;        // 图层是否显示标注，默认不显示标注
    vector<wstring> _LabelString;         // 每个标注的文字
    vector<VIEWRECT> _DrawLabelRect;      // 每个标注显示范围的窗口坐标
    vector<bool> _bLabel;                 // 是否没有冲突，可以绘制标签
    vector<int> _LabelPosIndex;           // 标注在点符号周围的位置
    CMapLabel _Label;                     // 标注的字体、颜色、大小等
    string _Encoding;                     // 字符编码
    //...
protected:
```

```
    virtual bool ClipLeft(int x);        // 地图屏幕窗口左边界裁剪
    virtual bool ClipRight(int x);       // 地图屏幕窗口右边界裁剪
    virtual bool ClipTop(int y);         // 地图屏幕窗口上边界裁剪
    virtual bool ClipBottom(int y);      // 地图屏幕窗口下边界裁剪
};
```

其中，数组_RectSet 记录每个点、线、面符号的地图坐标范围，而另一个数组_DrawSymbolRect 用来记录每个符号显示范围的屏幕窗口坐标。逻辑变量型数组_bDraw 用来表示每个符号是否被裁剪掉，即能否绘制符号。逻辑变量_bShowLayerLabel 用来决定地图图层是否需要进行标注，数组_bLabel 用来判定每个点符号的标注是否没有位置冲突可以被绘制出来。变量_Label 用来记录标注的字体、大小、颜色等信息。

另外，我们要实现四个窗口裁剪函数。这四个裁剪函数可以把一大部分不在屏幕显示窗口中的矢量空间要素裁剪掉，不用绘制，这样可以大大提高绘图的效率。这 4 个裁剪函数极其简单，代码如下：

```
bool CMapLayer::ClipLeft(int x){return x >= 0;}
bool CMapLayer::ClipRight(int x)    {return x < _MapTrans.GetViewWidth();}
bool CMapLayer::ClipTop(int y) {return y >= 0;}
bool CMapLayer::ClipBottom(int y)    {return y < _MapTrans.GetViewHeight();}
```

接下来，我们要在点符号地图图层类中实现每次绘制前的窗口裁剪和计算地图符号的屏幕窗口范围，以及计算标注适合显示的屏幕窗口范围等功能，下面是在第五章讨论过的点符号图层类的基础上，重新设计的类 CPointMapLayer。

```
class CPointMapLayer : public CMapLayer
{
public:
    CPointMapLayer(CMapTool& MapTool, CMapTrans& MapTrans,
        EMapSymbology Symbology)
        : CMapLayer(MapTool, MapTrans, Symbology) {}

public:
    vector<XY> _Points;                              // 所有点的坐标
    vector<DRAWXY> _DrawPoint;                       // 所有点的绘图坐标

    virtual void UpdateDrawingCoord() override;// 计算所有的绘图坐标
    virtual void Draw() const override;

private:
    void SetPointLabelPosition(size_t Idx);      // 设置标注的位置
    void GetLabelRect(size_t PosIndex, const DRAWXY& Center, int StrWidth,
        VIEWRECT& LabelRect) const;              // 得到候选标注的显示范围

    int _CoefX1[8] = { 1, 1, 0, 1, 0, -1, -1, -1 };// 计算 8 个标注位置的系数
    int _CoefY1[8] = { -1, 0, -1, 1, 1, -1, 0, 1 };
```

```
    double _CoefX2[8] = { 0., 0., -0.5, 0., -0.5, -1., -1., -1. };
    double _CoefY2[8] = { -1., -0.5, -1., 0., 0., -1., -0.5, 0. };
};
```

设置每个点符号标注位置的工作可以在每次计算好所有点符号的屏幕绘图坐标以后进行，因此，我们修改 UpdateDrawingCoord 函数，实现此功能：

```
void CPointMapLayer::UpdateDrawingCoord()
{
    for (size_t i = 0; i < _FeatureCount; ++i)
    {
        _MapTrans.MapToView(_Points[i].X(), _Points[i].Y(),
            _DrawPoint[i]._X, _DrawPoint[i]._Y);

        _bDraw[i] = _bLabel[i] = false;
        _DrawLabelRect[i].SetEmpty();
        int SymbolSize = _SymbolSeries._SymboSet[_SymbolIndex[i]]._Size / 2;

        _DrawSymbolRect[i]._ViewRight = _DrawPoint[i]._X + SymbolSize;
        if (!(_bDraw[i] = ClipLeft(_DrawSymbolRect[i]._ViewRight)))
            continue;

        _DrawSymbolRect[i]._ViewLeft = _DrawPoint[i]._X - SymbolSize;
        if (!(_bDraw[i] = ClipRight(_DrawSymbolRect[i]._ViewLeft)))
            continue;

        _DrawSymbolRect[i]._ViewBottom = _DrawPoint[i]._Y + SymbolSize;
        if (!(_bDraw[i] = ClipTop(_DrawSymbolRect[i]._ViewBottom)))
            continue;

        _DrawSymbolRect[i]._ViewTop = _DrawPoint[i]._Y - SymbolSize;
        _bDraw[i] = ClipBottom(_DrawSymbolRect[i]._ViewTop);
    }

    if (_bShowLayerLabel)                              // 图层需要显示标注
        for (size_t i = 0; i < _FeatureCount; ++i)
            if (_bDraw[i])                             // 该点要素在显示窗口范围
                SetPointLabelPosition(i);              // 计算出设置标注的位置
}
```

设置标注的动态位置的函数实现如下：

```
void CPointMapLayer::SetPointLabelPosition(size_t Idx)
{
    int StrWidth = _LabelString[Idx].length() * _Label._Size;// 字符串屏幕宽度

    for (int Pos = 0; (!_bLabel[Idx]) && Pos < 8; ++Pos)// 有 8 次放置标注的机会
```

```
    {
        GetLabelRect(Pos, _DrawPoint[Idx], StrWidth, _DrawLabelRect[Index]);
        _LabelPosIndex[Idx] = Pos;

        _bLabel[Idx] = true;
        for (size_t i = 0; _bLabel[Idx] && i < _FeatureCount; ++i)
            if (_bDraw[i])
                _bLabel[Idx] = !(_DrawSymbolRect[i].IsIntersect(
                    _DrawLabelRect[Idx]));        // 判断是否和已有的符号冲突

        for (size_t i = 0; _bLabel[Idx] && i < Index; ++i)
            if (_bLabel[i])
                _bLabel[Idx] = !(_DrawLabelRect[i].IsIntersect(
                    _DrawLabelRect[Idex]));       // 判断是否和已有的标注冲突
    }
}
```

上面代码中得到候选标注的显示范围的函数 GetLabelRect，实现代码如下：

```
void CPointMapLayer::GetLabelRect(size_t PosIndex, const DRAWXY& Center,
    int StrWidth, VIEWRECT& LabelRect) const
{
    LabelRect._ViewLeft = Center._X + _CoefX1[PosIndex] * _Label._Offset +
        _CoefX2[PosIndex] * StrWidth;
    LabelRect._ViewTop = Center._Y + _CoefY1[PosIndex] * _Label._Offset +
        _CoefY2[PosIndex] * _Label._Size;

    LabelRect._ViewRight = LabelRect._ViewLeft + StrWidth;
    LabelRect._ViewBottom = LabelRect._ViewTop + _Label._Size;
}
```

修改原来只是绘制地图符号的函数，添加上新的绘制标注的代码，如下所示：

```
void CPointMapLayer::Draw() const
{
    for (size_t i = 0; i < _FeatureCount; ++i)
    {
        if (_bDraw[i])                                      // 可以绘制符号
        {
            _MapTool.SetSymbol(_SymbolIndex[i]);            // 设置绘制的符号
            _MapTool.DrawPointSymbol(_DrawPoint[i]);        // 绘制地图符号
            _MapTool.ClearSymbol();                         // 清除符号
        }
    }

    if (_bShowLayerLabel)                                   // 需要显示标注
    {
```

```
        _MapTool.SetLabel(_Label);                         // 设置标注

        for (size_t i = 0; i < _FeatureCount; ++i)
            if (_bLabel[i])                                // 可以绘制标注
                _MapTool.DrawPointLabel(_LabelString[i],   // 绘制标注
                    _DrawLabelRect[i], _LabelPosIndex[i]);

        _MapTool.ClearLabel();                             // 清除标注
    }
}
```

为了实现标注文字的绘制，需要在 CMapTool 类中添加绘制标注文字的虚函数，分别为绘制点符号标注、绘制线符号标注和绘制面符号标注三个虚函数，还要加上设置和清除等辅助的函数，声明代码如下：

```
class CMapTool
{
public:
    // ...
    virtual void SetLabel(const CMapLabel& MapLabel) = 0;// 设置要绘制的标注
    virtual void ClearLabel() = 0;                       // 清除设置的标注

    virtual void DrawPointLabel(const wstring& Str,      // 画点符号的标注
        const VIEWRECT& LabelRect, int PosIndex) = 0;
    virtual void DrawLineLabel(const wstring& Str,       // 画线符号的标注
        const VIEWRECT& LabelRect, double Angle) = 0;
    virtual void DrawPolygonLabel(const wstring& Str,    // 画面符号的标注
        const VIEWRECT& LabelRect, int PosIndex) = 0;
};
```

要想把某一个属性数据的字段作为标注的文字内容，需要在空间数据层中通过一个函数来设置，该函数从属性数据表中取出该字段的数值，放入地图图层的标注文字数组中。该函数的参数 FieldIndex 为属性字段在属性表中的序号，如果设为−1 则表示该地图图层不显示标注。代码如下：

```
void CGeoLayer::SetShowLabel(int FieldIndex)
{
    _pMapLayer->_Encoding = _AttrTable._Encoding;

    if (FieldIndex == -1)
        _pMapLayer->_bShowLayerLabel = false;
    else
    {
        _pMapLayer->_bShowLayerLabel = true;
        _pMapLayer->_LabelString.clear();

```

```
        for (MoveToFirstFeature(); !HasBeenLastFeature(); MoveToNextFeature())
        {
            auto ID = GetCurrentFeature().GetID();
            const auto& Record = _AttrTable.GetRecord(ID);
            const wstring LabelText = To_wstring(
                Record.GetFieldDataN(FieldIndex), _pMapLayer->_Encoding);
            _pMapLayer->_LabelString.emplace_back(LabelText);
        }
    }
}
```

最后，在 Mapping 项目里，对 CMFCMapTool 类添加相应的绘制标注的函数，利用 MFC 的绘图函数具体实现标注的屏幕绘制，其中，设置和清除标注字体的代码如下：

```
void CMFCMapTool::SetLabel(const CMapLabel& MapLabel)
{
    _LabelFont.CreateFontW(MapLabel._Size, 0, 0, 0,     // 创建字体
        FW_NORMAL, 0, 0, 0,
        ANSI_CHARSET,                                   // 字符集
        OUT_DEFAULT_PRECIS,                             // 输出精度
        CLIP_DEFAULT_PRECIS,                            // 裁剪精度
        DEFAULT_QUALITY,                                // 质量
        DEFAULT_PITCH | FF_DONTCARE,
        MapLabel._Font.c_str());

    _pOldFont = _pDC->SelectObject(&_LabelFont);        // 选中字体
    _pDC->SetBkMode(TRANSPARENT);                       // 透明底色
    _pDC->SetTextColor(RGB(MapLabel._Color._Red,        // 字体颜色
        MapLabel._Color._Green, MapLabel._Color._Blue));
}

void CMFCMapTool::ClearLabel()
{
    _pDC->SelectObject(_pOldFont); // 选出字体
    _LabelFont.DeleteObject();     // 删除字体
}
```

绘制点符号标注的代码如下：

```
void CMFCMapTool::DrawPointLabel(const wstring& Str,
    const VIEWRECT& LabelRect, int PosIndex)
{
    CRect r(LabelRect._ViewLeft, LabelRect._ViewTop,    // 标注范围
        LabelRect._ViewRight, LabelRect._ViewBottom);
    _pDC->DrawText(Str.c_str(), Str.size(), r, _PointLabelAnchor[PosIndex]);
}
```

完成了上述的代码以后，就可以实现点符号的动态标注，图 6-5（a）显示的是某流域 196 个气象站的点位，动态标注气象站的名称。可以看到点符号密集的地方由于位置冲突，很多气象站的名称标注并没有显示出来。而图 6-5（b）显示是这些气象站放大操作以后的结果，由于空间变大，大部分标注位置并不冲突，所以基本都能显示出来。

（a）　　　　（b）

图 6-5　点符号的动态标注

二、线符号的动态标注

线符号的动态标注相对点符号而言方法不完全相同，通常要求标注字符并不是完全直立的，而是随着线符号延伸的方向旋转一个角度，使得标注字符的基线方向与线符号方向一致，如图 6-6 所示。同时，用户还可以指定标注的位置是在线符号的上方、下方或压线。此外，线符号动态标注的位置常常选在线符号在屏幕窗口中长度的一半的位置，即沿线居中的位置。

图 6-6　线符号的标注

线符号标注的冲突检测方法也和点符号标注不同，点符号标注围绕点符号有 8 个候选位置，而线符号的标注只能沿着线移动，为了不使计算量太大，我们根据线的长度，把线均分成 8 个等长部分，分别以每两个部分相交点为锚点进行冲突检测，所以线符号的标注能否显示，一共有 7 次尝试的机会。

限于篇幅，这里就不再详细给出线符号动态标注的实现方法，留给学生们仿照前面点符号动态标注的方法自行实现。图 6-7 显示了线符号动态标注的示例，图（a）是标注在线符号上方的情况，图（b）是压线标注在线符号上的情况。

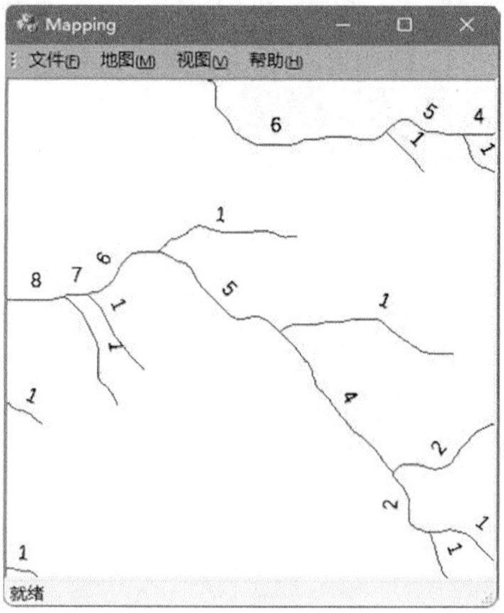

（a）　　（b）

图 6-7　线符号的动态标注

三、面符号的动态标注

面符号的动态标注又是另一种实现方法，每一个面符号的标注通常是放在面符号的几何中心的位置，如图 6-8（a）所示。当对图形进行缩放的时候，一个面符号只有一部分显示在屏幕窗口中，这时，就要重新调整面符号的标注位置，将其放在面符号落在屏幕窗口中的范围的中心位置，如图 6-8（b）所示。这里我们也把面符号的动态标注留给学生们实现。

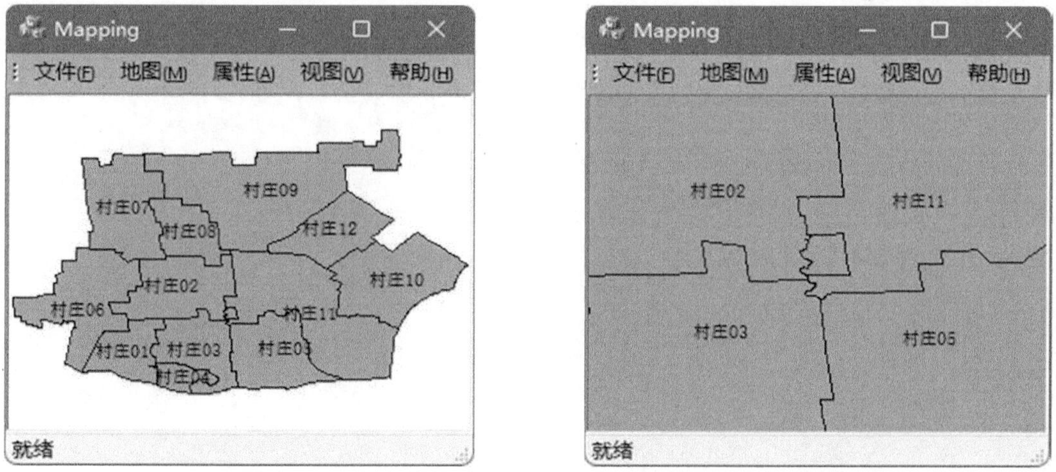

（a）　　（b）

图 6-8　面符号的动态标注示例

实 验 习 题

1. 仿照点符号动态标注的方法，实现线符号的动态标注。
2. 仿照点符号动态标注的方法，实现面符号的动态标注。

3. 给绘图程序添加一个菜单，如下图所示，包含“打开属性数据表”、切换“动态标注”状态、“设置标注字段”、“设置标注字体”和“设置标注颜色”等菜单项，并实现相应的功能。

主要参考文献

马劲松. 2020. 地理信息系统基础原理与关键技术[M]. 南京：东南大学出版社.

dBase 数据文件格式. Data File Header Structure for the dBASE Version 7 Table File. https://www.dbase.com/Knowledgebase/INT/db7_file_fmt.htm[2023-7-16].

第七章　属性数据分类分级可视化

第一节　属性数据分类可视化

属性数据的分类显示，通常就是选定一个整型或者字符型的属性字段，先统计该字段的数据一共有多少种不同的取值，即分类数，然后给每一种类型赋予一种独特的地图符号（通常是颜色，也可以是点符号的大小或形状等）加以区别。

属性字段数值的分类方法可以设计一个类来实现，代码如下：

```
template <typename T>
class CDataCategory
{
public:
    void AddData(const T& Item);                    // 添加一个待分类的数据

    void Categorize();                              // 进行分类

    size_t GetCategoryNumber() const;               // 得到分类数
    size_t GetCategoryIndex(const T& Item);         // 判断数据属于哪一类

private:
    set<T> _Category;                               // 保存各个类型的数值
    map<T, size_t> _ItemToIndex;                    // 数值对应到类型编码
};
```

相应的分类算法比较简单，代码如下：

```
template<typename T>
void CDataCategory<T>::AddData(const T& Item)   // 添加一个待分类的数据
{
    _Category.emplace(Item);
}

template<typename T>
void CDataCategory<T>::Categorize()             // 进行分类
{
    size_t i = 0;
    for (auto it = _Category.cbegin(); it != _Category.cend(); ++it)
        _ItemToIndex[*it] = i++;
}

```

```
template<typename T>
size_t CDataCategory<T>::GetCategoryNumber() const      // 得到分类数
{
    return _Category.size();
}

template<typename T>
size_t CDataCategory<T>::GetCategoryIndex(const T& Item)// 判断数据属于哪一类
{
    return _ItemToIndex[Item];
}
```

当需要按照某个属性字段的数值进行分类显示时，就对该字段先进行上述的分类，然后给不同的类型设置一种独特的地图符号（如颜色）来显示，这可以在矢量数据层 CVectorLayer 中用如下的函数来实现：

```
void CVectorLayer::SetMapLayerShowCategoried(size_t FieldIndex)
{
    CDataCategory<string> CategoryTool;          // 分类器

    for (ToFirstFeature(); !IsLastFeature(); ToNextFeature())
    {
        auto ID = GetCurrentFeature().GetID(); // 得到 ID
        auto FieldData = _AttrTable.GetRecord(ID).GetFieldDataN(FieldIndex);

        CategoryTool.AddData(FieldData);         // 把字段数值放入分类器
    }

    CategoryTool.Categorize();                   // 根据属性值分类

    size_t i = 0;
    for (ToFirstFeature(); !IsLastFeature(); ToNextFeature())
    {
        auto ID = GetCurrentFeature().GetID();   // 得到 ID
        auto FieldData = _AttrTable.GetRecord(ID).GetFieldDataN(FieldIndex);
        auto CategoryIndex = CategoryTool.GetCategoryIndex(FieldData);

        _pMapLayer->_SymbolIndex[i++] = CategoryIndex;
    }

    auto CategoryNumber = CategoryTool.GetCategoryNumber();
    _pMapLayer->_SymbolSeries.MakeUniqueSymbol(CategoryNumber);// 分类颜色
    _pMapLayer-> UpdateMapSymbol();
}
```

使用上述的函数，可以对整型或字符型的属性字段进行分类显示，如图 7-1（a）所示，通常是 GIS 软件打开一个矢量数据时的样子，所有的地图符号都是一样的，如使用同一个颜色显示。当用户选择了按照某一个属性字段进行分类显示时，就对每一个分类采用不同的颜色显示，如图 7-1（b）所示。

（a）　（b）

图 7-1　属性分类显示示例

第二节　属性数据分级算法

GIS 的属性数据如果是数值型的，它们在地图上显示的时候，往往可以根据数值的大小进行分级显示。而 GIS 中属性数据某一个数值型字段的所有数据可以采用多种不同的方法进行分级，常用的数据分级方法：①等间距分级方法；②分位数分级方法；③标准差分级方法；④自然断点分级方法等。

由于等间距分级方法最为简单和常用，所以我们在这里先实现等间距分级的算法。此外，所有的数据分级方法都存在共性的地方，所以抽象出一个基类 CDataClassification，四种具体的分级方法则作为子类从其中派生出来。数据分级的类图如图 7-2 所示。

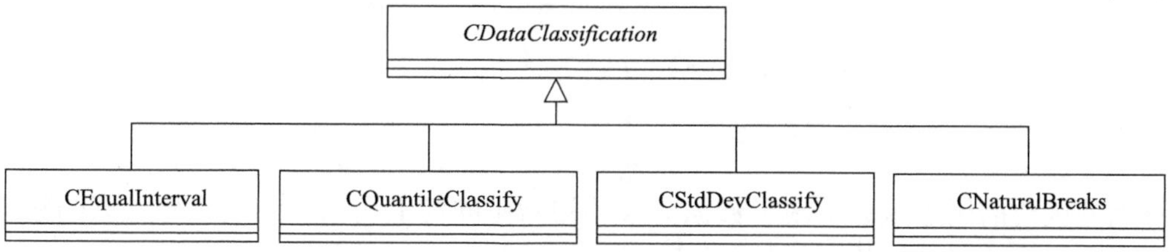

图 7-2　GIS 属性数据分级算法的 UML 类图

一、数据分级抽象基类的算法实现

CDataClassification 的代码如下：

```
class CDataClassification
{
public:
```

```
    explicit CDataClassification(size_t ClassNumber);

    void AddData(double Value, size_t Index = 0);  // 添加一个待分级原始数据
    void ResetClassNumber(size_t ClassNumber);     // 重新设置分级数

public:
    virtual void Classify() = 0;          // 分级,计算出断点值,填充分级后的数据

protected:
    vector<CLASS_DATA> _OriginData;       // 原始数据
    size_t _ClassNumber;                  // 分级数量

    double _MinValue;                     // 分级数据的最小值
    double _MaxValue;                     // 分级数据的最大值

    vector<double> _Breaks;               // 分级断点[最小值,n-1 个中间值,最大值]
    vector<vector<CLASS_DATA>> _ClassData;      // 保存分级后的数据

    void AllocateData();                  // 根据设置的断点,分配数据到各个级别
};
```

代码中的结构 CLASS_DATA 用来存储分级数据的数值，以及该属性数值相对于其所属的空间数据的索引（数组下标），定义如下：

```
struct CLASS_DATA        // 记录要分级的数据
{
    double _Value;       // 分级数据的数值
    size_t _Index;       // 分级数据对应的来源数据记录数组下标

    CLASS_DATA(double Value, size_t Index) :  _Value(Value), _Index(Index) {}

    bool operator < (const CLASS_DATA& p) const
    {
        return _Value < p._Value;
    }
};
```

数据分级类的构造函数实现了数据分级的初始化准备工作，清空了原始数据的数组，重置了断点数组和分级结果数组，代码如下：

```
CDataClassification::CDataClassification(size_t ClassNumber)
    : _ClassNumber(ClassNumber)
{
    _OriginData.clear();                    // 清空原始数据
    _Breaks.resize(_ClassNumber + 1);       // 重置断点数组
    _ClassData.resize(_ClassNumber);        // 重置分级结果数组
}
```

向数据分级类对象中添加一个待分级原始数据的成员函数实现代码如下：

```
void CDataClassification::AddData(double Value, size_t Index)
{
    if (_OriginData.empty())
        _MinValue = _MaxValue = Value;      // 记录初始的最大最小值
    else
    {
        if (Value < _MinValue)
            _MinValue = Value;              // 新添加的数据更新最小值
        if (Value > _MaxValue)
            _MaxValue = Value;              // 新添加的数据更新最大值
    }

    _OriginData.emplace_back(Value, Index);// 记录添加的数据
}
```

如果用户希望对已经输入的原始数据采用新的分级数重新进行数据分级，则可以调用下面的成员函数，清空断点数组和已经分好级别的数据数组。

```
void  CDataClassification::ResetClassNumber(size_t ClassNumber)
{
    _Breaks.clear();
    _Breaks.resize(_ClassNumber + 1);

    _ClassData.clear();
    _ClassData.resize(_ClassNumber);
}
```

通常在数据分级之前，都是先设置好级别之间断点的数值，然后根据实际数值的大小，分别放入相应级别的数组之中。根据设置好的断点数值对数据进行分配的函数对于所有不同的数据分级方法都相同，所以在基类中实现，代码如下：

```
void CDataClassification::AllocateData()
{
    for (const auto& Data : _OriginData)
        for (size_t i = 0; i < _ClassNumber; ++i)
            if (Data._Value <= _Breaks[i + 1])
            {
                _ClassData[i].emplace_back(Data);
                break;
            }
}
```

二、等间距分级算法

等间距分级就是把数据从小到大按照相等的间隔分成若干级别，分级的级别数由用户来

指定。所以，在等间距分级的派生类的构造函数里，以级别数作为参数，然后重写实现基类的虚函数 Classify。等间距分级类声明代码如下：

```
class CEqualInterval : public CDataClassification
{
public:
    CEqualInterval(size_t ClassNumber = 5);

public:
    virtual void Classify() override;       // 分级

public:
    double _Interval;                       // 间隔数值
};
```

等间距分级的实现代码：

```
void CEqualInterval::Classify()
{
    _Interval = (_MaxValue - _MinValue) / _ClassNumber;// 计算间隔

    for (size_t i = 0; i < _ClassNumber; ++i)
    {
        _Breaks[i] = _MinValue + _Interval * i;        // 设置断点数值
        _ClassData[i].clear();                         // 清空各个分级
    }
    _Breaks[_ClassNumber] = _MaxValue;

    AllocateData();                                    // 分配数据
}
```

三、分位数分级方法

分位数分级方法指的是把所有的样本数据分成若干个级别，并使每个级别中样本的数量保持相同。分位数分级方法也要求用户事先指定分级的数量，然后将所有的样本进行从小到大的排序，并按照每个级别中需要放置的个数进行分配。分位数分级方法的类声明如下：

```
class CQuantileClassify : public CDataClassification
{
public:
    CQuantileClassify(size_t ClassNumber = 5);

public:
    virtual void Classify() override;       // 分类

public:
```

```
    size_t _NumberEachClass;                // 分到每个级别的数据个数
};
```

分位数分级方法的实现代码如下：

```
void CQuantileClassify::Classify()
{
    _NumberEachClass = _OriginData.size() / _ClassNumber; // 每个级别的个数

    sort(_OriginData.begin(), _OriginData.end());         // 从小到大排序

    _Breaks[0] = _MinValue;                               // 计算分割点
    for (size_t i = 1; i < _ClassNumber; ++i)
    {
        size_t Idx = i * _NumberEachClass;
        _Breaks[i] = (_OriginData[Idx]._Value +
            _OriginData[Idx + 1]._Value) / 2.;
    }
    _Breaks[_ClassNumber] = _MaxValue;

    AllocateData();                                       // 分配数据
}
```

四、标准差分级方法

标准差分级方法是先计算出样本的均值，然后再计算出样本的标准差。分级的时候，把样本按照从均值以下半个标准差到均值以上半个标准差分为中间的级别，然后向下每隔一个标准差分一级，向上也是每隔一个标准差分一级。所以通常形成五个等级，从小到大依次是–2.5~–1.5、–1.5~–0.5、–0.5~0.5、0.5~1.5、1.5~2.5 个标准差共 5 个等级。

标准差分级方法的类声明如下：

```
class CStandardDeviationClassify : public CDataClassification
{
public:
    CStandardDeviationClassify();

    void ResetClassNumber(size_t ClassNumber);

public:
    virtual void Classify() override;

public:
    double _Mean;                // 均值
    double _StandardDeviation;   // 标准差
};
```

在上述的代码中，重写了基类中的 ResetClassNumber 函数，这时因为标准差分级方法通常就分为 5 个级别，并不能按照用户的要求分为任意的级别数，所以重写该函数实际上是取消该函数的功能。代码如下：

```
CStandardDeviationClassify::CStandardDeviationClassify()
    : CDataClassification(5)                               // 分为 5 个级别
{
}

void CStandardDeviationClassify::ResetClassNumber(size_t /*ClassNumber*/)
{
}
```

标准差分级的实现代码主要就是计算均值和标准差，如下所示：

```
void CStandardDeviationClassify::Classify()
{
    double Sum = 0.;                                // 总和
    for (const auto& Sample : _OriginData)
        Sum += Sample._Value;

    _Mean = Sum / _OriginData.size();               // 均值

    double Variance = 0.;                           // 计算标准差
    for (const auto& Sample : _OriginData)
        Variance += (Sample._Value - _Mean) * (Sample._Value - _Mean);

    _StandardDeviation = sqrt(Variance / (_OriginData.size() - 1));

    _Breaks[0] = _MinValue;
    _Breaks[1] = _Mean - _StandardDeviation * 1.5;
    _Breaks[2] = _Mean - _StandardDeviation * 0.5;
    _Breaks[3] = _Mean + _StandardDeviation * 0.5;
    _Breaks[4] = _Mean + _StandardDeviation * 1.5;
    _Breaks[5] = _MaxValue;

    AllocateData();                             // 分配数据
}
```

第三节　分 级 符 号

不同的分级，可以采用不同的地图符号来显示。最常见的表达数量变化的地图符号序列有如下这些颜色渐变方案，即矢量数据单色调渐变方案、矢量数据双端色渐变方案、矢量数据明度渐变方案、矢量数据混合色渐变方案、全光谱色渐变方案等。

一、矢量数据单色调渐变方案

一般情况下，对于等间距分级的数据，通常采用单色调渐变方案。单色调渐变方案是从白色到用户指定的一种高饱和度低明度的色调之间的连续变化。可以通过逐渐降低明度、逐渐提高饱和度的方式实现。我们选择饱和度在 0.05 到用户选择颜色的饱和度之间渐变，明度在 0.95 到用户选择颜色的明度之间渐变，则分级单色调渐变方案的颜色计算如下代码所示，其中 TotalColor 为分级别数量，Index 为从 0 开始到 TotalColor −1 的级别序号，EndColor 为用户指定的颜色。

```
RGBCOLOR CColorModel::GetSingleHueColor(size_t TotalColor, size_t Index,
    const RGBCOLOR& EndColor)        // 分级单色调渐变方案
{
    HSVCOLOR Clr = RGBtoHSV(EndColor);

    double ValueInterval = (0.95 - Clr._Value) / TotalColor;   // 明度变化
    double SaturationInterval = (Clr._Saturation - 0.05) / TotalColor;

    Clr._Value = 0.95 - Index * ValueInterval;
    Clr._Saturation = 0.05 + Index * SaturationInterval;

    return HSVtoRGB(Clr);
}
```

如图 7-3（a）所示，GIS 软件开打一个空间数据的时候，常常是用单一的颜色符号来显示所有的空间要素。我们可以在“属性(A)”菜单中添加一个“矢量数据属性分级显示(F)...”的菜单项，以此让用户选择一个数值型的属性字段，并分级显示。

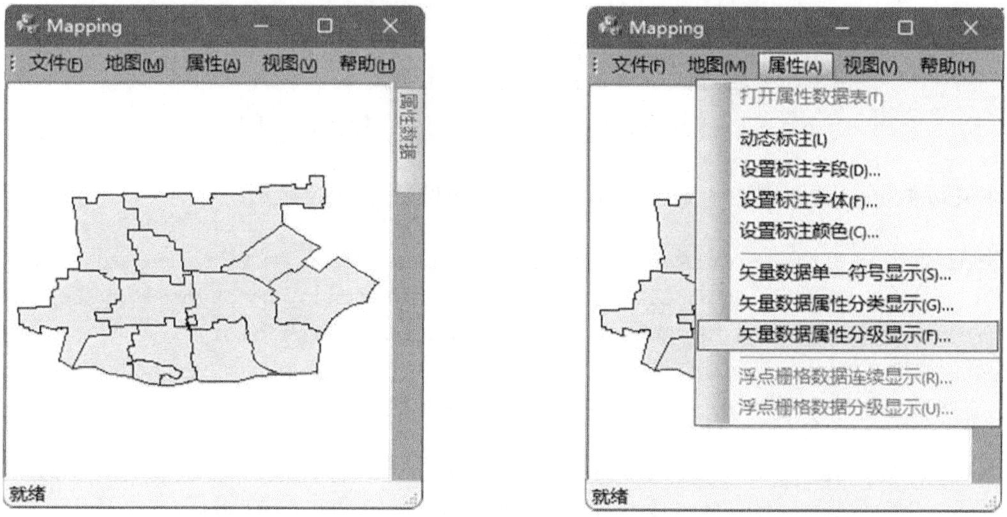

（a）　（b）

图 7-3　单一颜色地图符号的显示

对应这个菜单，要设计三个对话框，第一个对话框如图 7-4 所示，让用户选择需要分级显示的属性字段。

图 7-4　用户选择用来分级的属性字段的对话框

第二个对话框是让用户从若干种分级方法中选取一种分级方法，如等间距分级方法。并且用户可以指定分级的数量，如分五个级别等，如图 7-5 所示。

图 7-5　用户选择数据分级方法及设置分级数量的对话框

第三个对话框让用户在若干种颜色渐变方案中进行选择，并指定低值（最小值）和高值（最大值）对应的颜色。如图 7-6 所示。

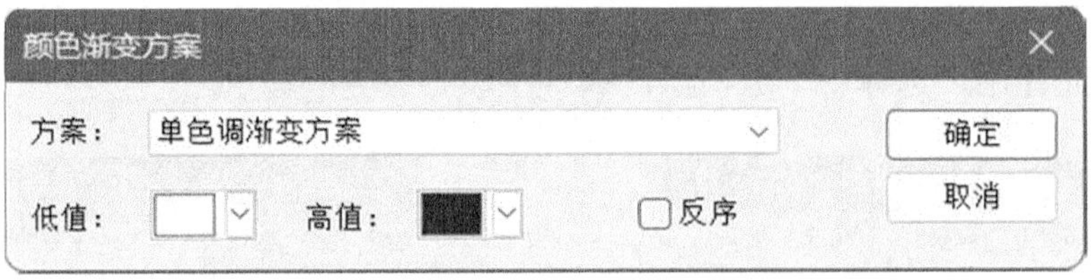

图 7-6　用户选择颜色渐变方案并指定颜色的对话框

在矢量数据层类中添加一个成员函数来实现属性数据分级显示。

```
void CVectorLayer::SetMapLayerShowClassified(size_t FieldIndex,
    EClassificationType ClassType, int ClassNumber, EMapSymbology ColorType,
    const RGBCOLOR& LowColor, const RGBCOLOR& HighColor)
{
    unique_ptr<CDataClassification> pClassifier;            // 分级器

    if (ClassType == EClassificationType::EqualInterval)     // 等间距分级器
        pClassifier = make_unique<CEqualInterval>(ClassNumber);
    else if (ClassType == EClassificationType::Quantile)     // 分位数分级器
        pClassifier = make_unique<CQuantileClassify>(ClassNumber);
    else if (ClassType == EClassificationType::StandardDeviation)//标准差分级器
```

```
        pClassifier = make_unique<CStandardDeviationClassify>();

    size_t Index = 0;
    for (ToFirstFeature(); !IsLastFeature(); ToNextFeature())
    {
        auto ID = GetCurrentFeature().GetID(); // 得到 ID
        auto FieldData = _AttrTable.GetRecord(ID).GetFieldDataN(FieldIndex);
        double Value = atof(FieldData.c_str());
        pClassifier->AddData(Value, Index++);  // 把字段数值放入分级器
    }
    pClassifier->Classify();                   // 分级

    for (size_t i = 0; i < pClassifier->_ClassNumber; ++i)
        for (size_t j = 0; j < pClassifier->_ClassData[i].size(); ++j)
          _pMapLayer->_SymbolIndex[pClassifier->_ClassData[i][j]._Index] = i;

    _pMapLayer->_SymbolSeries.MakeGraduatedSymbols(ColorType,
        LowColor, HighColor, pClassifier->_ClassNumber);
    _pMapLayer->UpdateMapSymbol();
}
```

上述代码中的函数 MakeGraduatedSymbols 是符号序列类的成员函数，主要用来生成符号序列，代码如下：

```
void CMapSymbolSeries::MakeGraduatedSymbols(EMapSymbology ColorScheme,
    const RGBCOLOR& LowColor, const RGBCOLOR& HighColor,
    int ClassNumber, int Size)
{
    _SymboSet.clear();
    CMapSymbol Symbol;
    Symbol._LineColor = RGBCOLOR(0, 0, 0);
    Symbol._Size = Size;
    Symbol._LineWidth = 1;

    for (int i = 0; i < ClassNumber; ++i)
    {
        if (ColorScheme == EMapSymbology::SingleHueSymbol)      // 单色调
            Symbol._FillColor = CColorModel::GetSingleHueColor(
                ClassNumber, i, HighColor);
        else if (ColorScheme == EMapSymbology::BiPolarSymbol)   // 双端色方案
            Symbol._FillColor = CColorModel::GetBiPolarColor(
                ClassNumber, i, LowColor, HighColor);
        else if (ColorScheme == EMapSymbology::ValueGraySymbol)  // 明度
            Symbol._FillColor = CColorModel::GetValueColor(
                ClassNumber, i);
        else if (ColorScheme == EMapSymbology::MixHueSymbol)    // 混合色
```

```
            Symbol._FillColor = CColorModel::GetMixedColor(
                ClassNumber, i, LowColor, HighColor);
        else if (ColorScheme == EMapSymbology::FullSpectralSymbol)    //全光谱
            Symbol._FillColor = CColorModel::GetFullSpectrolColor(
                ClassNumber, i);

        _SymboSet.push_back(Symbol);
    }
}
```

实现上述的代码以后，就可以实现对属性数据的分级显示，图 7-7 为某地区各个乡村按人口数量的分级显示，其中，采用等间距分级方法共分 5 个级别，并使用了单色调颜色渐变方案。

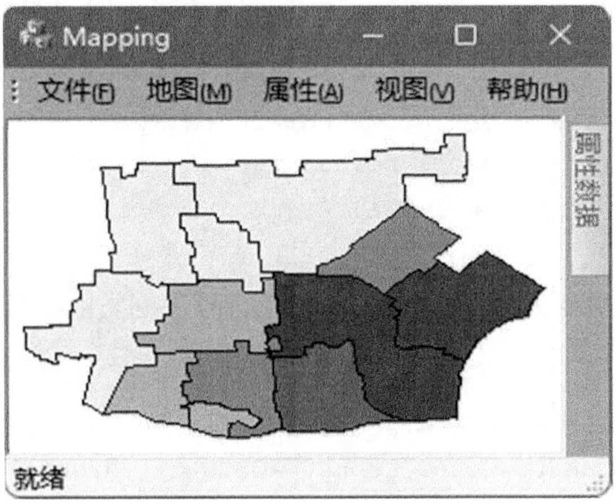

图 7-7　人口分级显示

二、矢量数据双端色渐变方案

对于采用标准差分级的属性数据，通常使用双端色渐变方案来显示。双端色渐变方案相当于两个单色调渐变方案的组合，最低端设为蓝色，保持蓝色的色调不变，明度逐渐递增，饱和度逐渐递减，变为中间的白色；然后色调变为红色，明度逐渐递减，饱和度逐渐递增，变为最高端的红色。蓝色调表示低于均值的数值，红色表示高于均值的数值。实现代码如下所示：

```
RGBCOLOR CColorModel::GetBiPolarColor(size_t TotalColor, size_t Index,
    const RGBCOLOR& StartColor, const RGBCOLOR& EndColor)
{
    int Step = TotalColor / 2;

    HSVCOLOR StartClr = RGBtoHSV(StartColor);
    HSVCOLOR EndClr = RGBtoHSV(EndColor);

    double ValueStep1 = (0.95 - StartClr._Value) / Step;           // 明度差
    double SaturationStep1 = (StartClr._Saturation - 0.05) / Step; // 饱和度差
```

```
    double ValueStep2 = (0.95 - EndClr._Value) / Step;          // 明度差
    double SaturationStep2 = (EndClr._Saturation - 0.05)/ Step; // 饱和度差

    HSVCOLOR Clr;
    Clr._Hue = (Index <= Step) ? StartClr._Hue : EndClr._Hue;
    Clr._Value = (Index <= Step) ? StartClr._Value + Index * ValueStep1 :
        0.95 - (Index - Step) * ValueStep2;
    Clr._Saturation = (Index <= Step) ? StartClr._Saturation - Index *
        SaturationStep1 : 0.05 + (Index - Step) * SaturationStep2;

    return HSVtoRGB(Clr);
}
```

对某地区各个乡村的人口数进行标准差分级，然后采用双端色渐变方案显示，得到的结果如图 7-8 所示。

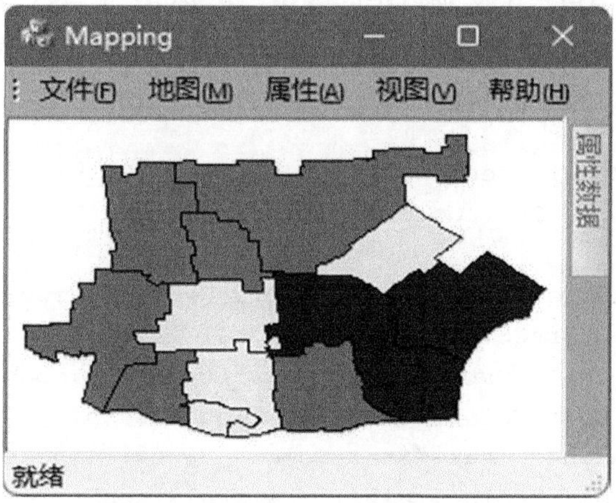

图 7-8　人口标准差分级双端色显示

三、矢量数据明度渐变方案

明度渐变方案通常是在制作单色地图时使用，就是使用一系列饱和度为 0、而明度值逐渐递减的颜色系列（从白到灰、最后到黑）来表示地图上数量的变化。可以通过设置“颜色 1”为白色、“颜色 2”为黑色，使明度逐渐降低，饱和度全部为 0，则可以得到明度序列。代码如下所示，图 7-9 显示了某地区人口数明度渐变方案效果，明度越小，表明人口数值越大。

```
GBCOLOR CColorModel::GetValueColor(size_t TotalColor, size_t Index)
{
    HSVCOLOR Clr(0., 0., 1.);
    Clr._Value = 1. - (double)Index / TotalColor;
    return HSVtoRGB(Clr);
}
```

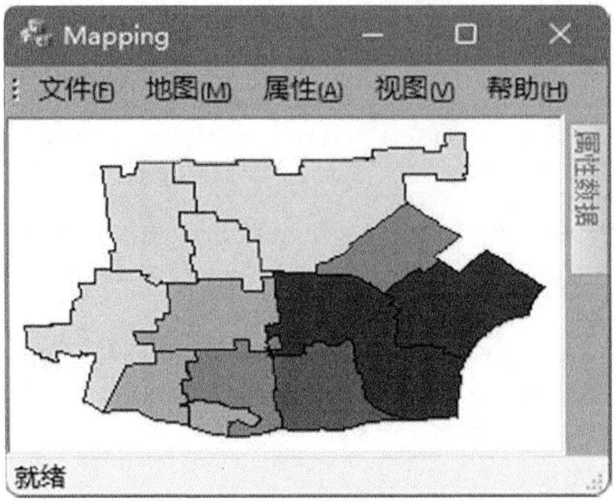

图 7-9　明度渐变方案显示

四、矢量数据混合色渐变方案

混合色渐变方案由用户指定两种特定的颜色，在 RGB 或 HSV 颜色模型所形成的颜色空间中在两种颜色的坐标之间进行插值，生成混合两种颜色的一系列颜色。代码如下所示，图 7-10 是某地区乡村人口数的混合色渐变方案显示。

```
RGBCOLOR CColorModel::GetMixedColor(int TotalClass, int FatchIndex,
    const RGBCOLOR& StartColor, const RGBCOLOR& EndColor)
{
    auto R = unsigned char((StartColor._Red + ((double)EndColor._Red -
        (double)StartColor._Red) / (TotalClass - 1) * FatchIndex));
    auto G = unsigned char((StartColor._Green + ((double)EndColor._Green -
        (double)StartColor._Green) / (TotalClass - 1) * FatchIndex));
    auto B = unsigned char((StartColor._Blue + ((double)EndColor._Blue -
        (double)StartColor._Blue) / (TotalClass - 1) * FatchIndex));

    return RGBCOLOR(R, G, B);
}
```

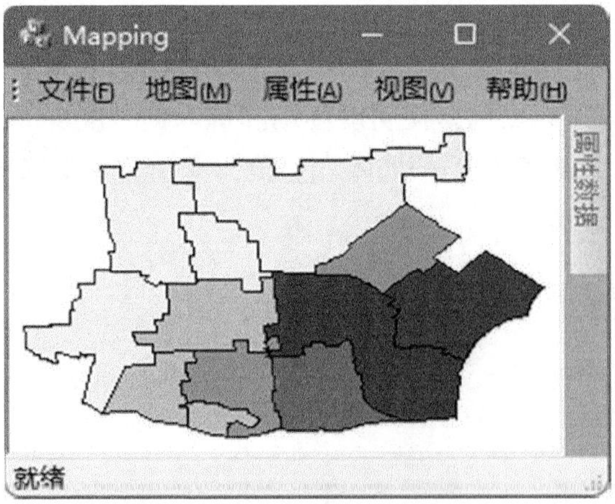

图 7-10　人口混合色方案显示

五、矢量数据全光谱渐变方案

全光谱渐变方案是按照可见光波长数值从小到大顺序排列的颜色序列，包括从蓝紫光到红光的完整可见光光谱颜色。其代码实现如下，图 7-11 为某地区各乡村人口数用全光谱色渐变方案显示的结果，蓝色冷色调表示数值较小，红色暖色调表示数值较大。

```
RGBCOLOR CColorModel::GetFullSpectrolColor(int TotalClass, int FatchIndex)
{
    return GetFullSpectrolColor(0., TotalClass - 1, (double)FatchIndex);
}
```

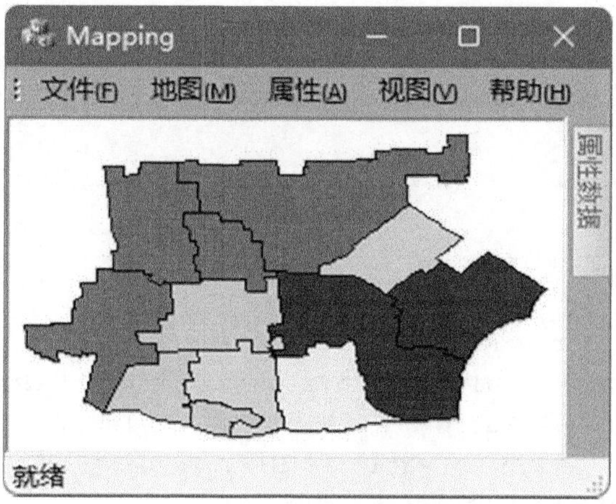

图 7-11 光谱色方案显示

第四节 浮点栅格数据的连续与分级可视化

浮点类型的栅格数据的可视化有两种方法：一种是采用连续的颜色显示栅格单元数值的变化，另一种是采用分级的颜色显示栅格单元数值。当采用连续的颜色显示栅格单元数值时，可以采用前面讨论过的各种颜色渐变方案。

一、浮点栅格数据单色调渐变方案

对于浮点栅格数据，通过指定其属性值的最小值和最大值分别对应于单色调渐变方案中的浅色和深色，其他的数值则在中间连续变化来实现栅格数据的显示，其代码如下，其中 MinValue 和 MaxValue 表示浮点栅格数据的最小、最大值，参数 Value 表示某个栅格单元的数值，EndColor 表示明度较低的深色。和矢量数据的单色调渐变方案相似，也是让明度最大为 0.95，而饱和度最小为 0.05。

```
RGBCOLOR CColorModel::GetSingleHueColor(double MinValue, double MaxValue,
    double Value, const RGBCOLOR& EndColor)
{
    HSVCOLOR Clr = RGBtoHSV(EndColor);
    double Ratio = (Value - MinValue) / (MaxValue - MinValue);
    Clr._Value = 0.95 - Ratio * (0.95 - Clr._Value);
```

```
    Clr._Saturation = 0.05 + Ratio * (Clr._Saturation - 0.05);

    return HSVtoRGB(Clr);
}
```

二、浮点栅格数据双端色渐变方案

浮点栅格数据的双端色渐变方案同样是把两个单色调方案合并在一起实现，所以，对于低于最大最小值中间点的栅格单元数值使用明度递增、饱和度递减的方法实现，而对于高于最大最小值中间点的栅格单元数值使用明度递减、饱和度递增的方法实现，代码如下：

```
RGBCOLOR CColorModel::GetBiPolarColor(double MinValue, double MaxValue,
    double Value, const RGBCOLOR& StartColor, const RGBCOLOR& EndColor)
{
    double MiddleValue = (MinValue + MaxValue) / 2.;

    if (Value <= MiddleValue)
    {
        HSVCOLOR Clr = RGBtoHSV(StartColor);
        auto Ratio = (Value - MinValue) / (MiddleValue - MinValue);
        Clr._Value += Ratio * (0.95 - Clr._Value);
        Clr._Saturation -= Ratio * (Clr._Saturation - 0.05);
        return HSVtoRGB(Clr);
    }
    else
    {
        HSVCOLOR Clr = RGBtoHSV(EndColor);
        auto Ratio = (Value - MiddleValue) / (MaxValue - MiddleValue);
        Clr._Value = 0.95 - Ratio * (0.95 - Clr._Value);
        Clr._Saturation = 0.05 + Ratio * (Clr._Saturation - 0.05);
        return HSVtoRGB(Clr);
    }
}
```

三、浮点栅格数据明度渐变方案

浮点栅格数据的明度渐变方案可以直接使用 RGB 模型来实现，只要让数值在 0~255 渐变即可，代码如下：

```
RGBCOLOR CColorModel::GetValueColor(double MinValue, double MaxValue,
    double Value)
{
    unsigned char gray = 255 - (unsigned char)((Value - MinValue) *
        255. / (MaxValue - MinValue));
    return RGBCOLOR(gray, gray, gray);
}
```

四、浮点栅格数据混合色渐变方案

浮点栅格数据的混合色渐变方案实现与矢量相似，代码如下：

```
RGBCOLOR CColorModel::GetMixedColor(const RGBCOLOR& StartColor,
    const RGBCOLOR& EndColor, double MinValue, double MaxValue, double Value)
{
    RGBCOLOR Clr;
    Clr._Red = unsigned char(((double)StartColor._Red +
        ((double)EndColor._Red - (double)StartColor._Red) /
        (MaxValue - MinValue) * (Value - MinValue)));
    Clr._Green = unsigned char(((double)StartColor._Green +
        ((double)EndColor._Green - (double)StartColor._Green) /
        (MaxValue - MinValue) * (Value - MinValue)));
    Clr._Blue = unsigned char(((double)StartColor._Blue +
        ((double)EndColor._Blue - (double)StartColor._Blue) /
        (MaxValue - MinValue) * (Value - MinValue)));

    return Clr;
}
```

五、浮点栅格数据全光谱渐变方案

浮点栅格数据的全光谱渐变方案是 DEM 等数据常用的一种显示方法，其代码在前面显示浮点栅格数据时已经实现，在此不再列出。

最后，我们需要为上述所有的颜色方案实现一个在栅格数据层类中调用它们的成员函数，以便根据用户需求，实现各种颜色渐变方案，代码如下：

```
void CRasterLayer::ShowFloatRasterContinously(EMapSymbology ColorType,
    const RGBCOLOR& LowColor, const RGBCOLOR& HighColor, bool bColorReverse)
{
    const auto& Raster = GetFloatRaster();
    auto MaxV = Raster.GetMaxValue();
    auto MinV = Raster.GetMinValue();

    shared_ptr<CRasterMapLayer> pRasterMapLayer =
        dynamic_pointer_cast<CRasterMapLayer>(_pMapLayer);

    for (long i = 0; i < pRasterMapLayer->_RowNumber; ++i)
        for (long j = 0; j < pRasterMapLayer->_ColNumber; ++j)
        {
            auto Value = Raster.GetCellV(i, j);

            if (Value == Raster.GetNoDataValue())   // 无数据值，白色
              pRasterMapLayer->_ValueColor[i][j] = RGBCOLOR(255, 255, 255);
            else
            {
```

```
                if (bColorReverse)
                    Value = MaxV - Value + MinV;

                if(ColorType == EMapSymbology::SingleHueSymbol) // 单色调
                    pRasterMapLayer->_ValueColor[i][j] =
                        CColorModel::GetSingleHueColor(MinV, MaxV, Value,
                            HighColor);
                else if (ColorType == EMapSymbology::BiPolarSymbol) // 双端色
                    pRasterMapLayer->_ValueColor[i][j] =
                        CColorModel::GetBiPolarColor(MinV, MaxV, Value,
                            LowColor, HighColor);
                else if (ColorType ==  EMapSymbology::ValueGraySymbol)// 明度
                    pRasterMapLayer->_ValueColor[i][j] =
                        CColorModel::GetValueColor(MinV, MaxV, Value);
                else if (ColorType == EMapSymbology::MixHueSymbol)  // 混合色
                    pRasterMapLayer->_ValueColor[i][j] =
                        CColorModel::GetMixedColor(LowColor, HighColor,
                            MinV, MaxV, Value);
                else if (ColorType == EMapSymbology::FullSpectralSymbol)//光谱
                    pRasterMapLayer->_ValueColor[i][j] =
                       CColorModel::GetFullSpectrolColor(MinV, MaxV, Value);
            }
        }

    pRasterMapLayer->UpdateMapSymbol(); // 更新栅格数据的显示颜色
}
```

六、浮点栅格数据分级显示

浮点栅格数据通常采用等间距的分级方法，并使用单色调渐变的颜色方案，其实现代码如下：

```
void CRasterLayer::ShowFloatRasterClassified(size_t ClassNumber,
    const RGBCOLOR& Color, bool bColorReverse)
{
    const auto& Raster = GetFloatRaster();
    auto MaxV = Raster.GetMaxValue();
    auto MinV = Raster.GetMinValue();
    auto Delta = (MaxV - MinV) / ClassNumber;

    shared_ptr<CRasterMapLayer> pRasterMapLayer =
        dynamic_pointer_cast<CRasterMapLayer>(_pMapLayer);

    for (long i = 0; i < pRasterMapLayer->_RowNumber; ++i)
        for (long j = 0; j < pRasterMapLayer->_ColNumber; ++j)
        {
            const auto Value = Raster.GetCellV(i, j);
```

```
            size_t Index = (bColorReverse == true) ?
                size_t(ClassNumber - (Value - MinV) / Delta) :
                size_t((Value - MinV) / Delta);

            if (Value == Raster.GetNoDataValue())  // 无数据值，白色
                pRasterMapLayer->_ValueColor[i][j] = RGBCOLOR(255, 255, 255);
            else
                pRasterMapLayer->_ValueColor[i][j] =
                    CColorModel::GetSingleHueColor(ClassNumber, Index, Color);
        }

    pRasterMapLayer->UpdateMapSymbol(); // 更新栅格数据的显示颜色
}
```

图 7-12 为 DEM 数据使用连续的双端色渐变方案的显示，图 7-13 为同样的 DEM 数据使用分级方式显示，一共分为 9 个级别。

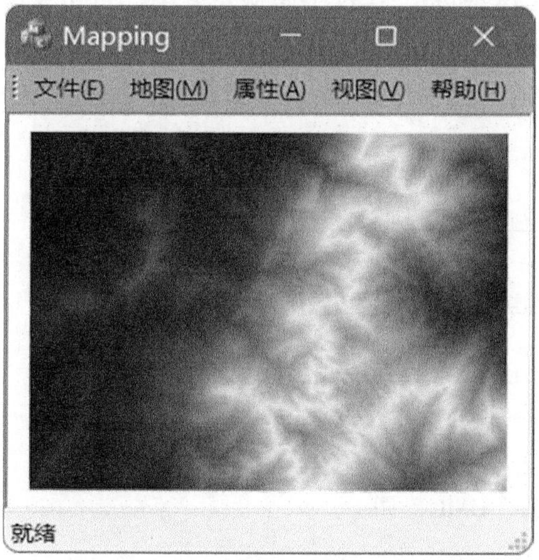

图 7-12　DEM 的连续双端色渐变方案显示

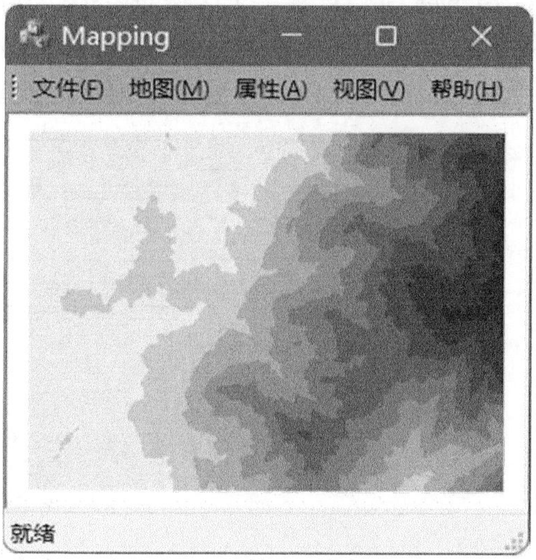

图 7-13　DEM 的分级显示

实 验 习 题

查找相关资料，实现属性数据的自然断点分类算法。

主要参考文献

马劲松. 2020. 地理信息系统基础原理与关键技术[M]. 南京：东南大学出版社.

第八章　空间索引与空间查询算法

第一节　空间索引算法

GIS 中空间数据的查询需要空间索引的支持，通常有两种索引在矢量数据的查询中运用较多，一种是格网索引，另一种是四叉树索引。本章主要介绍这两种空间索引的实现算法及其查询算法。

对于 GIS 中的矢量空间数据，每一个数据层都应该相应地建立起其中包含的空间要素的空间索引，所以，要为空间数据层提供一种包含空间索引的结构。我们进行了如下的设计，即整个区域所有的数据组织成一个地理空间对象，其类为 CGeoSpace。每一个空间数据层 CGeoLayer 都包含在一个区域对象中，其类为 CCoverage。在这个区域对象中，再包含空间数据层相应的空间索引，其基类为 CSpatialIndex。然后再派生出两个类 CGridIndex 和 CQuadTreeIndex，分别实现格网空间索引和四叉树空间索引的功能。UML 类图如图 8-1 所示。

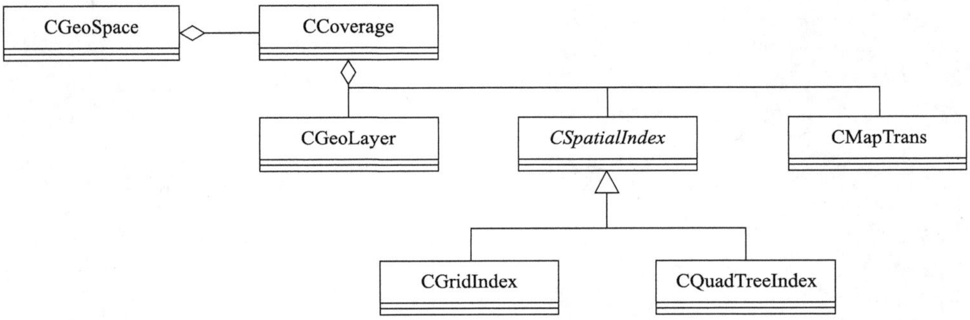

图 8-1　空间索引算法的 UML 类图

一个空间数据层的空间索引通常是建立若干个存储桶，每个存储桶负责一片对应的二维空间区域，其中存储这片空间区域相关的空间要素的 ID。不同的空间索引方法，其存储桶分配的空间范围是不同的。为了实现对空间范围的查询，空间索引需要提供按点位置或矩形范围查找相应的存储桶的方法，以便进一步能找到桶中的空间要素。所以，空间索引的基类 CSpatialIndex 实现如下：

```
class CSpatialIndex
{
public:
    ESpatialIndexType _SpatialIndexType;     // 是格网索引或者是四叉树索引
    EIndexFeature _IndexFeatureType;         // 索引点要素、线要素或面要素
    CCoverage* _pCoverage;                   // 指向索引空间要素所在的 Coverage
    vector<size_t> _SelectedFeatureID;       // 当前被选中的要素的 ID

protected:
```

```
    vector<vector<size_t>> _Bucket;          // 保存空间要素 ID 的存储桶
    size_t _BucketNumber;                    // 桶的数量
    size_t _FeatureNumberInEachBucket = 10;// 每个桶中大概装多少个空间要素
    double _MinX, _MinY, _MaxX, _MaxY;       // Coverage 数据层空间数据范围

public:
    virtual void MakeSpatialIndex(CCoverage* pCoverage);    // 创建空间索引
    virtual void PointSelect(double x, double y, double Tolerance,  //点击查询
        bool bKeepCurrentSelection,      // 是否保留已经选中的要素依然被选中
        bool bToggleSelection) = 0;      // 是否和已选中的要素进行切换
    virtual void RectSelect(double MinX, double MinY, double MaxX, double MaxY,
        bool bKeepCurrentSelection, bool bAddOrRemove) = 0;  // 矩形框查询

public:
    void SetFeatureNumberInEachBucket(size_t n);// 设置每个桶中可装空间要素数量

protected:
    // 判断两个矩形是否相交
    bool IsRectIntersect(double MinX1, double MinY1, double MaxX1, double MaxY1
        , double MinX2, double MinY2, double MaxX2, double MaxY2) const;
};
```

基类的空间索引只要实现创建空间索引方法中各种不同的空间索引共同部分的内容，代码如下：

```
enum class EIndexFeature
{
    PointIndex,      // 点的空间索引
    LineIndex,       // 线的空间索引
    PolygonIndex     // 面的空间索引
};

void CSpatialIndex::MakeSpatialIndex(CCoverage* pCoverage)
{
    _pCoverage = pCoverage;

    if (_pCoverage->IsPointLayer())
        _IndexFeatureType = EIndexFeature::PointIndex; // 点要素的空间索引
    else if (_pCoverage->IsLineLayer())
        _IndexFeatureType = EIndexFeature::LineIndex;  // 线要素的空间索引
    else if (_pCoverage->IsPolygonLayer())
        _IndexFeatureType = EIndexFeature::PolygonIndex;  // 面要素的空间索引

    auto Extent = _pCoverage->GetGeoExtent();
    Extent.InflateRect(1., 1.);

```

```
    _MinX = Extent._MinMapX;
    _MinY = Extent._MinMapY;
    _MaxX = Extent._MaxMapX;
    _MaxY = Extent._MaxMapY;
}
```

为了计算方便，在空间索引类中实现一个判断两个矩形是否相交的函数，代码如下：

```
bool CSpatialIndex::IsRectIntersect(double MinX1, double MinY1,
    double MaxX1, double MaxY1, double MinX2, double MinY2,
    double MaxX2, double MaxY2) const
{
    auto CenterDx = fabs(MinX1 + MaxX1 - MinX2 - MaxX2);
    auto CenterDy = fabs(MinY1 + MaxY1 - MinY2 - MaxY2);

    auto EdgeX = (MaxX1 - MinX1) + (MaxX2 - MinX2);
    auto EdgeY = (MaxY1 - MinY1) + (MaxY2 - MinY2);

    return CenterDx <= EdgeX && CenterDy <= EdgeY;
}
```

一、格网索引

格网索引是 GIS 中最常用也是实现起来较为简单的空间索引，它将整个空间数据的范围按照一定大小分割成若干行和若干列规则排列的格网，每个网格中记录与该网格所在范围空间有重叠的矢量要素的 ID，以便查询操作时能够迅速找到这些要素。所以，格网索引要记录下格网的行数和列数，以及每行每列的高度和宽度。格网索引的实现代码如下：

```
class CGridIndex : public CSpatialIndex
{
private:
    size_t _RowNumber, _ColNumber;      // 行列数
    double _Dx, _Dy;                    // 每列、每行的宽度和高度

public:
    virtual void MakeSpatialIndex(CCoverage* pCoverage) override; // 创建索引
    virtual void PointSelect(double x, double y, double Tolerance,// 点查询
       bool bKeepCurrentSelection, bool bToggleSelection) override;
    virtual void RectSelect(double MinX, double MinY, double MaxX, double MaxY,
       bool bKeepCurrentSelection, bool bAddOrRemove) override;    // 矩形查询

    void GetBucketExtent(size_t Index, // 得到存储桶的范围
       double& MinX, double& MinY, double& MaxX, double& MaxY) const;

private:
    void CalculateRowCol();                 // 计算格网行列数
    // 得到 Index 对应的行列值
```

```
    void GetRowCol(size_t Index, size_t& Row, size_t& Col) const;
    // 判断索引是否上下左右相邻
    bool IsIndexDirectNeighbor(size_t Index1, size_t Index2) const;
    // 按点位置得到存储桶下标
    bool GetBucketIndex(double x, double y, size_t& Index) const;
    // 按矩形框得到存储桶下标
    bool GetBucketIndex(double MinX, double MinY, double MaxX, double MaxY,
        vector<size_t>& IndexSet) const;

    template <typename CoordT> size_t GetPointIndex(const // 获得点要素的索引
        CPoint<CoordT>& Point) const;
    template <typename CoordT> void GetMultiPointIndex(const   // 多点要素
        CMultiPoint<CoordT>& MultiPoint, set<size_t>& IndexSet) const;
    template <typename CoordT> void GetLineStringIndex(const   // 线要素
        CLineString<CoordT>& LineString, set<size_t>& IndexSet) const;
    template <typename CoordT> void GetMultiLineStringIndex(const  // 多线要素
        CMultiLineString<CoordT>& MultiLineString, set<size_t>& IndexSet) const;
    template <typename CoordT> void GetPolygonIndex(const  //多边形要素
        CPolygon<CoordT>& Polygon, set<size_t>& IndexSet) const;
    template <typename CoordT> void GetMultiPolygonIndex(const // 组合多边形要素
        CMultiPolygon<CoordT>& MultiPolygon, set<size_t>& IndexSet) const;
};
```

当已经生成一个 CCoverage 对象之后，就可以为它创建格网空间索引了。创建的过程要先调用基类的虚函数，然后调用函数 CalculateRowCol 根据数据层中要素的数量来计算格网应该分成多少行和多少列。相应地就能确定存储桶的个数，即一个网格对应一个存储桶。然后，程序遍历数据层中的所有空间要素，按照要素类型，判断各个要素与哪些存储桶表示的空间范围相交，则在那些存储桶中记录下要素的 ID。代码如下所示：

```
void CGridIndex::MakeSpatialIndex(CCoverage* pCoverage)
{
    CSpatialIndex::MakeSpatialIndex(pCoverage);           // 调用基类

    _SpatialIndexType = ESpatialIndexType::GridIndex;  // 网格索引
    CalculateRowCol();                                    // 计算格网行列数
    _Bucket.resize(_BucketNumber = _RowNumber * _ColNumber);// 设置桶的数量

    auto pVectorLayer = pCoverage->GetVectorLayer();    // 数据层
    pVectorLayer->ToFirstFeature();                      // 第一个要素
    while(!pVectorLayer->IsLastFeature())                // 不是最后一个要素,循环
    {
        set<size_t> IndexSet;                            // 索引缓存
        const auto& Feature = pVectorLayer->GetCurrentFeature();
        auto GeoType = Feature.GetGeometry().GetGeoType(); // 要素类型

        if (GeoType == EOGCType::PointXY)                // 点
```

```
            IndexSet.emplace(GetPointIndex<XY>(dynamic_cast
                <const CPoint<XY>&>(Feature.GetGeometry())));
        else if (GeoType == EOGCType::MultiPointXY)          // 多点
            GetMultiPointIndex<XY>(dynamic_cast
                <const CMultiPoint<XY>&>(Feature.GetGeometry()), IndexSet);
        else if (GeoType == EOGCType::LineStringXY)          // 线
            GetLineStringIndex<XY>(dynamic_cast
                <const CLineString<XY>&>(Feature.GetGeometry()), IndexSet);
        else if (GeoType == EOGCType::MultiLineStringXY)     // 多线
            GetMultiLineStringIndex<XY>(dynamic_cast
                <const CMultiLineString<XY>&>(Feature.GetGeometry()), IndexSet);
        else if (GeoType == EOGCType::PolygonXY)             // 多边形
            GetPolygonIndex<XY>(dynamic_cast
                <const CPolygon<XY>&>(Feature.GetGeometry()), IndexSet);
        else if (GeoType == EOGCType::MultiPolygonXY)        // 组合多边形
            GetMultiPolygonIndex<XY>(dynamic_cast
                <const CMultiPolygon<XY>&>(Feature.GetGeometry()), IndexSet);

        for (auto ptr = IndexSet.cbegin(); ptr != IndexSet.cend(); ++ptr)
            _Bucket[*ptr].push_back(Feature.GetID());        // 保存 ID

        pVectorLayer->ToNextFeature();                       // 后面一个要素
    }
}
```

计算格网的行列数，通常是根据用户事先设定的每个存储桶中大约可以存放多少个空间要素，以及数据层中现有的空间要素数量，大体上先算出需要的存储桶的大概数量，然后再根据数据层的空间范围，确定格网的行数和列数。代码如下：

```
void CGridIndex::CalculateRowCol()
{
    size_t Buckets = _pCoverage->GetVectorLayer()->_GeoTable.GetRecordCount()
        / _FeatureNumberInEachBucket;   // 先计算大概需要桶的数量

    _Dx = _MaxX - _MinX;
    _Dy = _MaxY - _MinY;

    double ratio = _Dx > _Dy ? _Dx / _Dy : _Dy / _Dx;

    size_t c1 = 0, c2;
    do
    {
        c2 = ++ c1 * ratio;
    } while (c1 * c2 < Buckets);

    _RowNumber = _Dx > _Dy ? c1 : c2;
```

```
    _ColNumber = _Dx > _Dy ? c2 : c1;

    _Dx /= _ColNumber;
    _Dy /= _RowNumber;
}
```

通常在 GIS 中用户选取空间要素的方法有两种：一是用鼠标在屏幕上单击进行选取；二是按下鼠标拖动，在屏幕上画出一个矩形框，用矩形框进行选取。这里，分别实现两个函数，针对一个鼠标位置点来判断所在的存储桶，以及针对一个矩形框所触碰到的存储桶。按点位得到所在的存储桶的索引值的函数代码如下，找到存储桶，函数就返回 true，点位不在空间索引范围内则返回 false。

```
bool CGridIndex::GetBucketIndex(double x, double y, size_t& Index) const
{
    if (x < _MinX || x > _MaxX || y < _MinY || y > _MaxY)
        return false;

    size_t Row = static_cast<size_t>((y - _MinY) / _Dy);
    size_t Col = static_cast<size_t>((x - _MinX) / _Dx);
    Index = Row * _ColNumber + Col;

    return true;
}
```

对于用矩形框获取存储桶的索引位置，函数代码如下：

```
bool CGridIndex::GetBucketIndex(double MinX, double MinY,
    double MaxX, double MaxY, vector<size_t>& IndexSet) const
{
    if (MinX > _MaxX || MinY > _MaxY || MaxX < _MinX || MaxY < _MinY)
        return false;

    MinX = max(MinX, _MinX + 1.);    // 限制在数据范围内
    MinY = max(MinY, _MinY + 1.);
    MaxX = min(MaxX, _MaxX - 1.);
    MaxY = min(MaxY, _MaxY - 1.);

    size_t StartRow = static_cast<size_t>((MinY - _MinY) / _Dy);
    size_t EndRow = static_cast<size_t>((MaxY - _MinY) / _Dy);

    size_t StartCol = static_cast<size_t>((MinX - _MinX) / _Dx);
    size_t EndCol = static_cast<size_t>((MaxX - _MinX) / _Dx);

    IndexSet.clear();
    for (size_t i = StartRow; i <= EndRow; ++i)
        for (size_t j = StartCol; j <= EndCol; ++j)
```

```
            IndexSet.push_back(i * _ColNumber + j);

    return true;
}
```

上述创建格网索引的代码中，对各种不同的空间要素分别实现了获取其存储桶索引值的函数，以便将其 ID 代码放入相应的存储桶保存。下面以点要素和多边形要素为例，来说明其实现方法，线要素的代码留给学生们自行完成。一个点要素按照其坐标位置落入的存储桶范围来获得索引值，代码如下：

```
template<typename CoordT>
size_t CGridIndex::GetPointIndex(const CPoint<CoordT>& Point) const
{
    size_t Row = static_cast<size_t>((Point.Y() - _MinY) / _Dy);  // 行
    size_t Col = static_cast<size_t>((Point.X() - _MinX) / _Dx);  // 列

    return Row * _ColNumber + Col;
}
```

一个多边形要素需要判断其边界及内部所在的存储桶，实现函数如下所示：

```
template<typename CoordT>
void CGridIndex::GetPolygonIndex(const CPolygon<CoordT>& Polygon,
    set<size_t>& IndexSet) const
{
    vector<size_t> RectIndexSet;         // 多边形范围覆盖的桶下标

    GetBucketIndex(Polygon.GetExtent()._MinX, Polygon.GetExtent()._MinY,
        Polygon.GetExtent()._MaxX, Polygon.GetExtent()._MaxY, RectIndexSet);

    if (RectIndexSet.size() == 1)        // 多边形在一个桶的范围内
    {
        IndexSet.emplace(RectIndexSet.front());
        return;
    }

    for (auto Index : RectIndexSet)      // 多边形跨越了多个桶
    {
        double MinX, MinY, MaxX, MaxY;
        GetBucketExtent(Index, MinX, MinY, MaxX, MaxY);       // 得到桶的范围

        if (Polygon.RectTest(MinX, MinY, MaxX, MaxY) == true) // 空间上相交
            IndexSet.emplace(Index);    // 记录下桶的下标
    }
}
```

上述的函数中，有一个针对多边形对象的成员函数 RectTest，其作用就是判断多边形和

参数所指的矩形是否相交。这需要在 CPolygon 类的代码中实现。该成员函数还可以用于判断用户在屏幕上拉框是否能够选中该多边形。其代码如下：

```
template<typename CoordT, typename PointT>
bool CPolygon<CoordT, PointT>::RectTest(
    double MinX, double MinY, double MaxX, double MaxY) const
{
    if (this->_Extent.IsRectIntersect(MinX, MinY, MaxX, MaxY) == false)
        return false;                   // 矩形范围不和多边形的范围相交

    if (this->_Extent.IsInsideRect(MinX, MinY, MaxX, MaxY) == true)
        return true;                    // 多边形包含在矩形范围内

    const auto& Er = ExteriorRing();    // 多边形外环
    if (Er.RectTest(MinX, MinY, MaxX, MaxY) == true)
        return true;                    // 矩形和外环相交

                                        // 矩形包含在多边形四至框里面
    if (MinX >= this->_Extent._MinX && MinY >= this->_Extent._MinY &&
        MaxX <= this->_Extent._MaxX && MaxY <= this->_Extent._MaxY)
    {
        if (HitTest(MinX, MinY, 0.) || HitTest(MinX, MaxY, 0.) ||
            HitTest(MaxX, MaxY, 0.) || HitTest(MaxX, MinY, 0.))
            return true;                // 矩形的四个角点有一个在多边形里面
    }

    return false;
}
```

上述的代码中，函数 HitTest 用来测试一个点位置是否落在多边形内部。该函数还可以用来测试用户鼠标在屏幕上单击是否击中多边形。代码如下：

```
template<typename CoordT, typename PointT>
bool CPolygon<CoordT, PointT>::HitTest(double x, double y,
    double Tolerance) const
{
    if (this->_Extent.IsPointInRect(x, y) == false) // 点不在多边形的范围中
        return false;

    CTopology<CoordT> Tp;
    CoordT p(x, y);
    const auto& Er = ExteriorRing();                // 多边形外环

    if (Tp.IsPointInLinearRing(p, Er))              // 在外环内
    {
        for (size_t i = 0; i < NumInteriorRing(); ++i)
```

```
            if (Tp.IsPointInLinearRing(p, InteriorRingN(i)))
                return false;                    // 在某个内环内

        return true;                             // 在外环内,所有内环外
    }

    return false;
}
```

这里是实现了多边形要素的点击测试和拉框测试，对于其他的要素，如点要素和线要素，也要相应地实现这两个函数。这留给学生们自行完成。

在上述的基础上，就可以实现用户在屏幕上单击一个位置，获得位置的坐标，然后通过位置坐标来获得选中的空间要素的功能。代码如下：

```
void CGridIndex::PointSelect(double x, double y, double Tolerance,
    bool bKeepCurrentSelection,     // 是否保留已经选中的要素依然被选中
    bool bToggleSelection)          // 是否和已选中的要素进行切换
{
    if (!bKeepCurrentSelection)     // 不保留已经选中的
        _SelectedFeatureID.clear(); // 清除已选中的

    size_t Index;
    if (GetBucketIndex(x, y, Index) == false)  // 未选中任何要素
        return;

    for (auto ID : _Bucket[Index])
    {
        if(_pCoverage->GetVectorLayer()->_GeoTable.GetRecordByID(ID).
                GetGeometry().HitTest(x, y, Tolerance) == true) // 点中该要素
        {
            if(find(_SelectedFeatureID.begin(), _SelectedFeatureID.end(), ID)
                == _SelectedFeatureID.end())         // 不在已选中的之中
                _SelectedFeatureID.push_back(ID);    // 记录下 ID
            else if (bToggleSelection)               // 已被选中且是切换选中状态
                _SelectedFeatureID.erase(ptr);       // 已选中变为未选中

            return;
        }
    }
}
```

对于用户在屏幕上拉框进行选取，要求矩形框接触到的空间要素都须被选中，实现代码如下：

```
void CGridIndex::RectSelect(double MinX, double MinY, double MaxX, double MaxY,
    bool bKeepCurrentSelection, bool bAddOrRemove)
```

```
{
    if (!bKeepCurrentSelection)      // 不保留已经选中的
        _SelectedFeatureID.clear(); // 清除已选中的

    vector<size_t> IndexSet;
    if (GetBucketIndex(MinX, MinY, MaxX, MaxY, IndexSet) == false)
        return;

    for (auto Index : IndexSet)           // 查找所有触及到的桶
        for (auto ID : _Bucket[Index])  // 找出其中一个桶中保存的空间要素 ID
        {
            if (_pCoverage->GetVectorLayer()->_GeoTable.GetRecordByID(ID).
                GetGeometry().RectTest(MinX, MinY, MaxX, MaxY) == false)
                continue;

            auto ptr = find(_SelectedFeatureID.begin(),
                _SelectedFeatureID.end(), ID);
            if (!bKeepCurrentSelection && ptr == _SelectedFeatureID.end())
                _SelectedFeatureID.push_back(ID);            // 记录下 ID
            else                                              // 保留上次选中的
            {
                if (bAddOrRemove && ptr == _SelectedFeatureID.end())
                    _SelectedFeatureID.push_back(ID);        // 记录下 ID
                else if (ptr != _SelectedFeatureID.end())
                    _SelectedFeatureID.erase(ptr);           // 已选中变为未选中
            }
        }
}
```

二、四叉树索引

四叉树索引的类结构与格网索引相似，所不同的在于四叉树是分层的结构，需要为建立的四叉树设定层数，也就是树深度。而存储桶的序列码可以对四叉树采用广度优先遍历的方式获得，代码如下：

```
class CQuadTreeIndex : public CSpatialIndex
{
public:
    virtual void MakeSpatialIndex(CCoverage* pCoverage) override;
    virtual void PointSelect(double x, double y, double Tolerance,
        bool bKeepCurrentSelection, bool bToggleSelection) override;
    virtual void RectSelect(double MinX, double MinY, double MaxX, double MaxY,
        bool bKeepCurrentSelection, bool bAddOrRemove) override;

private:
    int _Level;                 // 索引深度,即四叉树层数
```

```
    int _OrderNumber;                    // 索引四叉树序列码的总数,即存储桶数
    vector<int> _OrderSet;               // 用来临时存放查找到的四叉树序列码

    int QuadCodeToOrder(const vector<int>& QuadCode) const;    // 求四叉树序列码
    bool GetQuadTreeOrder(double MinX, double MinY,
        double MaxX, double MaxY, int& Order);      // 由要素范围求索引序列码
    void FindCoverOrders(double MinX, double MinY, double MaxX, double MaxY,
        double QuadMinX, double QuadMinY, double QuadMaxX, double QuadMaxY,
        int Level, vector<int> QuadCode);
public:
    int EstimateLevelNumber(size_t TotalFeatureNumber);    // 估算四叉树的层数
    void SetSpatialIndexLevel(int Level);                  //设置四叉树的层数
    void GetExtentCoverOrders(double MinX, double MinY,
        double MaxX, double MaxY); // 由拉框范围获得覆盖的所有序列码
};
```

估算四叉树的深度，可以采用用户设置的每个存储桶中存放的空间要素的数量以及总的空间要素数据量来决定。代码如下：

```
int CQuadTreeIndex::EstimateLevelNumber(size_t TotalFeatureNumber)
{
    int Number = TotalFeatureNumber / _FeatureNumberInEachBucket * 3 + 1;

    int Base = 4, Depth = 1;
    while (Base <= Number)
    {
        Base *= 4;
        ++Depth;
    }

    return Depth;
}
```

设置四叉树的层数的函数代码如下：

```
void CQuadTreeIndex::SetSpatialIndexLevel(int Level)
{
    _Level = Level;
    _OrderNumber = 4;
    for (int i = 1; i < _Level; ++i)
        _OrderNumber *= 4;

    _OrderNumber = (_OrderNumber - 1) / 3;
    _Bucket.resize(_BucketNumber = _OrderNumber);
}
```

由四叉树代码转成线性四叉树序列码的函数代码如下：

```
int CQuadTreeIndex::QuadCodeToOrder(const vector<int>& QuadCode) const
{
    int order = 0;
    for (int Level = 0; Level < _Level && QuadCode[Level] != 0; ++ Level)
        order = order * 4 + QuadCode[Level];
    return order;
}
```

对于每一个空间要素，它的范围被包含在哪一个四叉树节点范围里，它就要被记录在那个四叉树节点对应的存储桶中。因此，需要一个函数，它能根据空间要素的范围，找出所属的四叉树节点的存储桶序列码，代码如下：

```
bool CQuadTreeIndex::GetQuadTreeOrder(double MinX, double MinY,
    double MaxX, double MaxY, int& Order)
{
    if (MinX < _MinX || MaxX > _MaxX || MinY < _MinY || MaxY > _MaxY)
        return false;                               // 要素范围不在索引区域内

    vector<int> QuadCode(_Level, 0);                // 四叉树编码
    double QuadMinX = _MinX, QuadMinY = _MinY;
    double QuadLength = _MaxX - _MinX;              // 根节点长度 X
    double QuadHeight = _MaxY - _MinY;              // 根节点高度 Y

    for (int Level = 0; Level < _Level - 1; ++Level)    // 处理_Level 层
    {
        QuadLength /= 2.;                           // 下一层的节点长度 X
        QuadHeight /= 2.;                           // 下一层的节点高度 Y

        for (int Quad = 0; Quad < 4; ++Quad)        // 判断 4 个子节点
        {
            double NodeMinX = QuadMinX + (Quad % 2) * QuadLength;
            double NodeMinY = QuadMinY + (Quad / 2) * QuadHeight;

            if (MinX >= NodeMinX && MinY >= NodeMinY &&
              MaxX <= NodeMinX + QuadLength && MaxY <= NodeMinY + QuadHeight)
            {
                QuadCode[Level] = Quad + 1;         // 该层四叉树编码
                QuadMinX = NodeMinX;                // 从该节点继续往下找
                QuadMinY = NodeMinY;
                break;
            }
        }

        if (QuadCode[Level] == 0)                   // 4 个子节点测试失败,则退出,为叶节点
            break;
    }
```

```

    Order = QuadCodeToOrder(QuadCode);
    return true;
}
```

有了上述的函数功能，就可以进一步实现为一个空间数据层中的所有空间要素建立四叉树索引了。代码如下：

```
void CQuadTreeIndex::MakeSpatialIndex(CCoverage* pCoverage)
{
    CSpatialIndex::MakeSpatialIndex(pCoverage);                    // 调用基类
    _SpatialIndexType = ESpatialIndexType::QuadTreeIndex;          // 四叉树索引

    SetSpatialIndexLevel(EstimateLevelNumber(pCoverage->
        GetFeatureCount());                                        // 设置四叉树

    auto pVectorLayer = pCoverage->GetVectorLayer();
    pVectorLayer->ToFirstFeature();
    while(!pVectorLayer->IsLastFeature())
    {
        const auto& Feature = pVectorLayer->GetCurrentFeature();
        auto Extent = Feature.GetGeometry().GetExtent();          // 得到范围

        int Order;
        GetQuadTreeOrder(Extent._MinX, Extent._MinY,
            Extent._MaxX, Extent._MaxY, Order);
        _Bucket[Order].push_back(Feature.GetID());                 // 加入存储桶

        pVectorLayer->ToNextFeature()
    }
}
```

下面的函数实现按照范围查找该范围内有哪些存储桶，包括不同层次的四叉树节点。算法代码如下：

```
void CQuadTreeIndex::GetExtentCoverOrders(double MinX, double MinY,
    double MaxX, double MaxY)
{
    _OrderSet.clear();
    if (IsRectIntersect(MinX, MinY, MaxX, MaxY,
        _MinX, _MinY, _MaxX, _MaxY))
    {
        _OrderSet.push_back(0);
        vector<int> QuadCode(_Level, 0);
        FindCoverOrders(MinX, MinY, MaxX, MaxY,
            _MinX, _MinY, _MaxX, _MaxY, 0, QuadCode);
    }
}
```

上述的代码中，调用了一个私有成员函数 FindCoverOrders，该函数以递归的方式从四叉树的根节点开始逐层向下查找用户范围覆盖到的四叉树节点，并记录下节点的序列码在_OrderSet 中。代码如下：

```
void CQuadTreeIndex::FindCoverOrders(double MinX, double MinY,
    double MaxX, double MaxY, double QuadMinX, double QuadMinY,
    double QuadMaxX, double QuadMaxY, int Level, vector<int> QuadCode)
{
    if (Level == _Level - 1)                                // 结束递归
        return;

    double NodeLength = (QuadMaxX - QuadMinX) / 2.; // Level + 1 层的大小
    double NodeHeight = (QuadMaxY - QuadMinY) / 2.;

    for (int Quad = 0; Quad < 4; ++Quad)
    {
        double NodeMinX = QuadMinX + (Quad % 2) * NodeLength;
        double NodeMinY = QuadMinY + (Quad / 2) * NodeHeight;

        if (IsRectIntersect(MinX, MinY, MaxX, MaxY, NodeMinX, NodeMinY,
            NodeMinX + NodeLength, NodeMinY + NodeHeight)) // 相交
        {
            QuadCode[Level] = Quad + 1;                     // 生成四叉树编码
            _OrderSet.push_back(QuadCodeToOrder(QuadCode)); // 记录序列码

            FindCoverOrders(MinX, MinY, MaxX, MaxY, NodeMinX, NodeMinY,
                NodeMinX + NodeLength, NodeMinY + NodeHeight,
                Level + 1, QuadCode);                       // 递归下一层
        }
    }
}
```

有了上面的函数，就可以相应地实现用户在屏幕上单击查询空间要素的函数，代码如下：

```
void CQuadTreeIndex::PointSelect(double x, double y, double Tolerance,
    bool bKeepCurrentSelection, bool bToggleSelection)
{
    if (!bKeepCurrentSelection)      // 不保留已经选中的
        _SelectedFeatureID.clear(); // 清除已选中的

    GetExtentCoverOrders(x, y, x, y);
    for (const auto& Order : _OrderSet)
    {
        for (auto ID : _Bucket[Order])
        {
            if (_pCoverage->GetVectorLayer()->_GeoTable.GetRecordByID(ID).
```

```
                GetGeometry().HitTest(x, y, Tolerance) == true) // 点中该要素
            {
                auto ptr = find(_SelectedFeatureID.begin(),
                    _SelectedFeatureID.end(), ID);

                if (ptr == _SelectedFeatureID.end())    // 不在已选中的之中
                    _SelectedFeatureID.push_back(ID);  // 记录下 ID
                else if (bToggleSelection)      // 已经被选中,且是切换选中状态
                    _SelectedFeatureID.erase(ptr);     // 已选中变为未选中

                return;
            }
        }
    }
}
```

同样也可以实现在屏幕上的拉框选择，代码如下：

```
void CQuadTreeIndex::RectSelect(double MinX, double MinY, double MaxX,
    double MaxY, bool bKeepCurrentSelection, bool bAddOrRemove)
{
    if (!bKeepCurrentSelection)                 // 不保留已经选中的
        _SelectedFeatureID.clear();             // 清除已选中的

    GetExtentCoverOrders(MinX, MinY, MaxX, MaxY);

    for (const auto& Order : _OrderSet)       // 查找所有触及到的桶
    {
        for (auto ID : _Bucket[Order])        // 找出其中一个桶中保存的空间要素 ID
        {
            if ( _pCoverage->GetVectorLayer()->_GeoTable.GetRecordByID(ID).
                GetGeometry().RectTest(MinX, MinY, MaxX, MaxY) == true)
            {
                auto ptr = find(_SelectedFeatureID.begin(),
                    _SelectedFeatureID.end(), ID);
               if (!bKeepCurrentSelection && ptr == _SelectedFeatureID.end())
                    _SelectedFeatureID.push_back(ID);        // 记录下 ID
                else                                         // 保留上次选中的
                {
                    if (bAddOrRemove && ptr == _SelectedFeatureID.end())
                        _SelectedFeatureID.push_back(ID);  // 记录下 ID
                    else if (ptr != _SelectedFeatureID.end())
                        _SelectedFeatureID.erase(ptr);
                }
            }
        }
```

```
    }
}
```

第二节　空间查询算法

一、CCoverage 类

我们首先来实现包含空间数据层及其空间索引的类 CCoverage，该类的代码如下：

```
class CCoverage
{
public:
    CCoverage(shared_ptr<CGeoLayer> pGeoLayer);// 空间数据层

    wstring _Name;               // 名称
    bool _bVisible{ true };      // 数据可见
    bool _bSelectable{ false };// 可选择
    bool _bEditable{ false };   // 可编辑
    bool _bShowLable{ false };  // 是否显示标注
    int _LabelFieldIndex{ 0 };  // 显示属性字段的下标
private:
    shared_ptr<CGeoLayer> _pGeoLayer{ nullptr };    // 空间数据层的指针
    shared_ptr<CSpatialIndex> _pSpatialIndex{ nullptr };    // 空间索引
    CMapTrans* _pMapTrans{ nullptr };   // 地图坐标工具
    bool _bInViewport{ true };          // 数据是否落在屏幕窗口内

public:
    shared_ptr<CVectorLayer> GetVectorLayer() const;    // 获取矢量数据层指针
    shared_ptr<CRasterLayer> GetRasterLayer() const;    // 获取栅格数据给指针

    WORLDRECT GetGeoExtent() const;      // 得到 Coverage 的范围
    size_t GetFeatureCount() const;      // 得到矢量数据中要素的个数

    shared_ptr<CMapTool> GetMapTool();

    void OpenShapefile(const wstring& Path, const wstring& FileName);
    void OpenESRIIntegerRaster(const wstring& Path, const wstring& FileName);
    void OpenESRIFloatRaster(const wstring& Path, const wstring& FileName);

    void CreateSpatialIndex(ESpatialIndexType IndexType); // 创建空间索引
    void CreateMapLayer(shared_ptr<CMapTool> pMapTool,     // 创建绘图图层
        CMapTrans* pMapTrans, EMapSymbology Symbology);
    void DrawFeature();              // 绘制数据层
    void Drawlabel();                // 绘制标注
    void UpdateDrawingCoord();       // 更新绘制的坐标数据
```

```
    void UpdateLabeling();          // 更新标注的坐标位置

    void PointSelect(double x, double y, double Tolerance, // 点选
        bool bKeepCurrentSelection, bool bToggleSelection);
    void RectSelect(double MinX, double MinY, double MaxX, double MaxY, // 框选
        double Tolerance, bool bKeepCurrentSelection, bool bAddOrRemove);
};
```

上述的代码中，成员变量_bVisible 和_bSelectable 控制着这一个数据层是否显示以及是否可以进行选取操作。成员函数 OpenShapefile 用来打开一个 Shapefile 的文件。其代码如下：

```
void CCoverage::OpenShapefile(const wstring& Path, const wstring& FileName)
{
    _Name = FileName.substr(0, FileName.length() - 4);  // 文件名去掉.shp
    CShapefile Shapefile(Path, FileName, ESourceType::ESRI_Shapefile);

    auto pVectorLayer = GetVectorLayer();
    pVectorLayer->LoadGeoMetaData(Shapefile);       // 读入空间元数据
    pVectorLayer->LoadGeoData(Shapefile);           // 读入空间数据

    pVectorLayer->LoadAttrMetaData(Shapefile);      // 读入属性元数据
    pVectorLayer->LoadAttrData(Shapefile);          // 读入属性数据

    pVectorLayer->LoadCRSData(Shapefile);           // 读入坐标系数据
}
```

在 CCoverage 类中创建一个空间数据层的空间索引的函数如下所示：

```
void CCoverage::CreateSpatialIndex(ESpatialIndexType IndexType)
{
    if (IndexType == ESpatialIndexType::GridIndex)
    {
        _pSpatialIndex = make_shared<CGridIndex>();    // 创建格网空间索引
        _pSpatialIndex->MakeSpatialIndex(this);
    }
    else if (IndexType == ESpatialIndexType::QuadTreeIndex)
    {
        _pSpatialIndex = make_shared<CQuadTreeIndex>(); // 创建四叉树空间索引
        _pSpatialIndex->MakeSpatialIndex(this);
    }
}
```

在 CCoverage 类中创建绘图图层的函数代码如下：

```
void CCoverage::CreateMapLayer(shared_ptr<CMapTool> pMapTool,
    CMapTrans* pMapTrans, EMapSymbology Symbology)
{
```

```
    _pMapTrans = pMapTrans;     // 地图坐标工具
    _pGeoLayer->MakeMapLayer(pMapTool, pMapTrans, Symbology);
}
```

绘制图层和标注的代码如下：

```
void CCoverage::DrawFeature()
{
    if (_bVisible && _bInViewport) // 用户设定显示且在屏幕窗口范围内
        _pGeoLayer->DrawFeature(); // 绘制要素
}

void CCoverage::Drawlabel()
{
    if (_bVisible && _bInViewport) // 用户设定显示且在屏幕窗口范围内
        _pGeoLayer->DrawLabel();    // 绘制标注
}
```

更新绘制地图的坐标，以及更新动态标注位置的代码如下：

```
void CCoverage::UpdateDrawingCoord()
{
    if (_bVisible == false || _pGeoLayer->_pMapLayer == nullptr)
        return;

    double ViewMinX, ViewMinY, ViewMaxX, ViewMaxY;
    _pMapTrans->ViewToMap(0, _pMapTrans->GetViewHeight(), ViewMinX, ViewMinY);
    _pMapTrans->ViewToMap(_pMapTrans->GetViewWidth(), 0, ViewMaxX, ViewMaxY);

    GEOEXTENT Viewport(ViewMinX, ViewMaxX, ViewMinY, ViewMaxY);
    _bInViewport = _pGeoLayer->_pMapLayer->_Extent.IsIntersect(Viewport);
    if (_bInViewport)       // 图层在屏幕窗口范围内
        _pGeoLayer->UpdateDrawData();
}

void CCoverage::UpdateLabeling()
{
    if (_bInViewport)
        _pGeoLayer->UpdateLabeling();
}
```

在 CCoverage 类中点选一个要素的代码如下：

```
void CCoverage::PointSelect(double x, double y, double Tolerance,
    bool bKeepCurrentSelection, bool bToggleSelection)
{
    if (_bSelectable == false || IsRasterLayer())  // 不能被选,或者是栅格数据
        return;
```

```

    _pGeoLayer->_pMapLayer->_SelectedIndex.clear();

    _pSpatialIndex->PointSelect(x, y, Tolerance,    // 调用空间索引进行点选取
        bKeepCurrentSelection, bToggleSelection);

    for (const auto& ID : _pSpatialIndex->_SelectedFeatureID)  // 选中的 ID
    {
        auto Index = _pGeoLayer->_GeoTable.FindRecordIndex(ID);   // 数组下标
        _pGeoLayer->_pMapLayer->_SelectedIndex.push_back(Index);
    }
}
```

在 CCoverage 类中进行框选的代码实现如下：

```
void CCoverage::RectSelect(double MinX, double MinY, double MaxX, double MaxY,
    double Tolerance, bool bKeepCurrentSelection, bool bAddOrRemove)
{
    if (_bSelectable == false || IsRasterLayer())   // 不能被选,或者是栅格数据
        return;

    if (MinX == MaxX && MinY == MaxY && (IsPointLayer() || IsLineLayer()))
    {
        MinX -= Tolerance; MinY -= Tolerance;
        MaxX += Tolerance; MaxY += Tolerance;
    }

    _pGeoLayer->_pMapLayer->_SelectedIndex.clear();

    // 调用空间索引进行拉框选取
    _pSpatialIndex->RectSelect(MinX, MinY, MaxX, MaxY,
            bKeepCurrentSelection, bAddOrRemove);

    for (const auto& ID : _pSpatialIndex->_SelectedFeatureID)
        _pGeoLayer->_pMapLayer->_SelectedIndex.push_back(
            _pGeoLayer->_GeoTable.FindRecordIndex(ID));
}
```

二、CGeoSpace 类

一个 CGeoSpace 类设计用来在程序中包含所有加载的空间数据，其中既可以有矢量数据，也可以有栅格数据。并可以控制每一个数据是否显示、是否可以进行选取，以及是否可以编辑与标注等。类声明代码如下：

```
class CGeoSpace
{
public:
```

```
    wstring _GeoSpaceName{ L"地理空间" };          // 地理空间的名称
    vector<CCoverage> _Coverages;                  // 所有数据层,按照绘制顺序排列

public:
    CCoverage& AddCoverage(shared_ptr<CGeoLayer> pGeoLayer);  // 新增数据层
    void CreateMapLayer(CCoverage& Coverage,                  // 创建绘图图层
        shared_ptr<CMapTool> pMapTool, EMapSymbology Symbology);

    void RemoveCoverage(size_t Index);            // 删除 Index 指定的数据层
    void RemoveCoverage(const wstring& Name);     // 删除名为 Name 的数据层

    void MoveCoverageUp(const wstring& Name);     // 把数据层上移一层
    void MoveCoverageDown(const wstring& Name);// 把数据层下移一层

    CCoverage& GetCoverage(const wstring& Name);    // 得到 Coverage

    void SetCoverageVisibility(const wstring& Name, bool bVisible);// 设置可见性
    bool GetCoverageVisibility(const wstring& Name);              // 得到可见性
    bool GetCoverageVisibility(size_t Index) const;

    void SetCoverageSelection(const wstring& Name, bool bSelectable); // 可选性
    bool GetCoverageSelection(const wstring& Name);
    bool GetCoverageSelection(size_t Index) const;

    void UpdateDrawingData();    // 更新所有数据层的地图绘制坐标
    void UpdateLabeling();       // 更新所有数据层的标记绘制坐标

    CMapTrans _MapTrans;         // 地图坐标变换对象

private:
    void ReCalculateCoverageExtent();   // 重新计算所有 Coverage 总空间范围
};
```

新增空间数据层的函数代码如下:

```
CCoverage& CGeoSpace::AddCoverage(shared_ptr<CGeoLayer> pGeoLayer)
{
    _Coverages.emplace_back(CCoverage(pGeoLayer));
    return _Coverages.back();
}
```

为空间数据层所在的 CCoverage 对象创建一个绘图图层的代码如下:

```
void CGeoSpace::CreateMapLayer(CCoverage& Coverage,
    shared_ptr<CMapTool> pMapTool, EMapSymbology Symbology)
{
    Coverage.CreateMapLayer(pMapTool, &_MapTrans, Symbology);
```

```
}
```

删除一个 Index 下标指定的数据层和删除一个名字为 Name 的数据层的代码如下：

```
void CGeoSpace::RemoveCoverage(size_t Index)
{
    auto Itr = _Coverages.begin() + Index;
    _Coverages.erase(Itr);

    ReCalculateCoverageExtent();
}

void CGeoSpace::RemoveCoverage(const wstring& Name)
{
    for (auto Itr = _Coverages.begin(); Itr != _Coverages.end(); ++Itr)
    {
        if (Itr->_Name == Name)
        {
            _Coverages.erase(Itr);
            break;
        }
    }

    ReCalculateCoverageExtent();
}
```

设置空间数据层的可见性的代码如下：

```
void CGeoSpace::SetCoverageVisibility(const wstring& Name, bool bVisible)
{
    auto& Coverage = GetCoverage(Name);
    Coverage._bVisible = bVisible;
}
```

重新计算所有 CCoverage 对象的空间范围的总范围的代码如下：

```
void CGeoSpace::ReCalculateCoverageExtent()
{
    _MapTrans.SetMapExtent(WORLDRECT());    // 设置一个空的范围

    for (const auto& Coverage : _Coverages)
        _MapTrans.UnionMapExtent(Coverage.GetGeoExtent());
}
```

CGeoSpace 类中其他成员函数相对较为简单，在此留给学生们自行实现。有了上述的代码，我们就可以实现一个新的应用程序 GeoProcessing，用来检测空间索引以及借助于空间索引进行的空间查询功能是否正确。该应用程序界面如图 8-2 所示，打开一个 Shapefile 的空间数据，在左侧的“数据层”停靠窗口中包含一个具有 CGeoSpace 对象的树状列表，其中显示当前打开的空间数据层的名称，并可以通过单击其下的复选框按钮来确定每一个打开的数据层是否显示出来；是否可以对其中的空间要素进行选取；以及是否可以编辑空间数据和显示其标注。

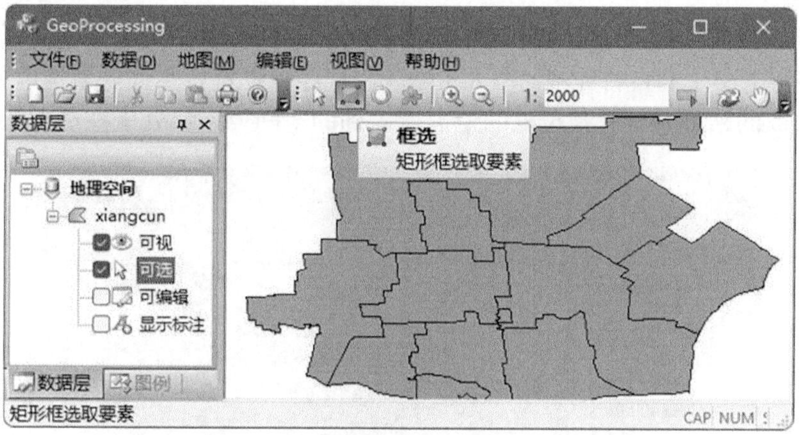

图 8-2　用来检验空间索引和空间查询功能的应用程序

其中打开 Shapefile 文件并建立四叉树空间索引的函数代码如下：

```
void CGeoProcessingDoc::OnOpenVectorData()
{
    CMainFrame* pMainFrame = (CMainFrame*)AfxGetMainWnd();
    COpenVectorDataDlg Dlg(pMainFrame);
    if (Dlg.DoModal() == IDOK)
    {
        shared_ptr<CMFCVectorLayer> pLayer = make_shared<CMFCVectorLayer>();
        auto& Coverage = _GeoSpace.AddCoverage(pLayer);

        if (Dlg._SourceTypeIndex == 0)                    // 打开 Shapefile
        {
            Coverage.OpenShapefile(wstring(Dlg._DataSource.AllocSysString()),
                 wstring(Dlg._FileName.AllocSysString())); // 读入 Shapefile
            // 创建四叉树空间索引
            Coverage.CreateSpatialIndex(ESpatialIndexType::QuadTreeIndex);
        }

        shared_ptr<CMFCMapTool> pMapTool = make_shared<CMFCMapTool>();
        _GeoSpace.CreateMapLayer(Coverage, pMapTool,    // 创建绘制图层
            EMapSymbology::SingleSymbol);
        pMainFrame->m_wndFileView.UpdateTreeItem();

        if (_GeoSpace.GetCoverageCount() == 1) // 只有一层数据
            _GeoSpace._MapTrans.DisplayAll();  // 显示全图
        _GeoSpace.UpdateDrawingData();         // 更新绘制图层数据
```

```
            _GeoSpace.UpdateLabeling();          // 创建标注数据

            UpdateAllViews(NULL);
        }
}
```

限于篇幅，我们在此不再列出所有相关的代码，如在窗口中响应鼠标消息处理点选和框选的代码等。留给学生们自行完成。图 8-3 是应用程序拉框进行空间要素选取的实例，图 8-4 显示了拉框选取的结果。所有被拉框的矩形覆盖到的空间要素都处于被选中状态。

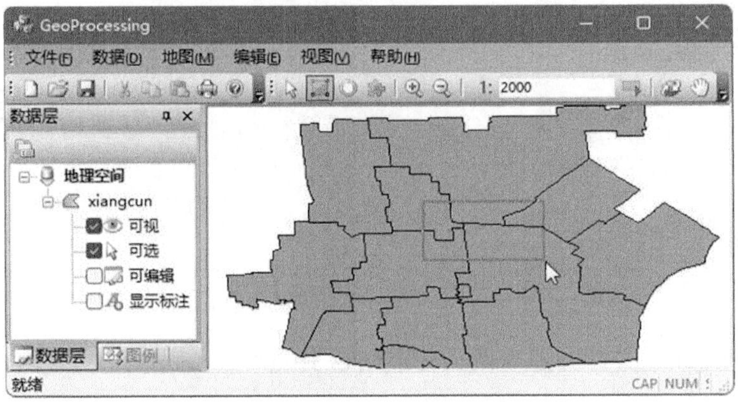

图 8-3　应用程序拉框选取的过程实例

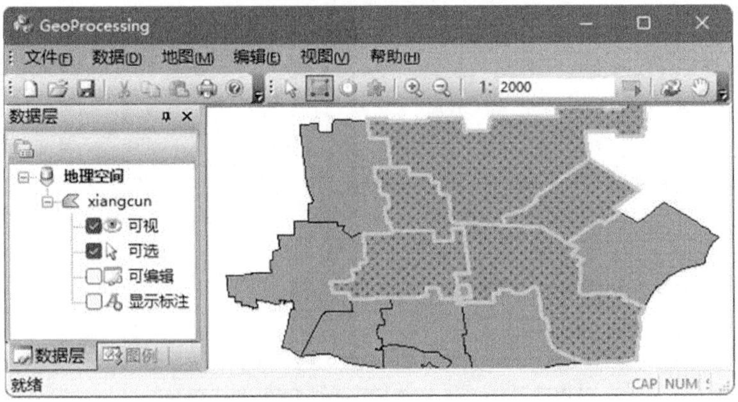

图 8-4　拉框选取结果实例

实 验 习 题

1. 实现点要素的点击测试和拉框测试功能。
2. 实现线要素的点击测试和拉框测试功能。

主要参考文献

Shekhar S, Chawla S. 2004. 空间数据库[M]. 谢昆青，马修军，杨冬青译. 北京：机械工业出版社.
Yeung A K W, Hall G B. 2013. 空间数据库系统设计、实施和项目管理[M]. 孙鹏译. 北京：国防工业出版社.

第九章　空间坐标系及地图投影

第一节　地理坐标系与投影坐标系

一、地理坐标单位转换

在讨论 GIS 中使用坐标系之前，先铺垫一些基础的几何运算方法，如常用的坐标单位转换的方法。地理坐标（经纬度）常常以度分秒的形式表达，也可以用十进制的小数来表达。通常在 GIS 中，实地采集的坐标数据用度分秒的形式表达，而在 GIS 中的存储和计算则需要使用十进制的小数形式。所以，经常需要在这两种表达形式之间进行转换，可以用如下的类及其函数来实现这样的转换：

```
struct DMS
{
    long _Degree;        // 度
    size_t _Minute;      // 分
    double _Second;      // 秒

    DMS(long Degree = 0, size_t Minute = 0, double Second = 0.0);
    explicit DMS(const string& str);             // 参数如：7°26'22.5"E

    double ToDecimalDegrree() const;             // 度分秒转成十进制
    void FromDecimalDegree(double Decimal);      // 十进制转成度分秒
};
```

具体的实现代码如下：

```
DMS::DMS(const string& str)
{
    auto DgrPos = str.find("° ");
    _Degree = atol(str.substr(0, DgrPos).c_str());
    if (str.back() == 'W' || str.back() == 'S')
        _Degree = -_Degree;

    auto MntPos = str.find('\'');
    _Minute = atoll(str.substr(DgrPos + 2, MntPos - DgrPos - 1).c_str());
    auto ScdPos = str.find('"');
    _Second = atof(str.substr(MntPos + 1, ScdPos - MntPos - 1).c_str());
}

double DMS::ToDecimalDegree() const
```

```
{
    auto Decimal = fabs(_Degree) + _Minute / 60. + _Second / 3600.;
    return _Degree < 0. ? -Decimal : Decimal;
}

void DMS::FromDecimalDegree(double Decimal)
{
    _Degree = static_cast<long>(fabs(Decimal));
    _Minute = static_cast<size_t>((fabs(Decimal) - _Degree) * 60.);
    _Second = ((fabs(Decimal) - _Degree) * 60. - _Minute) * 60.;

    if (Decimal < 0.)
        _Degree = -_Degree;
}
```

二、GIS 的坐标参照系

GIS 中使用的坐标参照系主要有地理坐标系和投影坐标系两种。GIS 空间数据可以单独使用地理坐标系作为位置的参照，也可以使用投影坐标系。使用投影坐标系的时候，必须要指定一种地理坐标系，否则无法进行投影坐标转换。所以，投影坐标系需要引用一个地理坐标系。此外，定义一个投影坐标系还需要定义一些投影参数以及长度单位。而定义一个地理坐标系，需要相应地定义它的本初子午线、测量基准、椭球体以及角度测量单位。GIS 坐标参照系结构如图 9-1 所示。

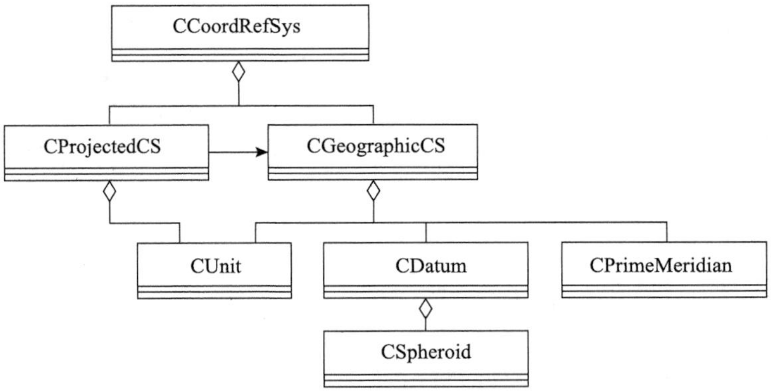

图 9-1　GIS 坐标参照系的 UML 类图

如图 9-1 所示，一个 GIS 的坐标参照系 CCoordRefSys 是由投影坐标系 CProjectedCS 和地理系坐标系 CGeographicCS 组成。地理坐标系包括测量基准 CDatum 和本初子午线 CPrimeMeridian 的定义。测量基准包含了椭球体 CSpheroid 的定义。此外，还有一个 CUnit 类用来定义长度或角度测量单位。

三、ESRI 的投影元数据文件

ESRI 在使用 Shapefile 和文本栅格数据文件的时候，都使用一种扩展名为 prj 的文本文件存储坐标参照系的元数据。例如，下面的一串文字就是在 prj 文件中用来定义我国的国家 2000

地理坐标系（CGCS2000）的。其中，GEOGCS 表示地理坐标系，DATUM 表示测量基准，SPHEROID 表示椭球体，包含了椭球体的长半轴长度和扁率倒数的数值；PRIMEM 表示本初子午线，UNIT 表示的是角度测量单位。

```
GEOGCS["GCS_China_Geodetic_Coordinate_System_2000",DATUM["D_China_2000",SPHER
OID["CGCS2000",6378137.0,298.257222101]],PRIMEM["Greenwich",0.0],UNIT["Degree",
0.0174532925199433]]
```

而下面的另一串文字是 prj 文件中用来定义我国基本比例尺地形图所使用的高斯-克吕格投影坐标系的。其中，PROJCS 表示投影坐标系，这里是 3 度分带的中央经线为东经 120°的高斯-克吕格投影坐标系。PROJECTION 表示地图投影类型，PARAMETER 表示各种投影参数，如东伪偏移、北伪偏移、中央经线、比例因子、原点纬度等。此外还包括一个长度测量单位。

```
PROJCS["CGCS2000_3_Degree_GK_CM_120E",GEOGCS["GCS_China_Geodetic_Coordinate_S
ystem_2000",DATUM["D_China_2000",SPHEROID["CGCS2000",6378137.0,298.257222101]],
PRIMEM["Greenwich",0.0],UNIT["Degree",0.0174532925199433]],PROJECTION["Gauss_
Kruger"],PARAMETER["False_Easting",500000.0],PARAMETER["False_Northing",0.0],
PARAMETER["Central_Meridian",120.0],PARAMETER["Scale_Factor",1.0],PARAMETER["
Latitude_Of_Origin",0.0],UNIT["Meter",1.0]]
```

因此，我们就需要在实现 GIS 的坐标参照系的时候，实现从上述的 prj 文件中读取并向 prj 文件中写入坐标系统元数据的功能。类声明代码如下：

```
class CCoordRefSys                              // 定义：坐标参照系
{
public:
    CGeographicCS _GeographicCS;                // 地理坐标系
    CProjectedCS _ProjectedCS;                  // 投影坐标系

public:
    void Read(ifstream& PrjFile);               // 从*.prj 文件里读入数据
    void Write(ostream& PrjFile);               // 把坐标系信息写出到 prj 文件中
};
```

具体的实现代码如下：

```
void CCoordRefSys::Read(ifstream& PrjFile)
{
    string Tag;
    getline(PrjFile, Tag, '[');

    if (Tag == "GEOGCS")
        _GeographicCS.Read(PrjFile);                     // 读入地理坐标系元数据
    else if (Tag == "PROJCS")
        _ProjectedCS.Read(PrjFile, _GeographicCS); // 读入投影坐标系元数据
}
```

```
 
void CCoordRefSys::Write(ostream& PrjFile)
{
    if (_ProjectedCS._CSName != "Unknown")
        _ProjectedCS.Write(PrjFile, _GeographicCS);// 写出地理坐标系元数据
    else if (_GeographicCS._CSName != "UnKnown")
        _GeographicCS.Write(PrjFile);              // 写出投影坐标系元数据
}
```

地理坐标系的类声明代码如下：

```
class CGeographicCS
{
public:
     string _CSName{"UnKnown"};           // 地理坐标系名称
     CDatum  _Datum;                      // 测量基准
     CPrimeMeridian _PrimeMeridian;       // 本初子午线
     CUnit _AngularUnit;                  // 角度单位

public:
     void Read(ifstream& PrjFile);        // 从*.prj 文件里读入数据
     void Write(ostream& PrjFile);        // 把坐标系数据写入 prj 文件
};
```

地理坐标系类的实现代码如下：

```
void CGeographicCS::Read(ifstream& PrjFile)
{
    getline(PrjFile, _CSName, ',');       // 读入地理坐标系的名称
    _CSName.erase(0, 1);                  // 删除前面的引号"
    _CSName.pop_back();                   // 删除后面的引号"

    string Tag;
    getline(PrjFile, Tag, '[');
    _Datum.Read(PrjFile);                 // 读入基准面

    getline(PrjFile, Tag, '[');
    _PrimeMeridian.Read(PrjFile);         // 读入本初子午线

    getline(PrjFile, Tag, '[');
    _AngularUnit.Read(PrjFile);           // 读入角度单位

    getline(PrjFile, Tag, ']');           // 读到结束
}

void CGeographicCS::Write(ostream& PrjFile)
{
```

```
    PrjFile << "GEOGCS[\"" << _CSName << "\",";

    _Datum.Write(PrjFile);  PrjFile << ',';                    // 写入基准面
    _PrimeMeridian.Write(PrjFile);  PrjFile << ',';            // 写入本初子午线
    _AngularUnit.Write(PrjFile);    PrjFile << ']';            // 写入角度单位
}
```

投影坐标系中的投影参数可以使用 C++标准库中的 map 来实现参数名称和参数值的映射，其类声明如下：

```
class CProjectedCS
{
public:
    string _CSName{ "Unknown" };                    // 投影坐标系名称
    string _ProjectionName{ "Unknown" };            // 投影名称
    map<string, string> _Parameters;                // 投影坐标系的参数表
    CUnit _LinearUnit;                              // 长度单位

public:
    void Read(ifstream& PrjFile, CGeographicCS& GeographicCS);
    void Write(ostream& PrjFile, CGeographicCS& GeographicCS);

    double GetParameterValue(const string& ParaName) const;  // 按名称返回参数值

    void MoveToFirstParameter();                    // 遍历参数;移动到第一个参数位置
    bool MoveToNextParameter();                     // 遍历参数;移动到下一个参数位置
    string GetCurrentParaName() const;              // 得到当前的参数名称
    double GetCurrentParaValue() const;             // 得到当前的参数数值

private:
    map<string, string>::iterator _itr;             // 迭代器
};
```

上述代码中的读写 prj 文件的函数可以参照地理坐标系的读写函数来实现，限于篇幅这里不再列出，留给学生们完成。下面列出其他几个成员函数的实现代码：

```
double CProjectedCS::GetParameterValue(const string& ParaName) const
{
    if (_Parameters.find(ParaName) != _Parameters.end())
        return atof(_Parameters.at(ParaName).c_str());

    return 0.;
}

void CProjectedCS::MoveToFirstParameter()
{
    _itr = _Parameters.begin();
```

```
}

bool CProjectedCS::MoveToNextParameter()
{
    return (++_itr != _Parameters.end()) ? true : false;
}

string CProjectedCS::GetCurrentParaName() const
{
    return _itr->first;
}

double CProjectedCS::GetCurrentParaValue() const
{
    return atof(_itr->second.c_str());
}
```

测量基准的类声明代码如下：

```
class CDatum                                // 测量基准
{
public:
    string _DatumName;                      // 测量基准名称
    CSpheroid _Spheroid;                    // 椭球体

public:
    void Read(ifstream& PrjFile);           // 从*.prj 文件里读入数据
    void Write(ostream& PrjFile);           // 把坐标数据写入 prj 文件里
};
```

椭球体类的声明代码如下：

```
class CSpheroid                                              // 椭球体
{
public:
    string _SpheroidName{ "CGCS2000" };                      // 椭球体名称
    string _SemiMajorAxis{ "6378137.0" };                    // 半长轴（米）
    string _InverseFlattening{ "298.257222101" };            // 扁率倒数

public:
    double GetSemiMajorAxisValue() const;                    // 获得长半轴数值
    double GetInverseFlatterningValue() const;               // 获得扁率倒数的数值

public:
    void Read(ifstream& PrjFile);                        // 从*.prj 文件里读入数据
    void Write(ostream& PrjFile);                        // 把坐标信息写入 prj 文件里
};
```

本初子午线类的声明如下：

```
class CPrimeMeridian                                          // 本初子午线
{
public:
    string _PrimeMeridianName{ "Greenwich" };   // 本初子午线名称
    string _Longitude{ "0.0" };                 // 本初子午线的经度

public:
    double GetPrimeLongitudeValue() const;      // 得到本初子午线的经度数值

public:
    void Read(ifstream& PrjFile);               // 从*.prj 文件里读入数据
    void Write(ostream& PrjFile);               // 把坐标信息写入 prj 文件里
};
```

最后一个是测量单位的类声明，包括一些预定义的测量单位，代码如下：

```
class CUnit
{
public:
    string _UnitName{ "Meter" };                // 计量单位名称（默认：米）
    string _ConversionFactor{ "1.0" };          // 转换系数

public:
    void SetUnitName(const string& UnitName);   // 设置计量单位
    double GetConversionFactorValue() const;    // 获得转换系数的数值

    void Read(ifstream& PrjFile);               // 从*.prj 文件里读入数据
    void Write(ostream& PrjFile);               // 把坐标信息写入 Prj 文件
};

// 预定义的一些长度单位和角度及其转换系数
static map<string, string> Predefined_Unit = {
    pair<string, string>("Meter", "1.0"),
    pair<string, string>("International Foot", "0.3048"),
    pair<string, string>("Degree", "0.0174532925199433"),
    pair<string, string>("Radian", "1.0")
```

四、读写 ESRI Shapefile 和文本栅格数据文件的投影文件

前面第三章介绍了 CDataSource 类作为读写空间元数据和属性元数据的接口，因此可以把读写坐标系元数据的功能也放入该类中，代码如下：

```
class  CDataSource
{
public:
```

```
    GEO_META_DATA _GeoMetaData;                    // 空间元数据
    // ...

    size_t _AttributeRecordCount;                  // 属性数据记录个数
    vector<FIELD_META_DATA> _FieldInfo;            // 属性字段元数据
    // ...

    CCoordRefSys _CRS;                             // 坐标系元数据

    virtual void GetCoordinateSystem() = 0;        // 读取坐标系元数据
    virtual void SaveCoordinateSystem() = 0;       // 保存坐标系元数据
};
```

对于上述 CDataSource 中读写坐标系元数据的接口，可以分别在读写矢量数据的 CShapefile 派生类和读写文本栅格数据的 CESRIASCIIRaster 派生类中具体实现，CShapefile 的声明代码如下：

```
class CShapefile final : public CDataSource
{
public:
    //  此处省略：读写空间元数据,读写属性元数据的功能

    virtual void GetCoordinateSystem() override;    // 读取坐标系元数据
    virtual void SaveCoordinateSystem() override;   // 保存坐标系元数据

private:
    ifstream _PrjFileIn;
    ofstream _PrjFileOut;
};
```

对 CShapefile 中读取坐标系元数据的函数实现代码如下，对于从文本栅格数据中读写坐标系元数据的功能，只要在 CESRIASCIIRaster 类中相应实现即可：

```
void CShapefile::GetCoordinateSystem()
{
    if (!_PrjFileIn.is_open())
    {
        wstring Name = _GeoMetaData._Name;                 // Shapefile 文件名
        Name.erase(Name.size() - 3, 3);                    // 去掉扩展名 shp
        Name += L"prj";                                    // 添加扩展名 prj
        _PrjFileIn.open(_GeoMetaData._Source + Name);      // 打开文件
    }

    _CRS.Read(_PrjFileIn);                                 // 读取坐标系元数据
}
```

最后，我们在 CGeoLayer 类中，就可以保存一份坐标系的元数据，并实现从不同的数据

源（例如 Shapefile 或 ESRI 文本栅格数据）中获取和保存坐标系元数据的功能，代码如下：

```
class CGeoLayer
{
public:
    GEO_META_DATA _GeoMetaData;     // 空间元数据
    CGeoTable _GeoTable;            // 空间几何数据
    CAttrTable _AttrTable;          // 属性元数据及属性表
    CCoordRefSys _CRS;              // 坐标系元数据

public:
    // 此处省略读写空间元数据、空间几何数据、属性元数据、属性表的代码

    virtual void LoadCRSData(CDataSource& DataSource);     // 读取坐标系元数据
    virtual void SaveCRSData(CDataSource& DataSource);     // 保存坐标系元数据
};
```

上述类中的读写坐标系元数据的代码实现如下：

```
void CGeoLayer::LoadCRSData(CDataSource& DataSource)
{
    DataSource.GetCoordinateSystem();
    _CRS = DataSource._CRS;
}

void CGeoLayer::SaveGeoMetaData(CDataSource& DataSource)
{
    DataSource._CRS = _CRS;
    DataSource.SaveCoordinateSystem();
}
```

最后，我们可以用下面的代码来读取 D:/下 Point.shp 文件的坐标系元数据：

```
CShapefile Shapefile(L"D:/", L"Point.shp", ESourceType::ESRI_Shapefile);
CVectorLayer PointLayer;
PointLayer.LoadCRSData(Shapefile);
PointLayer._CRS.Write(cout);
```

第二节 空间坐标系的转换

GIS 中不同的空间数据可能分别采用了不同的坐标参照系，当把这些空间数据放在一起使用的时候，就需要把它们都转换成基于相同的坐标参照系。坐标系之间的转换分为多种不同的类型，主要有：①不同地理坐标系之间的转换；②不同投影坐标系之间的转换；③地理坐标系和投影坐标系之间的转换等。由于投影坐标系通常都是基于某一个地理坐标系的，所以在牵涉投影坐标系的转换中，可能还要包含地理坐标系的转换。

一、地理坐标系之间的转换

两个不同的地理坐标系之间的转换体现在两个不同的测量基准之间的转换，即地心位置、椭球体大小、椭球体的方向都不相同的两个测量基准之间的转换。常采用的方法有三参数法、七参数法和 Molodensky 方法。

三参数法的三个参数分别是两个测量基准对应的空间直角坐标系之间在 X、Y、Z 轴方向上的偏移 ΔX、ΔY 和 ΔZ，其转换公式为

$$\begin{bmatrix} X \\ Y \\ Z \end{bmatrix}_{\text{new}} = \begin{bmatrix} \Delta X \\ \Delta Y \\ \Delta Z \end{bmatrix} + \begin{bmatrix} X \\ Y \\ Z \end{bmatrix}_{\text{original}}$$

七参数法的七个参数分别是线性偏移（ΔX，ΔY，ΔZ）、绕 X、Y、Z 轴的旋转角度（r_x，r_y，r_z）和比例因子（s），其转换公式如下：

$$\begin{bmatrix} X \\ Y \\ Z \end{bmatrix}_{\text{new}} = \begin{bmatrix} \Delta X \\ \Delta Y \\ \Delta Z \end{bmatrix} + (1+s)\cdot \begin{bmatrix} 1 & r_z & -r_y \\ -r_z & 1 & r_x \\ r_y & -r_x & 1 \end{bmatrix} \cdot \begin{bmatrix} X \\ Y \\ Z \end{bmatrix}_{\text{original}}$$

三参数法和七参数法都是要把大地测量坐标（经纬度）转成空间直角坐标才可以实现，而 Molodensky 方法直接在大地测量坐标之间进行转换。它需要线性偏移（ΔX，ΔY，ΔZ）、椭球体长半轴长度差（Δa）和扁率差（Δf）作为参数，其转换公式如下：

$$(M+h)\Delta\varphi = -\sin\varphi\cos\lambda\Delta X - \sin\varphi\sin\lambda\Delta Y + \cos\varphi\Delta Z + \frac{e^2\sin\varphi\cos\varphi}{\left(1-e^2\sin^2\varphi\right)^{1/2}}\Delta a$$

$$+\sin\varphi\cos\varphi\left(M\frac{a}{b}+N\frac{b}{a}\right)\Delta f\,(N+h)\cos\varphi\Delta\lambda$$

$$= -\sin\lambda\Delta X + \cos\lambda\Delta Y$$

$$\Delta h = \cos\varphi\cos\lambda\Delta X + \cos\varphi\sin\lambda\Delta Y + \sin\varphi\Delta Z - \left(1-e^2\sin^2\varphi\right)^{1/2}\Delta a$$

$$+\frac{a(1-f)}{\left(1-e^2\sin^2\varphi\right)^{1/2}}\sin^2\varphi\Delta f$$

式中，h 为大地高（椭球高）；φ 为大地纬度；λ 为大地经度；a 为椭球长半轴长度；b 为短半轴长度；f 为扁率；e 为偏心率；M 和 N 分别是子午圈和卯酉圈曲率半径。

在三参数法和七参数法中，大地测量坐标系转为空间直角坐标系可用下式实现：

$$\begin{cases} X = (N+h)\cos\varphi\cos\lambda \\ Y = (N+h)\cos\varphi\sin\lambda \\ Z = \left[N\left(1-e^2\right)+h\right]\sin\varphi \end{cases}$$

空间直角坐标转为大地测量坐标，其中的大地纬度的计算可以使用迭代的方法，如下式所示：

$$\begin{cases} \lambda = \tan^{-1}\dfrac{Y}{X} \\ \tan\varphi = \dfrac{1}{\sqrt{X^2+Y^2}}\left[Z + \dfrac{ae^2\tan\varphi}{\sqrt{1+\left(1-e^2\right)\tan^2\varphi}}\right] \\ h = \dfrac{\sqrt{X^2+Y^2}}{\cos\varphi} - N \end{cases}$$

对上述三个常用的地理坐标系的转换可以用下面的几个类来实现，如图 9-2 所示。

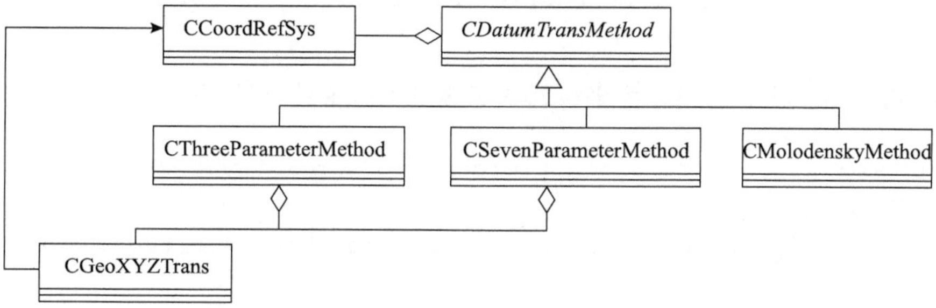

图 9-2　地理坐标系之间的转换

其中，类 CCoordRefSys 是前面已经讨论并实现了的坐标参照系类，包含了对地理坐标系和投影坐标系的描述。地理坐标系转换方法类即大地测量基准转换方法类 CDatumTransMethod 是一个接口类，作为三种常见转换方法的基类。三参数法的实现类 CThreeParameterMethod 从 CDatumTransMethod 类派生，具体实现三参数的转换方法；同样，七参数方法类 CSevenParameterMethod 和 Molodensky 方法类 CMolodenskyMethod 也是从 CDatumTransMethod 类中派生。CGeoXYZTrans 类包含在三参数和七参数方法类中，进行大地测量坐标与空间直角坐标之间的转换。

CGeoXYZTrans 类声明的代码如下：

```
class CGeoXYZTrans
{
public:
    // 大地测量坐标转成空间直接坐标
    void GeodeticToXYZ(const CCoordRefSys& CRS,
        double Longitude, double Latitude, double Altitude,
        double& X, double& Y, double& Z) const;

    // 空间直接坐标转成大地测量坐标
    void XYZToGeodetic(const CCoordRefSys& CRS,
        double X, double Y, double Z,
        double& Longitude, double& Latitude, double& Altitude) const;
};
```

CGeoXYZTrans 类中大地测量坐标转空间直角坐标的代码如下：

```
void CGeoXYZTrans::GeodeticToXYZ(const CCoordRefSys& CRS,
    double Longitude, double Latitude, double Altitude,
    double& X, double& Y, double& Z) const
{
    double N = CRS.GetPrimeVerticalRadiiOfCurvature(Latitude); // 卯酉圈曲率半径

    Longitude *= numbers::pi / 180.;
    Latitude *= numbers::pi / 180.;

    X = (N + Altitude) * cos(Latitude) * cos(Longitude);
    Y = (N + Altitude) * cos(Latitude) * sin(Longitude);
    Z = (N * (1. - CRS._Eccentric2) + Altitude) * sin(Latitude);
}
```

CGeoXYZTrans 类中空间直角坐标转大地测量坐标的代码如下：

```
void CGeoXYZTrans::XYZToGeodetic(const CCoordRefSys& CRS,
    double X, double Y, double Z,
    double& Longitude, double& Latitude, double& Altitude) const
{
    double Coef = sqrt(X * X + Y * Y);
    double AE2 = CRS._SemiMajorAxis * CRS._Eccentric2;
    double OneMinusE2 = 1. - CRS._Eccentric2;

    double LastTanPhi, NewTanPhi = 1.;
    do
    {
        LastTanPhi = NewTanPhi;
        NewTanPhi = (Z + AE2 * LastTanPhi /
            sqrt(1. + OneMinusE2 * LastTanPhi * LastTanPhi)) / Coef;
    } while (fabs(NewTanPhi - LastTanPhi) > 1.e-10);

    Latitude = atan(NewTanPhi);
    Altitude = Coef / cos(Latitude);

    Longitude = atan2(Y, X) * 180. / numbers::pi;
    Latitude *= 180. / numbers::pi;
    Altitude -= CRS.GetPrimeVerticalRadiiOfCurvature(Latitude);
}
```

在上述的代码中，出现了椭球体的长半轴长度_SemiMajorAxis、第一偏心率的平方_Eccentric2 等参数，以及计算子午圈、卯酉圈曲率半径的函数，这些都需要在类 CCoordRefSys 中实现，代码如下：

```
class CCoordRefSys                    // 定义：坐标参照系
```

```
{
public:
    // 此处省略原有声明...

    double _SemiMajorAxis;          // 半长轴长 a
    double _Flatterning;            // 扁率 f
    double _Eccentric2;             // 第一偏心率(平方) e2
    void GetSpheroidParameters();   // 计算上述椭球体参数

    // 计算子午圈曲率半径 M
    double GetMeridionalRadiiOfCurvature(double Latitude) const;
    // 计算卯酉圈曲率半径 N
    double GetPrimeVerticalRadiiOfCurvature(double Latitude) const;
}
```

实现代码如下：

```
double CCoordRefSys::GetMeridionalRadiiOfCurvature(double Latitude) const
{
    auto SinLatitude = sin(Latitude * numbers::pi / 180.);
    return (_SemiMajorAxis * (1. - _Eccentric2)) /
        pow(1. - _Eccentric2 * SinLatitude * SinLatitude, 1.5);
}

double CCoordRefSys::GetPrimeVerticalRadiiOfCurvature(double Latitude) const
{
    auto SinLatitude = sin(Latitude * numbers::pi / 180.);
    return _SemiMajorAxis / sqrt(1. - _Eccentric2 * SinLatitude * SinLatitude);
}
```

对于地理坐标系之间的转换方法，先定义一个枚举类型。

```
enum class EDatumTrans
{
    ThreeParameterMethod,       // 三参数方法
    SevenParameterMethod,       // 七参数方法
    MolodenskyMethod            // 莫洛坚斯基方法
};
```

抽象基类 CDatumTransMethod 的声明如下：

```
class CDatumTransMethod       // 大地测量基准转换,即地理坐标系之间的转换,接口类
{
protected:
    CCoordRefSys _FromCRS;
    CCoordRefSys _ToCRS;

public:
```

```
    void SetCRS(const CCoordRefSys& FromCRS, const CCoordRefSys& ToCRS);

    // 设置转换的参数
    virtual void SetParameter(const vector<double>& Para) = 0;

    virtual void TransForward(      // 正变换
        double FromLongi, double FromLati, double FromAlti,
        double& ToLongi, double& ToLati, double& ToAlti) const = 0;

    virtual void TransBackward(     // 逆变换
        double ToLongi, double ToLati, double ToAlti,
        double& FromLongi, double& FromLati, double& FromAlti) const = 0;
};
```

三参数方法的类声明如下：

```
class CThreeParameterMethod final : public CDatumTransMethod
{
private:
    double _Dx{ 0. }, _Dy{ 0. }, _Dz{ 0. };// 转换参数
    CGeoXYZTrans _Geo2XYZ;                 // 大地坐标系和空间直角坐标系转换

public:
    // 设置转换的参数
    virtual void SetParameter(const vector<double>& Para) override;

    virtual void TransForward( // 正变换
        double FromLongi, double FromLati, double FromAlti,
        double& ToLongi, double& ToLati, double& ToAlti) const override;

    virtual void TransBackward(// 逆变换
        double ToLongi, double ToLati, double ToAlti,
        double& FromLongi, double& FromLati, double& FromAlti) const override;
};
```

三参数法参数设置的实现代码如下：

```
void CThreeParameterMethod::SetParameter(const vector<double>& Para)
{
    _Dx = Para[0];
    _Dy = Para[1];
    _Dz = Para[2];
}
```

三参数法正变换的实现代码如下，逆变换限于篇幅，留给学生们完成。

```
void CThreeParameterMethod::TransForward(
    double FromLongi, double FromLati, double FromAlti,
```

```
        double& ToLongi, double& ToLati, double& ToAlti) const
{
        double FromX, FromY, FromZ;          // 空间直接坐标
        _Geo2XYZ.GeodeticToXYZ(              // 转成空间直接坐标系
            _FromCRS, FromLongi, FromLati, FromAlti, FromX, FromY, FromZ);

        double ToX = FromX + _Dx;            // 转换
        double ToY = FromY + _Dy;
        double ToZ = FromZ + _Dz;

        _Geo2XYZ.XYZToGeodetic(              // 转成大地测量坐标系
            _ToCRS, ToX, ToY, ToZ, ToLongi, ToLati, ToAlti);
}
```

学生们可以仿照上述三参数法变换的类声明与实现方法，相应地实现七参数法和 Molodensky 方法的代码。

二、地理坐标系与投影坐标系之间的转换

地理坐标系与投影坐标系的转换方法就是地图投影，地图投影把椭球表面的大地测量坐标（λ，φ）映射到平面直角坐标（x，y）。由于存在大量的不同种类的地图投影方法，所以，在实现地图投影的时候，我们先设计一个抽象类作为各种具体投影类的基类，名为 CMapProjection。然后，对于任何一种具体的投影形式，则作为一个新的派生类来实现。例如，一个墨卡托投影类 CMercator 和一个兰勃特等角圆锥投影类 CLambertConformalConic。如图 9-3 所示。

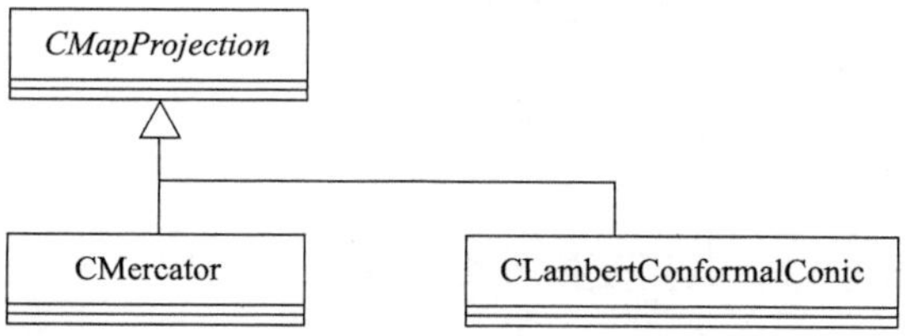

图 9-3　地图投影 UML 类图

抽象基类的声明代码如下：

```
class CMapProjection
{
protected:
    CCoordRefSys _CRS;                  // 投影坐标系

    double _Degree2Radian;              // 角度变换系数
    double _PrimeMeridian;              // 本初子午线经度
    double _Eccentricity;               // 偏心率
    double _CentrolMeridian;            // 中央经线
    double _StandardParallel_1;         // 第一标准纬线
    double _StandardParallel_2;         // 第二标准纬线
```

```
    double _FalseEasting;               // 东伪偏移
    double _FalseNorthing;              // 北伪偏移
    double _LatitudeOfOrigin;           // 原点纬度
    double _LengthUnit;                 // 长度单位变换系数

public:
    void SetCRS(const CCoordRefSys& CRS);           // 设置投影坐标系
    double NormalizeLongitude(double Longi) const; // 规范化经度坐标

private:
    virtual void SetParameter() = 0;                // 设置投影参数

public:
    virtual void TransForward(double FromLongi, double FromLati,// 投影正变换
        double& ToX, double& ToY) = 0;
    virtual void TransBackward(double ToX, double ToY,          // 投影逆变换
        double& FromLongi, double& FromLati) = 0;
};
```

其中设置坐标系的成员函数 SetCRS 的定义如下：

```
void CMapProjection::SetCRS(const CCoordRefSys& CRS)
{
    _CRS = CRS;
    _Degree2Radian = _CRS._GeographicCS._AngularUnit.GetConversionFactorValue();
    _PrimeMeridian = _CRS._GeographicCS._PrimeMeridian.GetPrimeLongitudeValue();
    _Eccentricity = sqrt(_CRS._Eccentric2);

    SetParameter();      // 设置投影参数
}
```

基于椭球体的墨卡托投影，其正变换投影公式为

$$x = a(\lambda - \lambda_0),\quad y = a\ln\left[\tan\left(\frac{\pi}{4}+\frac{\varphi}{2}\right)\left(\frac{1-e\sin\varphi}{1+e\sin\varphi}\right)^{\frac{e}{2}}\right]$$

式中，a 为椭球的长半轴长度；λ_0 为中央经线；e 为椭圆偏心率。墨卡托投影的逆变换对于求经度 λ 比较简单，公式为

$$\lambda = x / a + \lambda_0$$

但求纬度 φ 相对复杂，需要使用迭代的方法，公式为

$$\varphi = \frac{\pi}{2} - 2\arctan\left[t\left(\frac{1-e\sin\phi}{1+e\sin\phi}\right)^{\frac{e}{2}}\right]$$

式中，$t = \mathrm{e}^{-\frac{y}{a}}$，这里的 e 是自然对数的底。第一个迭代使用的 φ 可以使用这样的式子计算：$\varphi=\pi/2-2\arctan t$。每次把 φ 代入上面迭代公式的右边，计算出公式左边新的 φ，如此不断迭代计算，直到两次计算得到的 φ 的差值小于给定的精度为止。

墨卡托投影类的声明代码如下：

```
class CMercator final : public CMapProjection
{
private:
    double _ScaleForStandardParallel;                // 标准纬线的比例

private:
    virtual void SetParameter() override;            // 设置投影参数

public:
    virtual void TransForward(                       // 投影正变换
        double FromLongi, double FromLati, double& ToX, double& ToY) override;
    virtual void TransBackward(                      // 投影逆变换
        double ToX, double ToY, double& FromLongi, double& FromLati) override;
};
```

墨卡托投影的正变换实现代码如下：

```
void CMercator::TransForward(double FromLongi, double FromLati,
    double& ToX, double& ToY)
{
    FromLongi = NormalizeLongitude(FromLongi +
        _PrimeMeridian - _CentrolMeridian) * _Degree2Radian;
    FromLati *= _Degree2Radian;

    ToX = _CRS._SemiMajorAxis * FromLongi * _ScaleForStandardParallel;
    ToY = _CRS._SemiMajorAxis * log(tan(FromLati / 2. + numbers::pi / 4.) *
        pow((1. - _Eccentricity * sin(FromLati)) / (1. + _Eccentricity *
        sin(FromLati)), _Eccentricity / 2.)) * _ScaleForStandardParallel;

    ToX = ToX / _LengthUnit + _FalseEasting;
    ToY = ToY / _LengthUnit + _FalseNorthing;
}
```

墨卡托投影的逆变换实现代码如下：

```
void CMercator::TransBackward(double ToX, double ToY,
    double& FromLongi, double& FromLati)
{
    ToX = (ToX - _FalseEasting) * _LengthUnit;
    ToY = (ToY - _FalseNorthing) * _LengthUnit;

```

```
    FromLongi = NormalizeLongitude(ToX / _ScaleForStandardParallel /
        _CRS._SemiMajorAxis / _Degree2Radian
        + _CentrolMeridian - _PrimeMeridian);

    auto t = exp(-ToY / _ScaleForStandardParallel / _CRS._SemiMajorAxis);
    double Phi, NewPhi = numbers::pi / 2. - 2. * atan(t);
    do
    {
        Phi = NewPhi;
        NewPhi = numbers::pi / 2. - 2. * atan(t * pow((1. - _Eccentricity
          * sin(Phi))/ (1. + _Eccentricity * sin(Phi)), _Eccentricity / 2.));
    } while (abs(Phi - NewPhi) < 1.e-10);

    FromLati = NewPhi / _Degree2Radian;
}
```

除了墨卡托投影以外，另一个常用的地图投影是兰勃特等角圆锥投影，通常在制作全国地图或省区地图的时候使用。可以参照上述墨卡托投影的实现方法，创建实现兰勃特等角圆锥投影的类 CLamberConformalConic。

兰勃特等角圆锥投影的正变换公式如下：

$$x = \rho \sin\theta$$

$$y = \rho_0 - \rho\cos\theta$$

其中，

$$\rho = aFt^n$$

$$\theta = n(\lambda - \lambda_0)$$

$$\rho_0 = aFt_0^n$$

$$n = (\ln m_1 - \ln m_2)/(\ln t_1 - \ln t_2)$$

$$m = \cos\varphi / \left(1 - e^2\sin^2\varphi\right)^{1/2}$$

$$F = m_1 / \left(nt_1^n\right)$$

$$t = \tan(\pi/4 - \varphi/2) / \left[(1 - e\sin\varphi)/(1 + e\sin\varphi)\right]^{e/2}$$

兰勃特投影的逆变换公式为

$$\varphi = \pi/2 - 2\tan^{-1}\left\{t\left[(1 - e\sin\varphi)/(1 + e\sin\varphi)\right]^{e/2}\right\}$$

$$\lambda = \theta / n + \lambda_0$$

其中，

$$t = \left(\rho / aF\right)^{1/n}$$

$$\rho = \pm\left[x^2 - \left(\rho_0 - y\right)^2\right]^{1/2}$$

$$\theta = \tan^{-1}\left[x / \left(\rho_0 - y\right)\right]$$

三、投影坐标系之间的转换

投影坐标系之间的转换称为重投影，通常是把一种地图投影坐标系转换成另一种地图投影坐标系。实现的方式一般是把源投影坐标系坐标先进行地图投影的逆变换，转换成地理坐标系的坐标，然后再在不同的源地理坐标系和目标地理坐标系之间进行大地基准的转换，最后再把目标地理坐标系的坐标通过地图投影的正变换转换成目标投影坐标系的坐标。

由于我们前面已经实现了地理坐标系之间的转换以及地图投影变换，在实现投影坐标系之间的转换时，只要设计一个 CCoordSysTrans 类来使用不同的地理坐标系转换和地图投影转换即可。这个类和前面讨论的类之间的关系如图 9-4 所示。

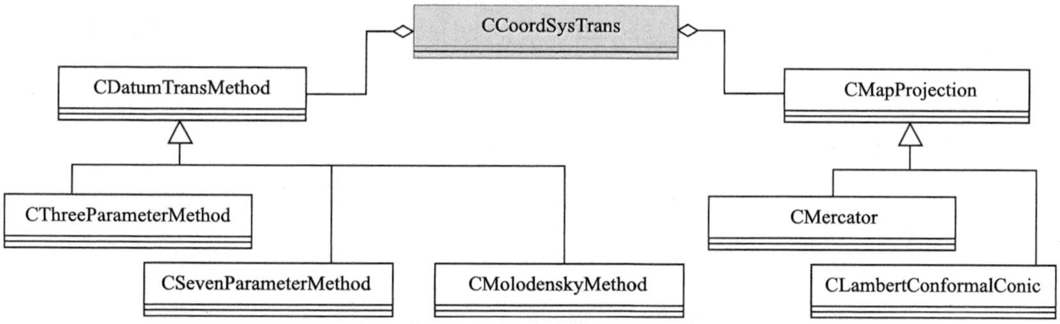

图 9-4　投影坐标系之间转换的 UML 类图

从图中可以看出，整个坐标系之间转换的实现采用了设计模式中的简单工厂模式和策略模式的结合。CCoordSysTrans 类相当于简单工厂类和上下文类，该类负责根据实际的需求，创建具体的地理坐标系转换方法的对象和具体的地图投影变换对象，然后使用对象的方法来实现具体的变换。CCoordSysTrans 类的声明代码如下：

```
class CCoordSysTrans
{
private:
    CCoordRefSys _FromCRS;                                    // 源坐标系
    CCoordRefSys _ToCRS;                                      // 目标坐标系

    shared_ptr<CDatumTransMethod> _pGeoCSTrans{ nullptr }; // 地理坐标系转换
    shared_ptr<CMapProjection> _pProjectionFrom{ nullptr };  // 源地图投影
    shared_ptr<CMapProjection> _pProjectionTo{ nullptr };   // 目标地图投影

public:
```

```
    void SetFromCRS(const CCoordRefSys& CRS);   // 设置源坐标系
    void SetToCRS(const CCoordRefSys& CRS);     // 设置目标坐标系
    void SetDatumTransMethod(                   // 设置地理坐标系转换方法和参数
        EDatumTrans Method, const vector<double>& Para);
    void TransForward(                          // 坐标系转换
        double x, double y, double z, double& X, double& Y, double& Z);

private:
    void SetMapProjection(                      // 设置地图投影
        const CCoordRefSys& CRS, shared_ptr<CMapProjection> pProjection);
};
```

设置源和目标坐标系的函数实现如下代码所示：

```
void CCoordSysTrans::SetFromCRS(const CCoordRefSys& CRS)
{
    _FromCRS = CRS;
    _FromCRS.GetSpheroidParameters();                     // 设置椭球参数

    if (_FromCRS._ProjectedCS._CSName != "Unknown")       // 是投影坐标系
        SetMapProjection(_FromCRS, _pProjectionFrom);     // 设置地图投影
}

void CCoordSysTrans::SetToCRS(const CCoordRefSys& CRS)
{
    _ToCRS = CRS;
    _ToCRS.GetSpheroidParameters();                       // 设置椭球参数

    if (_ToCRS._ProjectedCS._CSName != "Unknown")         // 是投影坐标系
        SetMapProjection(_ToCRS, _pProjectionTo);         // 设置地图投影
}
```

其中，设置地图投影的函数实现代码如下：

```
void CCoordSysTrans::SetMapProjection(const CCoordRefSys& CRS,
    shared_ptr<CMapProjection> pProjection)
{
    if (CRS._ProjectedCS._ProjectionName == "Mercator")
        pProjection = make_shared<CMercator>();                // 墨卡托投影
    else if (CRS._ProjectedCS._ProjectionName == "Lambert_Conformal_Conic")
        pProjection = make_shared<CLambertConformalConic>(); // 兰勃特等角圆锥

    if (pProjection != nullptr)
        pProjection->SetCRS(CRS);
}
```

设置地理坐标系之间转换的函数实现代码如下：

```
void CCoordSysTrans::SetDatumTransMethod(EDatumTrans Method,
    const vector<double>& Para)
{
    switch (Method)
    {
    case EDatumTrans::ThreeParameterMethod:     // 三参数方法
        _pGeoCSTrans = make_shared<CThreeParameterMethod>();
        break;
    case EDatumTrans::SevenParameterMethod:     // 七参数方法
        _pGeoCSTrans = make_shared<CSevenParameterMethod>();
        break;
    case EDatumTrans::MolodenskyMethod:         // Molodensky 方法
        _pGeoCSTrans = make_shared<CMolodenskyMethod>();
        break;
    }

    if  (_pGeoCSTrans != nullptr)
    {
        _pGeoCSTrans->SetCRS(_FromCRS, _ToCRS);
        _pGeoCSTrans->SetParameter(Para);
    }
}
```

最后是总的坐标系之间的转换实现代码：

```
void CCoordSysTrans::TransForward(double x, double y, double z,
    double& X, double& Y, double& Z)
{
    double Longi_1 = x, Lati_1 = y, Alti_1 = z;
    if (_FromCRS._ProjectedCS._CSName != "Unknown")          // 投影逆变换
        _pProjectionFrom->TransBackward(x, y, Longi_1, Lati_1);

    double Longi_2 = Longi_1, Lati_2 = Lati_1, Alti_2 = Alti_1;
    if (_pGeoCSTrans != nullptr)                              // 地理坐标系变换
        _pGeoCSTrans->TransForward(Longi_1, Lati_1, Alti_1,
        Longi_2, Lati_2, Alti_2);

    X = Longi_2, Y = Lati_2, Z = Alti_2;
    if (_ToCRS._ProjectedCS._CSName != "Unknown")             // 投影正变换
        _pProjectionTo->TransForward(Longi_2, Lati_2, X, Y);
}
```

图 9-5 所示为我们实现的一个用来选择坐标参照系的对话框界面，用户可以在预定义的坐标参照系中进行选取，然后获得相应的坐标系元数据字符串。

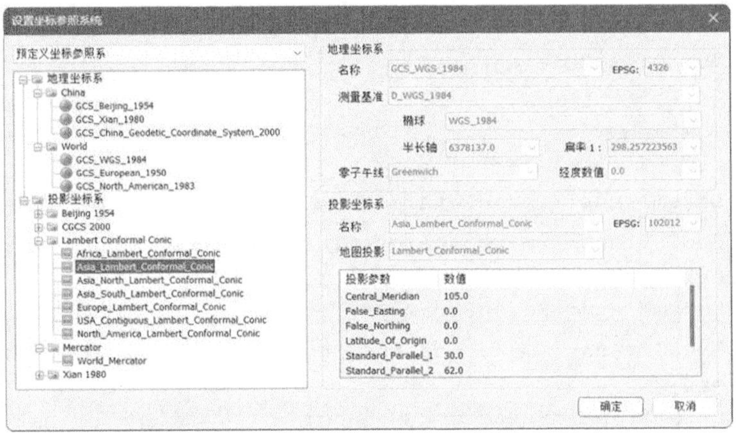

图 9-5　选择预定义的坐标系获得元数据字符串的对话框界面

图 9-6 则是实现空间数据转换的时候设置转换参数的对话框，包括输入矢量数据的文件名，如墨卡托投影的面状矢量数据 Shapefile 文件；从墨卡托投影到兰勃特等角圆锥投影进行转换，要选择输入和转换输出的数据的坐标系元数据；还要设置输出的兰勃特投影的矢量数据 Shapefile 文件名。

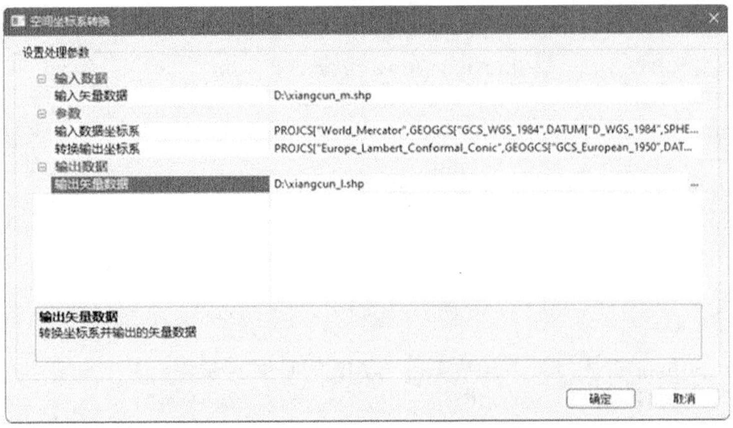

图 9-6　空间坐标系转换参数设置的对话框界面

图 9-7(a)显示的是原始的基于墨卡托投影坐标系的面状矢量数据，而图 9-7(b)显示的是经过坐标系转换后生成的兰勃特等角圆锥投影坐标系的面状矢量数据。可以看出同样的空间数据基于不同的投影，其形状是有区别的。

(a)原始　　(b)转换后

图 9-7　墨卡托投影坐标系原始与转换后的兰勃特等角圆锥投影坐标系的矢量数据

实 验 习 题

1. 实现七参数法和 Molodensky 法的代码。
2. 实现兰勃特等角圆锥投影的代码。
3. 设有下列两个投影坐标系，第一个是墨卡托投影坐标系，其 prj 文件内容为

```
PROJCS["World_Mercator",GEOGCS["GCS_WGS_1984",DATUM["D_WGS_1984",SPHEROID["WGS_1984",6378137.0,298.257223563]],PRIMEM["Greenwich",0.0],UNIT["Degree",0.0174532925199433]],PROJECTION["Mercator"],PARAMETER["False_Easting",0.0],PARAMETER["False_Northing",0.0],PARAMETER["Central_Meridian",0.0],PARAMETER["Standard_Parallel_1",0.0],UNIT["Meter",1.0]]
```

第二个为兰勃特等角圆锥投影，其 prj 文件内容为

```
PROJCS["Asia_Lambert_Conformal_Conic",GEOGCS["GCS_WGS_1984",DATUM["D_WGS_1984",SPHEROID["WGS_1984",6378137.0,298.257223563]],PRIMEM["Greenwich",0.0],UNIT["Degree",0.0174532925199433]],PROJECTION["Lambert_Conformal_Conic"],PARAMETER["False_Easting",0.0],PARAMETER["False_Northing",0.0],PARAMETER["Central_Meridian",105.0],PARAMETER["Standard_Parallel_1",30.0],PARAMETER["Standard_Parallel_2",62.0],PARAMETER["Latitude_Of_Origin",0.0],UNIT["Meter",1.0]]
```

请编写程序，将墨卡托投影坐标正变换成兰勃特等角圆锥投影坐标，再实现其逆变换。

主要参考文献

边少锋，柴洪洲，金际航. 2005. 大地坐标系与大地基准[M]. 北京：国防工业出版社.
孙达，蒲英霞. 2012. 地图投影[M]. 2 版. 南京：南京大学出版社.

第十章　几何变换算法

第一节　仿射变换、多项式变换和射影变换

一、仿射变换

仿射变换是 GIS 中最常用的一种几何变换，仿射变换除了允许对空间要素进行平移、旋转和不等量缩放等基本变换以外，还允许进行剪切（或称为扭曲）的变换，即角度的变化，但保持原有的平行性不变，也就是原来平行的几何特征在变换后仍保持平行。仿射变换对于通过扫描的地图图像进行数字化前的配准十分有用，因为标准的纸质地图扫描以后产生的变形基本上都可以通过仿射变换来改正。

仿射变换是以 6 个待定系数的二元一次方程组实现的，公式如下：

$$\begin{cases} X = a_0 + a_1 x + a_2 y \\ Y = b_0 + b_1 x + b_2 y \end{cases}$$

式中，x, y 为输入设备坐标；X,Y 为输出地图坐标；a_0、a_1、a_2 和 b_0、b_1、b_2 为 6 个变换系数。可以通过三个已知控制点的坐标来计算这 6 个系数。而实际应用中为了获得更高精度的 6 个变换系数，减少转换误差，通常采集多于 3 个的控制点，并使用最小二乘法来计算这 6 个系数，如下面的公式所示：

$$A = \begin{bmatrix} \sum_{i=1}^{n} 1 & \sum_{i=1}^{n} x_i & \sum_{i=1}^{n} y_i \\ \sum_{i=1}^{n} x_i & \sum_{i=1}^{n} x_i^2 & \sum_{i=1}^{n} x_i y_i \\ \sum_{i=1}^{n} y_i & \sum_{i=1}^{n} x_i y_i & \sum_{i=1}^{n} y_i^2 \end{bmatrix}$$

$$\begin{bmatrix} a_0 \\ a_1 \\ a_2 \end{bmatrix} = A^{-1} \begin{bmatrix} \sum_{i=1}^{n} X_i \\ \sum_{i=1}^{n} x_i X_i \\ \sum_{i=1}^{n} y_i X_i \end{bmatrix}, \quad \begin{bmatrix} b_0 \\ b_1 \\ b_2 \end{bmatrix} = A^{-1} \begin{bmatrix} \sum_{i=1}^{n} Y_i \\ \sum_{i=1}^{n} x_i Y_i \\ \sum_{i=1}^{n} y_i Y_i \end{bmatrix}$$

式中，n 为控制点的个数；x_i，y_i 为控制点 i 的数字化设备坐标；X_i，Y_i 为控制点 i 的已知地图坐标。

通过最小二乘法计算出 6 个变换系数以后，可以使用均方根误差的统计方法来检验转换

的精度。均方根误差在变换中也称为控制点的残差，是控制点的已知地图坐标值和通过仿射变换的估计坐标值之间的偏差。对于一个控制点而言，其均方根误差的计算公式如下：

$$\sqrt{(X_{\mathrm{a}}-X_{\mathrm{e}})^2+(Y_{\mathrm{a}}-Y_{\mathrm{e}})^2}$$

式中，X_{a}、Y_{a} 为控制点已知地图坐标值；X_{e}、Y_{e} 是控制点仿射变换估算坐标值。对于所有选定的控制点，还可以计算平均的均方根误差，体现了总体的精度。公式如下所示，其中，n 为选定的控制点的个数。

$$\sqrt{\left(\sum_{i=1}^{n}(x_{\mathrm{a},i}-x_{\mathrm{e},i})^2+\sum_{i=1}^{n}(y_{\mathrm{a},i}-y_{\mathrm{e},i})^2\right)\Big/n}$$

相似变换是一种特殊的仿射变换，比仿射变换更简单。相似变换只有平移、旋转和等量缩放三种基本变换，那么，相似变换的方程中只有四个未知系数：

$$\begin{cases} X = a_0 + a_1x + a_2y \\ Y = b_0 - a_2x + a_1y \end{cases}$$

那么，运用最小二乘法，可以得到如下公式：

$$\begin{cases} \Delta x_i = X_i - (a_0 + a_1x_i + a_2y_i) \\ \Delta y_i = Y_i - (b_0 - a_2x_i + a_1y_i) \end{cases}$$

$$\frac{\partial\sum_{i=1}^{n}(\Delta x_i)^2}{\partial a_0}=0$$

$$\frac{\partial\sum_{i=1}^{n}(\Delta y_i)^2}{\partial b_0}=0$$

$$\frac{\partial\left[\sum_{i=1}^{n}(\Delta x_i)^2+\sum_{i=1}^{n}(\Delta y_i)^2\right]}{\partial a_1}=0$$

$$\frac{\partial\left[\sum_{i=1}^{n}(\Delta x_i)^2+\sum_{i=1}^{n}(\Delta y_i)^2\right]}{\partial a_2}=0$$

四个方程展开整理如下：

$$\sum_{i=1}^{n}(X_i - a_0 - a_1x_i - a_2y_i) = 0$$

$$\sum_{i=1}^{n}\left(Y_i-b_0+a_2x_i-a_1y_i\right)=0$$

$$\sum_{i=1}^{n}\left(X_i-a_0-a_1x_i-a_2y_i\right)x_i+\sum_{i=1}^{n}\left(Y_i-b_0+a_2x_i-a_1y_i\right)y_i=0$$

$$-\sum_{i=1}^{n}\left(X_i-a_0-a_1x_i-a_2y_i\right)y_i+\sum_{i=1}^{n}\left(Y_i-b_0+a_2x_i-a_1y_i\right)x_i=0$$

写成矩阵的形式，就是

$$\begin{bmatrix}\sum_{i=1}^{n}1 & \sum_{i=1}^{n}x_i & \sum_{i=1}^{n}y_i & 0\\ \sum_{i=1}^{n}x_i & \sum_{i=1}^{n}(x_i^2+y_i^2) & 0 & \sum_{i=1}^{n}y_i\\ -\sum_{i=1}^{n}y_i & 0 & -\sum_{i=1}^{n}(x_i^2+y_i^2) & \sum_{i=1}^{n}x_i\\ 0 & \sum_{i=1}^{n}y_i & -\sum_{i=1}^{n}x_i & \sum_{i=1}^{n}1\end{bmatrix}\begin{bmatrix}a_0\\a_1\\a_2\\b_0\end{bmatrix}=\begin{bmatrix}\sum_{i=1}^{n}x_i\\ \sum_{i=1}^{n}(X_ix_i+Y_iy_i)\\ \sum_{i=1}^{n}(Y_ix_i-X_iy_i)\\ \sum_{i=1}^{n}Y_i\end{bmatrix}$$

平移变换是一种更加简单的仿射变换，方程中只有两个未知的系数：

$$\begin{cases}X=a_0+x\\ Y=b_0+y\end{cases}$$

运用最小二乘法，可以得到如下公式：

$$\begin{cases}\Delta x_i=X_i-a_0-x_i\\ \Delta y_i=Y_i-b_0-y_i\end{cases}$$

$$\sum_{i=1}^{n}\left(X_i-a_0-x_i\right)=0\text{，}\quad\sum_{i=1}^{n}\left(Y_i-b_0-y_i\right)=0$$

写成矩阵的形式，就是

$$\begin{bmatrix}\sum_{i=1}^{n}1 & 0\\ 0 & \sum_{i=1}^{n}1\end{bmatrix}\begin{bmatrix}a_0\\b_0\end{bmatrix}=\begin{bmatrix}\sum_{i=1}^{n}\left(X_i-x_i\right)\\ \sum_{i=1}^{n}\left(Y_i-y_i\right)\end{bmatrix}$$

所以，两个系数的数值为坐标差值的平均值：

$$\begin{cases}a_0=\sum_{i=1}^{n}\left(X_i-x_i\right)/n\\ b_0=\sum_{i=1}^{n}\left(Y_i-y_i\right)/n\end{cases}$$

二、高次多项式变换

在 GIS 的几何变换中，通常还可以包含比一次多项式仿射变换次数更高的多项式变换，在使用的时候用户可以指定多项式的次数，从而运用高次多项式。高次多项式的变换并不能像仿射变换那样使得直线变换后仍然是直线，即直线往往变换成曲线。高次多项式的变换主要用于摄影测量中的航拍相片的配准，或卫星影像的配准。因为照片和影像上存在地形起伏，并不是地图平面之间的几何变换。

仿射变换其实可以看作是多项式变换的一个特例。当次数等于 1 时就是仿射变换，当次数等于 2 时，变换公式如下所示：

$$\begin{cases} X = a_0 + a_1x + a_2y + a_3x^2 + a_4xy + a_5y^2 \\ Y = b_0 + b_1x + b_2y + b_3x^2 + b_4xy + b_5y^2 \end{cases}$$

多项式的次数与变换系数个数之间的关系可以从表 10-1 中体现出来：

表 10-1 多项式次数和对应多项式的项

独立项	项次	表面性质	项数
$z = a_0$	0	平面	1
$+ a_1x + a_2y$	1	线性	2
$+ a_3x^2 + a_4xy + a_5y^2$	2	二次抛物面	3
$+ a_6x^3 + a_7y^3 + a_8x^2y + a_9xy^2$	3	三次曲面	4
$+ a_{10}x^4 + a_{11}y^4 + a_{12}x^3y + a_{13}x^2y^2 + a_{14}xy^3$	4	四次曲面	5

三、射影变换

仿射变换保持线的平行性不变，但射影变换不能保持线的平行性，只能保持点的共线性。所以，仿射变换可以把一个矩形变换成平行四边形，而射影变换则会把矩形变换为梯形。射影变换通常以如下的公式进行：

$$\begin{bmatrix} X \\ Y \\ 1 \end{bmatrix} = \kappa \begin{bmatrix} a_1 & a_2 & a_3 \\ a_4 & a_5 & a_6 \\ a_7 & a_8 & a_9 \end{bmatrix} \begin{bmatrix} x \\ y \\ 1 \end{bmatrix}$$

上述公式可以整理成如下的形式：

$$\begin{cases} -xa_1 - ya_2 - a_3 + xXa_7 + yXa_8 + Xa_9 = 0 \\ -xa_4 - ya_5 - a_6 + xYa_7 + yYa_8 + Ya_9 = 0 \end{cases}$$

写成矩阵的形式，则为

$$A = \begin{bmatrix} -x & -y & -1 & 0 & 0 & 0 & xX & yX & X \\ 0 & 0 & 0 & -x & -y & -1 & xY & yY & Y \end{bmatrix}$$

$$p=\begin{bmatrix}a_1 & a_2 & a_3 & a_4 & a_5 & a_6 & a_7 & a_8 & a_9\end{bmatrix}^{\mathrm{T}}$$

$$Ap=0$$

实际使用中，当有 n（$n\geqslant 4$）个控制点，则可以形成下面的方程组，求解出变换的系数。

$$\begin{bmatrix}-x_1 & -y_1 & -1 & 0 & 0 & 0 & x_1X_1 & y_1X_1 & X_1\\ 0 & 0 & 0 & -x_1 & -y_1 & -1 & x_1Y_1 & y_1Y_1 & Y_1\\ -x_2 & -y_2 & -1 & 0 & 0 & 0 & x_2X_2 & y_2X_2 & X_1\\ 0 & 0 & 0 & -x_2 & -y_2 & -1 & x_2Y_2 & y_2Y_2 & Y_2\\ \vdots & \vdots & \vdots & \vdots & \vdots & \vdots & \vdots & \vdots & \vdots\\ -x_n & -y_n & -1 & 0 & 0 & 0 & x_nX_n & y_nX_n & X_n\\ 0 & 0 & 0 & -x_n & -y_n & -1 & x_nY_n & y_nY_n & Y_n\end{bmatrix}\begin{bmatrix}a_1\\a_2\\a_3\\a_4\\a_5\\a_6\\a_7\\a_8\\a_9\end{bmatrix}=\begin{bmatrix}0\\0\\0\\0\\0\\0\\0\\0\\0\end{bmatrix}$$

第二节　几何变换的实现

由于几何变换有多种不同的变换方法，但这些方法的行为都是相似的。所以实现的时候可以采用简单工厂模式加上策略模式的设计模式来实现不同类之间的关系，如图 10-1 所示。

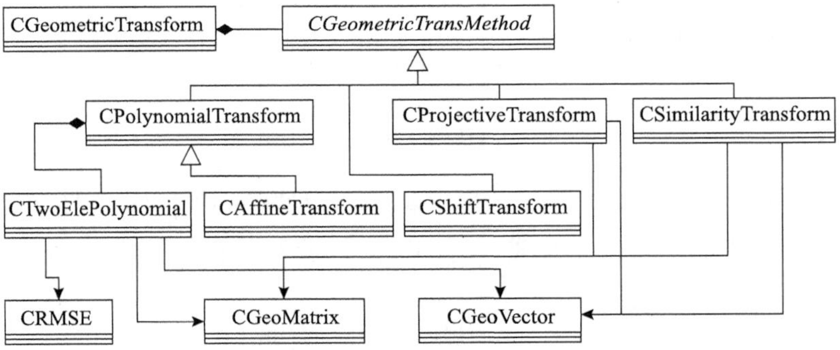

图 10-1　几何变换的 UML 类图

几何变换 CGeometricTransform 类中包含一个作为接口的几何变换方法 CGeometricTransMethod 类，它是纯虚类，作为具体的几何变换方法类的基类。具体的多项式变换 CPolynomialTransform 类、射影变换 CProjectiveTransform、平移变换 CShiftTransform 类和相似变换 CSimilarityTransform 类都是继承了几何变换方法类而派生的类。由于仿射变换 CAffineTransform 类可以看作是多项式变换类的一个特例，即一次多项式的变换，所以可以从多项式变换类中派生出来。

一、多项式变换类的实现

我们可以把一次多项式的仿射变换和高次多项式变换放在一起实现，为了实现二元多项式的构造和系数估算，以及计算多项式的值，可以设计一个专门用来处理二元多项式的类

CTwoElePolynomial，代码如下：

```
class CTwoElePolynomial                                    // 二元多项式类
{
public:
    explicit CTwoElePolynomial(size_t Order = 1);         // 构造函数

    void SetOrder(size_t Order);                           // 设置幂次
    double EstimateCoef(const vector<XY>& XYSet,           // 估算系数,返回误差
        const vector<double>& ValueSet);
    double EstimateValue(const XY& xy) const;              // 计算多项式数值

private:
    size_t _Order{ 1 };                                    // 二元多项式幂次
    size_t _ItemNum;                                       // 二元多项式的项数

    vector<size_t> _XPower;                                // X 项的幂
    vector<size_t> _YPower;                                // Y 项的幂
    vector<double> _Coef;                                  // 系数

private:
    void Initialize();                                     // 初始化
    size_t GetItemNum(size_t Order) const;                 // 求项数
    double GetMatrixElement(const vector<XY>& XYSet,       // 计算矩阵元素
        size_t XPower, size_t YPower,  const vector<double>& ValueSet) const;
    double RMSE(const vector<XY>& XYSet,                   // 计算均方根误差
        const vector<double>& ValueSet) const;
};
```

在实现函数的时候，由于需要解线性方程组，所以要借助于矩阵计算。我们虽然可以自行设计并实现一个矩阵运算 CGeoMatrix 类及向量运算 CGeoVector 类，但通常为了实现较高的计算效率并保证计算的有效性，不必自己重复制造轮子，完全可以采用一些开源的矩阵计算代码库，如 OpenCV、Eigen、ViennaCL 和 uBLAS 等。这里我们可以把 CGeoMatrix 类和 CGeoVector 类作为某个开源矩阵计算库的接口来设计，如使用 Eigen 库，向量类的代码如下：

```
class CGeoVector                                           // 向量类
{
private:
    unique_ptr<Eigen::VectorXd> _pVector{ nullptr };       // 封装 Eigen 向量

public:
    explicit CGeoVector(int Num);                          // 构造函数
    CGeoVector(const Eigen::VectorXd& v);

public:
    double& operator () (int Num);                         // 向量元素引用
```

```
    Eigen::VectorXd& GetRawData() const;            // Eigen 原始数据
};
```

使用 Eigen 库的矩阵类的代码如下：

```
class CGeoMatrix                                    // 矩阵类
{
private:
    unique_ptr<Eigen::MatrixXd> _pMatrix{ nullptr };   // 封装 Eigen 向量

public:
    CGeoMatrix(int RowNum, int ColNum);             // 构造函数
    CGeoMatrix(const Eigen::MatrixXd& m);

public:
    double& operator () (int Row, int Col);         // 矩阵元素引用
    Eigen::MatrixXd& GetRawData() const;            // Eigen 原始数据

    CGeoVector Solve(const CGeoVector& v) const ;   // 解线性方程组
};
```

有了矩阵类的帮助，我们就可以实现二元多项式的相应功能，如一个二元多项式的初始化方法的代码如下：

```
void CTwoElePolynomial::Initialize()                // 二元多项式的初始化
{
    _ItemNum = GetItemNum(_Order);                  // 多项式项数
    _XPower.resize(_ItemNum);
    _YPower.resize(_ItemNum);

    for (size_t i = 0; i <= _Order; ++i)            // 设置各项的幂次
    {
        auto LastNum = GetItemNum(i - 1);
        auto Len = GetItemNum(i) - LastNum;

        for (size_t j = 0; j < Len; ++j)
        {
            _XPower[LastNum + j] = i - j;           // X 项的幂
            _YPower[LastNum + j] = j;               // Y 项的幂
        }
    }

    _Coef.resize(_ItemNum);
}
```

计算矩阵元素值的方法代码如下：

```
double CTwoElePolynomial::GetMatrixElement(const vector<XY>& XYSet,
    size_t XPower, size_t YPower, const vector<double>& ValueSet) const
{
    double result = 0.;
    for (size_t i = 0; i < XYSet.size(); ++i)
    {
        result += ValueSet[i] * pow(XYSet[i].X(), XPower) *// X项乘方
            pow(XYSet[i].Y(), YPower);                    // Y项乘方
    }

    return result;
}
```

估算二元多项式系数的函数代码如下：

```
double CTwoElePolynomial::EstimateCoef(const vector<XY>& XYSet,
    const vector<double>& ValueSet)
{
    CGeoMatrix Matrix(_ItemNum, _ItemNum);                   // 矩阵
    vector<double> One(XYSet.size(), 1.0);                   // 常数1向量

    for (size_t i = 0; i < _ItemNum; ++i)
        for (size_t j = 0; j < _ItemNum; ++j)
            if (i <= j)
                Matrix(i, j) = GetMatrixElement(XYSet,
                  _XPower[i] + _XPower[j], _YPower[i] + _YPower[j], One);
            else
                Matrix(i, j) = Matrix(j, i);

    CGeoVector V(_ItemNum);
    for (size_t i = 0; i < _ItemNum; ++i)
        V(i) = GetMatrixElement(XYSet, _XPower[i], _YPower[i], ValueSet);

    CGeoVector CoefVector = Matrix.Solve(V);                 // 解线性方程组

    for (size_t i = 0; i < _ItemNum; ++i)
        _Coef[i] = CoefVector(i);                            // 获得系数

    return RMSE(XYSet, ValueSet);                            // 返回均方根误差
}
```

估算出系数，就可以用来进行数值的估算了，代码如下：

```
double CTwoElePolynomial::EstimateValue(const XY& xy) const
{
    double v = 0.;
    for (size_t i = 0; i < _ItemNum; ++i)
       v += _Coef[i] * pow(xy.X(), _XPower[i]) * pow(xy.Y(), _YPower[i]);
```

```

    return v;
}
```

在实现了二元多项式类的基础上，就可以进一步实现多项式变换类 CPolynomialTransform。不过在此之前，还要先将其基类 CGeometricTransMethod 实现起来，该基类是所有二维平面上几何变换方法的总基类，该基类只是作为接口来使用，所以非常简单，代码如下所示：

```
class CGeometricTransMethod
{
public:
    // 创建变换模型,PreCoords 是变换前控制点坐标,PostCoords 是变换后控制点坐标
    virtual void BuildModel(const vector<XY>& PreCoords,
        const vector<XY>& PostCoords) = 0;

    // 运用变换模型计算点 InCoord 的变换结果
    virtual XY Transform(const XY& InCoord) const = 0;

    // 得到至少需要多少个控制点的数据才能建立变换模型
    virtual int GetControlPointMinCount() const = 0;
};
```

多项式变换的派生类 CPolynomialTransform 代码如下：

```
class CPolynomialTransform : public CGeometricTransMethod  // 多项式变换类
{
public:
    CPolynomialTransform(size_t Order = 1);                // 构造函数

    virtual void BuildModel(const vector<XY>& PreCoords,   // 建立变换的模型
        const vector<XY>& PostCoords) override;
    virtual XY Transform(const XY& InCoord) const override;   // 坐标变换计算
    virtual int GetControlPointMinCount() const override;  // 最少控制点数

private:
    size_t _Order;                                         // 多项式的幂次
    CTwoElePolynomial _TransModelX;                        // X 变换模型
    CTwoElePolynomial _TransModelY;                        // Y 变换模型
};
```

构造函数的实现很简单：

```
CPolynomialTransform::CPolynomialTransform(size_t Order /*= 1*/)
    : _Order(Order)
{
    _TransModelX.SetOrder(_Order);
    _TransModelY.SetOrder(_Order);
```

```
}
```

创建变换模型的函数代码如下：

```
void CPolynomialTransform::BuildModel(const vector<XY>& PreCoords,
    const vector<XY>& PostCoords)
{
    vector<double> PostX, PostY;
    for (const auto& xy : PostCoords)
    {
        PostX.push_back(xy.X());
        PostY.push_back(xy.Y());
    }

    _TransModelX.EstimateCoef(PreCoords, PostX);    // 估算 X 变换模型的系数
    _TransModelY.EstimateCoef(PreCoords, PostY);    // 估算 Y 变换模型的系数
}
```

对一个坐标使用多项式变换，计算变换结果的函数：

```
XY CPolynomialTransform::Transform(const XY& InCoord) const
{
    XY OutCoord(_TransModelX.EstimateValue(InCoord),    // 估算 X 值
        _TransModelY.EstimateValue(InCoord));          // 估算 Y 值
    return move(OutCoord);
}
```

最后是计算建模所需的最小控制点数量，代码如下：

```
int CPolynomialTransform::GetControlPointMinCount() const
{
    return _TransModelX.GetItemNum(_Order);
}
```

二、仿射变换类的实现

实现了上述的多项式变换，仿射变换的实现类就极其简单，将多项式变换的幂次 Order 设为 1 即是仿射变换。定义该类代码如下：

```
class CAffineTransform final : public CPolynomialTransform
{
public:
    CAffineTransform();
};

CAffineTransform::CAffineTransform()
    : CPolynomialTransform(1)
{
```

```
}
```

三、射影变换类的实现

同样，射影变换类的声明代码如下，其实现留给学生们完成。

```
class CProjectiveTransform final : public CGeometricTransMethod
{
public:
    virtual void BuildModel(const vector<XY>& PreCoords,
        const vector<XY>& PostCoords) override;
    virtual XY Transform(const XY& InCoord) const override;
    virtual int GetControlPointMinCount() const override;

private:
    double _Para[9];                                // 9个变换系数
};
```

四、平移变换类的实现

平移变换类要计算两个平移的系数，类声明代码如下：

```
class CShiftTransform : public CGeometricTransMethod
{
public:
    virtual void BuildModel(const vector<XY>& PreCoords,
        const vector<XY>& PostCoords) final;
    virtual XY Transform(const XY& InCoord) const final;
    virtual int GetControlPointMinCount() const final;

private:
    double _Para[2];                                // 两个平移系数
};
```

平移变换模型的建立，就是计算坐标差值的平均数。代码如下：

```
void CShiftTransform::BuildModel(const vector<XY>& PreCoords,
    const vector<XY>& PostCoords)
{
    double SumDX = 0., SumDY = 0.;
    size_t n = PreCoords.size();
    for (size_t i = 0; i < n; ++i)
    {
        SumDX += PostCoords[i].X() - PreCoords[i].X();
        SumDY += PostCoords[i].Y() - PreCoords[i].Y();
    }

    _Para[0] = SumDX / static_cast<double>(n);
```

```
    _Para[1] = SumDY / static_cast<double>(n);
}
```

平移变换的计算和最小控制点数量的实现函数代码如下：

```
XY CShiftTransform::Transform(const XY& InCoord) const
{
    auto X = _Para[0] + InCoord.X();
    auto Y = _Para[1] + InCoord.Y();
    return XY(X, Y);
}

int CShiftTransform::GetControlPointMinCount() const
{
    return 1;        // 平移变换最少只需要一个控制点
}
```

五、几何变换类的实现

最后，需要一个总的可以根据需要调用各种几何变换方法的类，代码如下：

```
enum class EGeomTransf
{
    Shift,             // 平移变换
    Similarity,        // 相似变换
    Affine,            // 仿射变换
    Polynomial,        // 高次多项式变换
    Projective         // 射影变换
};

class CGeometricTransform
{
private:
    unique_ptr<CGeometricTransMethod> _pMethod{ nullptr }; // 变换方法

public:
    void SetTransformMethod(EGeomTransf Method, int Order = 1);// 设置变换方法
    void BuildModel(const vector<XY>& PreCoords,
        const vector<XY>& PostCoords);
    XY Transform(const XY& PointIn) const;
    int GetMinControlPoints() const;                    // 得到最少需要的控制点数量

private:
    void EstimateError(const vector<XY>& PreCoords,     // 计算残差和均方根误差
        const vector<XY>& PostCoords);

public:
```

```
    vector<double> _ResidualX;                      // X 残差
    vector<double> _ResidualY;                      // Y 残差
    vector<double> _Residual;                       // 残差
    double _RMSError{ 0. };                         // 均方根误差
};
```

设置变换方法的函数定义如下：

```
void CGeometricTransform::SetTransformMethod(EGeomTransf Method, int Order)
{
    switch (Method)
    {
    case EGeomTransf::Shift:            // 平移变换
        _pMethod = make_unique<CShiftTransform>();
        break;
    case EGeomTransf::Similarity:       // 相似变换
        _pMethod = make_unique<CSimilarityTransform>(Order);
        break;
    case EGeomTransf::Affine:           // 仿射变换
        _pMethod = make_unique<CAffineTransform>();
        break;
    case EGeomTransf::Polynomial:       // 高次多项式变换
        _pMethod = make_unique<CPolynomialTransform>(Order);
        break;
    case EGeomTransf::Projective:       // 射影变换
        _pMethod = make_unique<CProjectiveTransform>();
        break;
    default:
        _pMethod = nullptr;
    }
}
```

建立变换的模型、对坐标进行几何变换以及获得最小建模控制点数的函数代码如下：

```
void CGeometricTransform::BuildModel(const vector<XY>& PreCoords,
    const vector<XY>& PostCoords)
{
    _pMethod->BuildModel(PreCoords, PostCoords);
    EstimateError(PreCoords, PostCoords);                  // 计算误差
}

XY CGeometricTransform::Transform(const XY& PointIn) const
{
    XY PointOut = _pMethod->Transform(PointIn);
    return move(PointOut);
}

```

```
int CGeometricTransform::GetMinControlPoints() const
{
    return _pMethod->GetControlPointMinCount();
}
```

图 10-2 是对地图的图像进行纠正和地理配准的实例，通过在图像窗口中单击控制点，采集控制点在图像上的坐标。图中采集了四个控制点，其图像坐标显示在旁边的几何变换窗口中的列表里。图像坐标 *X* 是控制点在图像中的所在像素的列坐标，图像坐标 *Y* 是控制点在图像中的所在像素的行坐标。用户相应地输入各个控制点对应的地图坐标 *X* 和地图坐标 *Y*，然后在几何变换模型的下拉列表中选择仿射变换。单击工具栏上的“fx”图标按钮，就可以按照控制点建立仿射变换的模型，并计算出每个控制点在 *X* 和 *Y* 方向上的残差、残差和总的均方根误差。

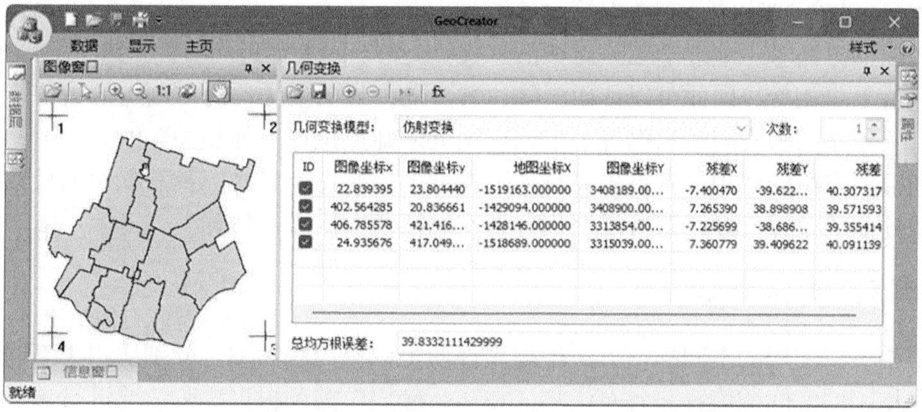

图 10-2　使用几何变换进行图像纠正和地理配准的实例

实 验 习 题

1. 编程实现相似变换的类。
2. 编程实现射影变换的类。

主要参考文献

马劲松．2020．地理信息系统基础原理与关键技术[M]．南京：东南大学出版社.

第十一章　空间插值算法

第一节　空间插值算法概述

一、空间插值原理

空间插值方法在 GIS 中主要是被用来生成空间上连续分布现象的空间数据，也称为场数据。常见的场数据有栅格数据形式的数字高程模型（DEM）、温度场的分布数据、降水量的分布数据、大气污染物的分布数据等。

空间插值方法基于地理学第一定律的思想，认为空间上邻近的事物，其性质存在相关性，所以在数值上也相似，因此可以使用已知位置上的测量数值（称为控制点的数值，如高程点的高程、气象站的温度测量数据等）来估算附近未知点位置上的相关数值。

空间插值方法的使用通常首先要具备一系列的控制点位置坐标及其上的测量数值，然后指定需要插值的位置坐标，就可以使用各种空间插值方法进行估算。

二、空间插值方法分类

GIS 中可以使用的空间插值方法根据其性质可以分为几大类，分别适用于不同的应用场合。各种不同的空间插值算法各有优势，在实际应用中需要根据实际情况进行选择，不存在可以适用于一切情况的空间插值方法。

一般而言，GIS 中的空间插值方法可以分为两大类，即全局插值法和局部插值法。全局插值法使用所有的控制点来拟合一个全局的插值模型，这个全局的插值模型可以运用在区域内所有的地方。全局插值法中最主要的方法就是全局多项式插值法，或称趋势面插值法。

和全局插值法相对的是局部插值法，其中又可以具体分为两大类：局部函数拟合法和加权平均法。局部函数拟合法中又以径向基函数法为常用的方法，径向基函数法还包括三种常用的插值方法，即薄板样条函数法、张力样条函数法和规则样条函数法等。加权平均法中，常用的是反距离加权法和克里金法。克里金法中又可以分为三种常用的方法，即普通克里金法、简单克里金法和泛克里金法（也称通用克里金法）。具体的分类如表 11-1 所示。

表 11-1　空间插值方法分类

<table>
<tr><td rowspan="9">空间插值法</td><td>全局插值法</td><td colspan="3">全局多项式（趋势面）</td></tr>
<tr><td rowspan="8">局部插值法</td><td rowspan="4">局部函数拟合法</td><td colspan="2">局部多项式函数</td></tr>
<tr><td rowspan="3">径向基函数</td><td>薄板样条函数</td></tr>
<tr><td>张力样条函数</td></tr>
<tr><td>规则样条函数</td></tr>
<tr><td rowspan="4">加权平均法</td><td colspan="2">反距离加权法</td></tr>
<tr><td rowspan="3">克里金法</td><td>普通克里金</td></tr>
<tr><td>简单克里金</td></tr>
<tr><td>泛克里金</td></tr>
</table>

三、空间插值算法设计

根据空间插值方法的特点，可以把各种算法设计成如图 11-1 的形式。

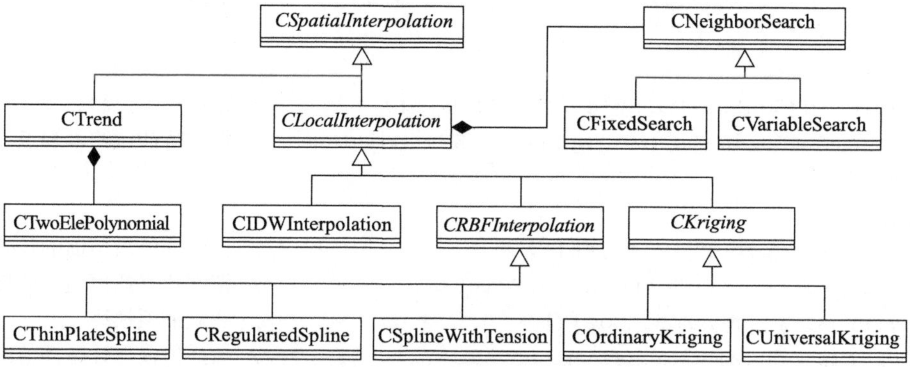

图 11-1　空间插值算法的 UML 类图

总的抽象基类 CSpatialInterpolation 用来概括一些所有空间插值方法都需要的数据和方法，如所用的控制点的数据，需要插值的位置坐标数据。当然，在该类中，还要抽象出所有空间插值算法共有的函数方法，如建立模型和计算插值点的数值。

继承自 CSpatialInterpolation 类的另一个抽象类是 CLocalInterpolation，该类主要用来实现所有的局部插值法都需要的一些功能，如选择控制点的邻域搜索方法。这些选择控制点的邻域搜索方法仅为局部插值法使用，对于局部插值法中每一个需要插值的坐标位置，都需要使用选择控制点的邻域搜索方法从所有的控制点中选取出坐标位置邻域中合适的控制点来进行插值计算，而不是使用所有的控制点来计算。

选择控制点的方法用邻域搜索类 CNeighborSearch 来实现，该基类又可以具体派生出固定范围搜索方法（用类 CFixedSearch 实现）和可变范围搜索方法（用类 CVariableSearch 实现）两类。

从总的抽象基类 CSpatialInterpolation 可以直接派生出类 CTrend 用来实现全局多项式插值即趋势面插值算法，全局多项式插值方法可以直接使用第十章中实现的二元多项式类（即 CTwoElePolynomial 类）来实现模型的建立和数值的估算。

CIDWInterpolation 类从局部插值法类派生出来用于实现反距离加权算法。而对于三种具体的径向基函数插值法，由于它们基本原理非常相似，仅仅区别在使用不同的趋势面函数和径向基函数上，所以，从局部插值法基类中派生出一个新的抽象基类 CRBFInterpolation 来实现所有径向基函数插值算法的共同的功能，进一步从中派生出三个具体的子类，即 CThinPlateSpline 类实现薄板样条函数插值，CRegulariedSpline 类实现规则样条函数插值，CSplineWithTension 类实现张力样条函数插值。

克里金插值也是多种插值方法的总称，所以从局部插值法中先派生出抽象基类 CKriging，然后再进一步派生出具体的克里金插值方法，如普通克里金插值法 COrdinaryKriging 和泛克里金插值法 CUniversalKriging 等。

总的抽象基类实现代码如下：

```
class CSpatialInterpolation
```

```
{
protected:
    vector<XYZM> _ControlPoints;     // 控制点数组,M 分量存放插值的数值
    XYZM _EstimatePoint;             // 需要插值的点位坐标

public:
    void AddControlPoint(const XYZM& p);           // 添加一个控制点
    void SetEstimatePoint(const XYZM& Point);      // 设置待插值的未知点

public:
    virtual void PreProcess();                     // 构建插值模型前的预处理
    virtual bool SelectControlPoints() = 0;        // 搜索建立插值模型的控制点
    virtual void BuildModel() = 0;                 // 建立插值模型
    virtual double GetEstimatedValue() = 0;        // 按插值模型计算插值的数值
};
```

第二节　趋势面插值算法

趋势面插值算法属于全局插值法，主要是由用户选择一种二元多项式来描述整个插值区域数值空间分布的整体趋势，可以选择二元一次多项式 $z = a_0 + a_1x + a_2y$，这是一个空间的斜平面；也可以选择高次的二元多项式，如二元二次多项式趋势面方程为 $z = a_0 + a_1x + a_2y + a_3x^2 + a_4xy + a_5y^2$，这是一个二次曲面（抛物面）。随着多项式次数的增高，曲面更弯曲，可以用来表达更加复杂的地理空间分布等现象。所以，需要由用户来指定多项式方程的次数。

由于在前面第十章讨论几何变换的时候已经论述并实现了高次多项式变换的方法，也就是通过最小二乘法来拟合趋势面方程的方法，所以这里的趋势面插值方法中建立插值模型的方法就可以直接使用前面高次多项式变换的方法。

趋势面插值方法的实现代码如下：

```
class CTrend : public CSpatialInterpolation
{
public:
    CTrend(int Order = 2);

private:
    int _Order;                                    // 趋势面的多项式次数
    unique_ptr<CTwoElePolynomial> _pModel;         // 插值模型

    vector<XY> _XYSet;                             // 控制点的 XY 坐标
    vector<double> _ValueSet;                      // 控制点的数值

public:
    virtual void PreProcess() override;            // 建模预处理
    virtual bool SelectControlPoints() override;   // 搜索建立插值模型的控制点
    virtual void BuildModel() override;            // 建立插值模型
```

```
    virtual double GetEstimatedValue() override;    // 计算插值的数值
};
```

其中，构造函数根据用户指定的多项式次数，来建立多项式方程：

```
CTrend::CTrend(int Order)
    : _Order(Order)
{
    _pModel = make_unique<CTwoElePolynomial>(_Order);
}
```

建模的预处理函数用来把控制点数据复制到多项式函数中：

```
void CTrend::PreProcess()
{
    for (const auto& p : _ControlPoints)
    {
        _XYSet.emplace_back(p.X(), p.Y()); // 复制控制点的坐标数据
        _ValueSet.emplace_back(p.M());     // 复制控制点的数值
    }
}
```

由于趋势面插值是全局插值法，不需要对控制点进行搜索选择，不过在这里，我们把搜索控制点的函数设计成了需要返回一个逻辑值，用来表明控制点的数量是否满足建立插值模型的需要。如果控制点数量少于建模的需要，则返回 false，说明无法进行插值模型的构建。只有控制点数量满足建模要求，才返回 true。所以，根据多项式的次数，可以判断控制点的数量是否满足趋势面多项式建模的需求，代码如下：

```
bool CTrend::SelectControlPoints()
{
    // 控制点数量要大于等于多项式的项数,才可以使用最小二乘法
    return _ControlPoints.size() >= _pModel->GetItemNum();
}
```

当上述方法返回 true 的时候，就可以调用下面的多项式建模方法，来建立多项式的趋势面插值模型：

```
void CTrend::BuildModel()
{
    _pModel->EstimateCoef(_XYSet, _ValueSet);
}
```

上述预处理、选择控制点和建立模型的三个函数在趋势面插值算法中通常只需要按次序分别调用一次即可，然后就可以对任意坐标位置的未知数值点进行趋势面插值，估算出未知点的数值，实现代码如下：

```
double CTrend::GetEstimatedValue()
{
```

```
    return _pModel->EstimateValue(_EstimatePoint);
}
```

第三节　局部插值法及邻域搜索

局部插值法是空间插值法的一种，它使用插值点附近的控制点进行插值，而不是像全局插值法那样使用所有的控制点来插值。局部插值法类的代码如下：

```
class CLocalInterpolation : public CSpatialInterpolation
{
public:
    CLocalInterpolation(ENeighborSearchType SearchType,      // 搜索方法名称
        double MaxSearchRadius, size_t NumPoints);      // 搜索半径和所需控制点数

public:
    virtual bool SelectControlPoints() override;

protected:
    unique_ptr<CNeighborSearch> _pSearchMethod;      // 搜索方法对象指针
    vector<POINT_DISTANCE> _SelectedPoints;          // 保存选中控制点的数组
};
```

在所有的局部插值法中，都要使用选择控制点的邻域搜索算法来找到对于任何一个局部区域来说适合建模的控制点。邻域搜索算法用基类 CNeighborSearch 来实现功能抽象，实际应用中又可以具体派生出固定范围搜索方法（用类 CFixedSearch 实现）和可变范围搜索方法（用类 CVariableSearch 实现）两类。我们先实现邻域搜索基类，代码如下：

```
class CNeighborSearch
{
public:
    CNeighborSearch(double MaxSearchRadius, size_t NumPoints);

protected:
    ENeighborSearchType _Type;                  // 搜索类型
    double _MaxSearchRadius;                    // 最大搜索半径
    size_t _NumPoints;                          // 一共需要搜索到点的数目
    priority_queue<POINT_DISTANCE> _Queue;      // 按距离从小到大排列的优先队列

public:
    // 按中心点 p 在控制点数组 CntlPnts 中搜索点,结果存入 SelectedPoints
    virtual bool SearchNeighbors(const XYZM& p, const vector<XYZM>& CntlPnts,
        vector<POINT_DISTANCE>& SelectedPoints);
};
```

由于这是基类，所以并不具体实现搜索方法，其搜索函数 SearchNeighbors 只是计算了所

有控制点到中心插值点的距离，并对所有控制点按照距离从大到小进行排队，存放入队列中待选。我们先定义其队列中所存放的数据的类如下：

```
struct POINT_DISTANCE    // 保存搜索到的控制点的数组下标和到插值中心点的距离平方
{
    size_t _Index;       // 控制点的数组下标
    float _Distance2;    // 控制点到插值点的距离（平方）

    POINT_DISTANCE(const POINT_DISTANCE& p)
        : _Index(p._Index), _Distance2(p._Distance2) {}
    POINT_DISTANCE(size_t Index, float Distance2)
        : _Index(Index), _Distance2(Distance2) {}

    bool operator < (const POINT_DISTANCE& p) const    // 按照从小到大顺序进队列
    {
        return _Distance2 > p._Distance2;
    }
};
```

邻域搜索函数只计算了控制点到插值点的距离，为了减少计算量，实际计算了距离的平方。而获得参与建模的控制点的方法由具体子类实现。代码如下：

```
bool CNeighborSearch::SearchNeighbors(const XYZM& p,
    const vector<XYZM>& CntlPnts,
    vector<POINT_DISTANCE>& SelectedPoints)
{
    _Queue = {};                                      // 清空队列

    for (size_t i = 0; i < CntlPnts.size(); ++i)
    {
        auto DisToCp2 = pow(CntlPnts[i].X() - p.X(), 2.) +
            pow(CntlPnts[i].Y() - p.Y(), 2.);   // 控制点到插值点的距离平方
        _Queue.emplace(i, DisToCp2);               // 控制点进行排队
    }
    return true;
}
```

一、固定范围搜索方法

固定范围搜索方法指的是用户指定插值点周围搜索控制点的邻域范围大小，这个范围大小通常是以一个半径的数值来设定的，即以插值点位置为圆心，该指定的半径形成的圆的范围就是搜索的范围。凡是落在该范围内的控制点，都可以作为局部建模的控制点。

同时，在该方法中用户还可以指定一个实际需要的控制点的数量，通常是为了建模必需的控制点数量。如果落在搜索范围内的控制点数量大于指定的建模控制点数量，则只选择指定数量的距离插值点最近的控制点。如果在指定搜索范围内找到的所有控制点的数量还不到

用户指定的建模必需的控制点数量，则搜索函数需要返回 false 数值，以示控制点数量太少，不足以支撑后续的建模步骤。

根据上面的方法，我们可以设计出固定范围搜索的类，代码如下：

```
class CFixedSearch : public CNeighborSearch
{
public:
    CFixedSearch(double MaxSearchRadius, size_t NumPoints);

public:
    virtual bool SearchNeighbors(const XYZM& p,
        const vector<XYZM>& CntlPnts,
        vector<POINT_DISTANCE>& SelectedPoints) override;
};
```

具体搜索的实现代码如下：

```
bool CFixedSearch::SearchNeighbors(const XYZM& p,
    const vector<XYZM>& CntlPnts,
    vector<POINT_DISTANCE>& SelectedPoints)
{
    CNeighborSearch::SearchNeighbors(p, CntlPnts, SelectedPoints);

    double Distance2 = _MaxSearchRadius * _MaxSearchRadius;    // 最大距离平方

    while (!_Queue.empty() &&                          // 队列不为空
        _Queue.top()._Distance2 < Distance2 && // 在最大距离范围内的控制点
        SelectedPoints.size() < _NumPoints)     // 在指定数量以内的控制点
    {
        SelectedPoints.emplace_back(_Queue.top());
        _Queue.pop();
    }

    return SelectedPoints.size() == _NumPoints;// 是否找到足够数量的控制点
}
```

二、可变范围搜索方法

可变范围搜索方法并不指定一个固定的搜索范围（即半径），而是指定建模所需的控制点的数量，在没有找到满足指定数量的控制点之前，搜索范围会持续扩大，直到最终找到指定数量的控制点，则不再继续扩大搜索范围，结束搜索过程。或者当搜索了整个控制点所在的区域，都不能满足控制点数量的需求，即所有控制点的数量都不够建模，这个时候函数就返回 false，表明后续的建模过程无法正常进行。

可变范围搜索的实现和固定范围类似，只是去掉了其中距离的限制条件。在此就不将代码列出，由学生们自行完成。

实现了两种不同的邻域搜索方法，就可以在局部插值法中，根据用户的选择在构造函数中用来设定，代码如下：

```
CLocalInterpolation::CLocalInterpolation(ENeighborSearchType SearchType,
    double MaxSearchRadius, size_t NumPoints)
{
    switch (SearchType)
    {
    case ENeighborSearchType::Fixed:
        _pSearchMethod = make_unique<CFixedSearch>
            (MaxSearchRadius, NumPoints);
        break;
    case ENeighborSearchType::Variable:
        _pSearchMethod = make_unique<CVariableSearch>
            (MaxSearchRadius, NumPoints);
        break;
    }
}
```

而根据插值点，找到邻域中用来建立插值模型的控制点，并把这些控制点保存到数组中的成员函数代码如下：

```
bool CLocalInterpolation::SelectControlPoints()
{
    _SelectedPoints.clear();

    return _pSearchMethod->SearchNeighbors(_EstimatePoint,
        _ControlPoints, _SelectedPoints);  // 调用建立好的搜索方法找到控制点
}
```

第四节　反距离加权算法

反距离加权的插值方法其计算方法就是加权平均，也就是对插值点周围邻域内的若干个控制点分别赋予一个权重的数值，然后对各个控制点的数值进行加权平均，就得到了最终插值点的数值，计算公式如下：

$$z_p = \frac{\sum_{i=1}^{n} w_i z_i}{\sum_{i=1}^{n} w_i}, \quad w_i = \frac{1}{d_i^k}$$

式中，z_p 为插值点 p 的估算数值；w_i 为第 i 个控制点的权重；z_i 为第 i 个控制点的数值；d_i 为第 i 个控制点到插值点的平面距离；k 为用户指定的幂次，通常由用户根据实际情况设定，默认值取 2。

反距离加权法的类声明如下：

```
class CIDWInterpolation : public CLocalInterpolation
{
public:
    CIDWInterpolation(ENeighborSearchType SearchType,
        double SearchRadius, size_t NumPoints, double Power = 2.);

private:
    double _Power;              // 计算权重时使用的幂次
    vector<double> _Weights;    // 选中的各控制点的权重

public:
    virtual void BuildModel() override;
    virtual double GetEstimatedValue() override;
};
```

反距离加权法构造函数的作用主要是根据用户的要求，创建具体的邻域搜索方法，即要么创建一个固定范围的邻域搜索方法的对象指针，要么创建一个可变范围的邻域搜索方法的对象指针。

```
CIDWInterpolation::CIDWInterpolation(ENeighborSearchType SearchType,
    double SearchRadius, size_t NumPoints, double Power)
    : CLocalInterpolation(SearchType, SearchRadius, NumPoints), _Power(Power)
{
}
```

反距离加权法根据找到的控制点建立插值模型的函数实现代码如下：

```
void CIDWInterpolation::BuildModel()
{
    _Weights.clear();

    for (const auto& p : _SelectedPoints)        // 计算各个控制点的权重
    {
        if (p._Distance2 == 0.)                  // 距离为 0 的权重
        {
            _Weights.push_back(1.);
            break;
        }

        _Weights.push_back(1. / pow(sqrt(p._Distance2), _Power));
    }
}
```

计算出了权重，就可以估算插值点的数值了，代码如下：

```
double CIDWInterpolation::GetEstimatedValue()
{
    double v = 0.;
    for (size_t i = 0; i < _Weights.size(); ++i)              // 加权求和
        v += _ControlPoints[_SelectedPoints[i]._Index].M() * _Weights[i];

    return v / accumulate(_Weights.begin(), _Weights.end(), 0.); // 除以权重和
}
```

第五节 径向基函数插值算法

一、径向基函数插值法的分类

径向基函数插值方法又称为样条函数插值。样条函数的公式通常采用如下的形式，它包含了一个表示趋势面部分的多项式函数 $T(x, y)$，以及一个径向基函数形式 $R(d_i)$：

$$Z(x,y)=T(x,y)+\sum_{i=1}^{n}\lambda_i R(d_i)$$

式中，n 为用来插值一个未知点所用的邻域内的控制点数量。n 越大，通常插值出来的曲面越光滑。d_i 为插值点到第 i 个控制点的径向距离。$T(x, y)$中多项式的系数 a_k 和径向基函数中的系数 λ_i 可通过求解线性方程组而获得。

GIS 中的样条插值函数常有三种，即薄板样条函数、规则样条函数和张力样条函数。对于不同的样条函数，$T(x, y)$和 $R(d_i)$各有不同，如表 11-2 所示。公式中的 K_o 是修正贝塞尔函数，c 是大小等于 0.577215 的常数，τ、ϕ 均是用户设置的权重参数。

表 11-2 样条函数的公式

样条	$T(x, y)$	$R(d_i)$
薄板样条	$a_1+a_2x+a_3y$	$d_i^2 \ln d_i$
规则样条	$a_1+a_2x+a_3y$	$\frac{1}{2\pi}\left\{\frac{d_i^2}{4}\left[\ln\left(\frac{d_i}{2\tau}\right)+c-1\right]+\tau^2\left[K_o\left(\frac{d_i}{\tau}\right)+c+\ln\left(\frac{d_i}{2\pi}\right)\right]\right\}$
张力样条	a_1	$-\frac{1}{2\pi\phi^2}\left[\ln\left(\frac{d_i\phi}{2}\right)+c+K_o(d_i\phi)\right]$

系数 a_k 和 λ_i 可通过下面的线性方程组来求解，其中，$d_{i,j}$ 为点 i 到 j 的距离。

$$a_1+a_2x_j+a_3y_j+\sum_{i=1}^{n}\lambda_i R(d_{i,j})=Z(x_j,y_j)$$

$$\sum_{i=1}^{n}\lambda_i=0,\quad \sum_{i=1}^{n}\lambda_i x_i=0,\quad \sum_{i=1}^{n}\lambda_i y_i=0$$

可以把上述的方程组写成如下矩阵的形式，即可以通过矩阵的运算进行求解。

$$\begin{bmatrix} R(d_{1,1}) & R(d_{1,2}) & \cdots & R(d_{1,n}) & 1 & x_1 & y_1 \\ R(d_{2,1}) & R(d_{2,2}) & \cdots & R(d_{2,n}) & 1 & x_2 & y_2 \\ \vdots & \vdots & & \vdots & \vdots & \vdots & \vdots \\ R(d_{n,1}) & R(d_{n,2}) & \cdots & R(d_{n,n}) & 1 & x_n & y_n \\ 1 & 1 & \cdots & 1 & 0 & 0 & 0 \\ x_1 & x_2 & \cdots & x_n & 0 & 0 & 0 \\ y_1 & y_2 & \cdots & y_n & 0 & 0 & 0 \end{bmatrix} \begin{bmatrix} \lambda_1 \\ \lambda_2 \\ \vdots \\ \lambda_n \\ a_1 \\ a_2 \\ a_3 \end{bmatrix} = \begin{bmatrix} z_1 \\ z_2 \\ \vdots \\ z_n \\ 0 \\ 0 \\ 0 \end{bmatrix}$$

二、径向基函数插值算法

由于三种常用的样条函数插值方法非常相似，所以可以把它们共同的部分抽象出来形成径向基函数插值方法的一个抽象基类 CRBFInterpolation。该类从总的空间插值基类 CSpatialInterpolation 中派生出来，并可以进一步派生出三种具体的样条函数插值类。

```
class CRBFInterpolation : public CLocalInterpolation
{
public:
    CRBFInterpolation(ENeighborSearchType SearchType,
        double MaxSearchRadius,  size_t NumPoints);

protected:
    double _a[3] = {0., 0., 0.};         // 趋势面函数的系数
    vector<double> _LambdaSet;           // 径向基函数的系数

    virtual double GetEstimatedValue() override;

    // 定义计算径向基函数的函数值
    virtual double RadialBasisFunction(double Distance) const = 0;

    // 计算控制点 i 到控制点 j 的径向基函数值 R(i,j)
    double GetRBFuncValue(size_t i, size_t j) const;
    // 计算插值点到控制点 k 的径向基函数数值 R(p, k)
    double GetRBFuncValue(size_t k) const;
};
```

上述的代码中，定义了存储三种样条函数都要用到的趋势面函数的系数和径向基函数的系数数组，实现了从总的抽象基类 CSpatialInterpolation 继承的虚函数 GetEstimatedValue。因为对于三种不同的样条函数，计算最终的估算值的方法都是一样的，所以可以在这个基类中实现。另外，新声明了一个纯虚函数 RadialBasisFunction 用来计算径向基函数的函数值，正是因为三种样条函数的径向基函数不同，所以这里只是定义接口，具体的实现放在三种具体的样条函数类中。两个重载的新成员函数 GetRBFuncValue 分别用来计算控制点 i 到控制点 j

的径向基函数值和插值点到控制点 k 的径向基函数数值。这两个重载成员函数对所有三种样条函数都一样，可以在这个类中实现。

下面的代码实现了三种径向基函数插值的通用公式，返回插值的结果。

```
double CRBFInterpolation::GetEstimatedValue()
{
    double RBF = 0.;          // 径向基函数值
    for (size_t i = 0; i < _LambdaSet.size(); ++i)
        RBF += _LambdaSet[i] * GetRBFuncValue(i);

    RBF += _a[0] + _a[1] * _EstimatePoint.X() + _a[2] * _EstimatePoint.Y();
    return RBF;
}
```

下面的代码实现了计算控制点 i 到控制点 j 的径向基函数的值的功能。

```
double CRBFInterpolation::GetRBFuncValue(size_t i, size_t j) const
{
    double xi = _ControlPoints[i].X(),  yi = _ControlPoints[i].Y();
    double xj = _ControlPoints[j].X(),  yj = _ControlPoints[j].Y();

    double Distance2 = pow(xi - xj, 2.) + pow(yi - yj, 2.);
    return RadialBasisFunction(sqrt(Distance2));
}
```

同样，下面的代码实现了计算插值点到控制点 k 的径向基函数数值。

```
double CRBFInterpolation::GetRBFuncValue(size_t k) const
{
    double x = _EstimatePoint.X();
    double y = _EstimatePoint.Y();
    double xk = _ControlPoints[k].X();
    double yk = _ControlPoints[k].Y();

    double Distance2 = pow(x - xk, 2.) + pow(y - yk, 2.);
    return RadialBasisFunction(sqrt(Distance2));
}
```

三、薄板样条函数插值算法

在实现了通用的径向基函数插值算法类之后，就可以进一步派生出实现具体样条函数插值算法的类。这里以函数形式相对简单的薄板样条函数为例，来说明其实现方法。至于规则样条插值类和张力样条插值类，可以仿照这里的薄板样条插值函数类来编写，区别仅仅在于径向基函数形式的不同，其他基本一致。

```
class CThinPlateSpline : public CRBFInterpolation
{
```

```
public:
    CThinPlateSpline(ENeighborSearchType SearchType,
        double MaxSearchRadius, size_t NumPoints);

    virtual void BuildModel() override;// 建立插值模型

protected:
    // 计算径向基函数的函数值
    virtual double RadialBasisFunction(double Distance) const override;
};
```

薄板样条函数类中，只要具体实现从总的抽象基类 CSpatialInterpolation 继承来的虚拟方法 BuildModel，再实现从径向基函数插值虚拟基类 CRBFInterpolation 继承来的虚拟方法 RadialBasisFunction 即可。因为其他的相应方法已经在径向基函数插值类中实现过了。建模方法 BuildModel 代码如下：

```
void CThinPlateSpline::BuildModel()
{
    long SelNum  = _SelectedPoints.size();        // 选中的控制点数量

    CGeoMatrix M(SelNum  + 3, SelNum  + 3);       // 建立方程的矩阵,初始化为 0
    CGeoVector V(SelNum + 3);                     // 设置方程右边项的向量,初始化为 0

    for (long i = 0; i < SelNum ; ++i)            // 设置矩阵 M 和向量 V 的数值
    {
        auto Idx_i = _SelectedPoints[i]._Index;// 第 i 个选中的控制点的下标

        for (long j = 0; j < SelNum ; ++j)
            M(i, j) = GetRBFuncValue(Idx_i, _SelectedPoints[j]._Index);

        M(i, SelNum) = M(SelNum , i) = 1.;
        M(i, SelNum + 1) = M(SelNum + 1, i) = _ControlPoints[Idx_i].X();
        M(i, SelNum + 2) = M(SelNum + 2, i) = _ControlPoints[Idx_i].Y();

        V(i) = _ControlPoints[Idx_i].M();         // 控制点数值
    }

    CGeoVector Result = M.Solve(V);               // 解方程

    _LambdaSet.resize(SelNum);
    for (long i = 0; i < SelNum ; ++i)
        _LambdaSet[i] = Result(i);                // 径向基函数系数

    for (long i = 0; i < 3; ++i)
        _a[i] = Result(SelNum + i);               // 趋势面函数系数
}
```

薄板样条函数插值法的径向基函数较为简单，实现代码如下：

```
double CThinPlateSpline::RadialBasisFunction(double Distance) const
{
    return Distance * Distance * log(Distance);
}
```

图 11-2 是趋势面分析需要设置的参数，包括要指定输入的矢量点数据作为控制点；选择点数据中某个属性字段作为插值的数值来源；还要设定全局多项式的次数，通常选择 1 到 9 中的一个数；选择一个栅格数据作为模板栅格数据，其作用在于设定最终生成的插值栅格数据的范围和栅格单元大小等元数据；最后还要设置输出的插值栅格数据。

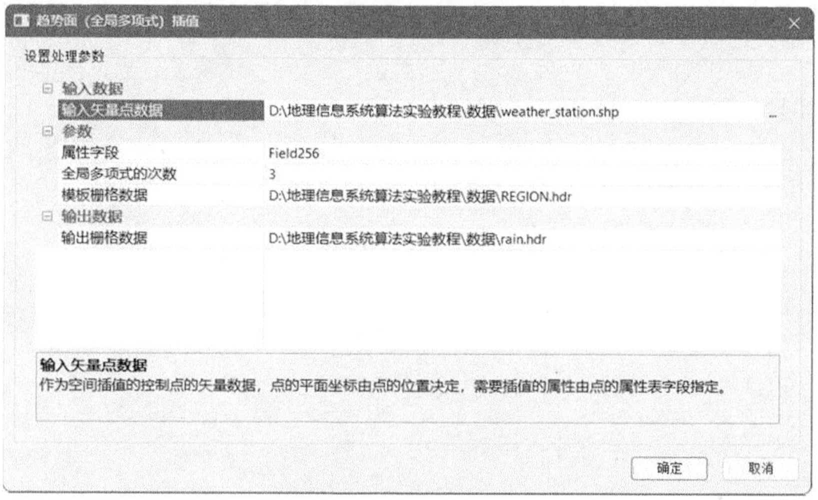

图 11-2　趋势面插值的参数设置对话框界面

图 11-3（a）显示了用来作为控制点的矢量点数据，这些点是某流域的气象站分布。图 11-3（b）显示了使用气象站数据的属性表中某个字段存储的某一日的降水量数据进行趋势面插值的结果。

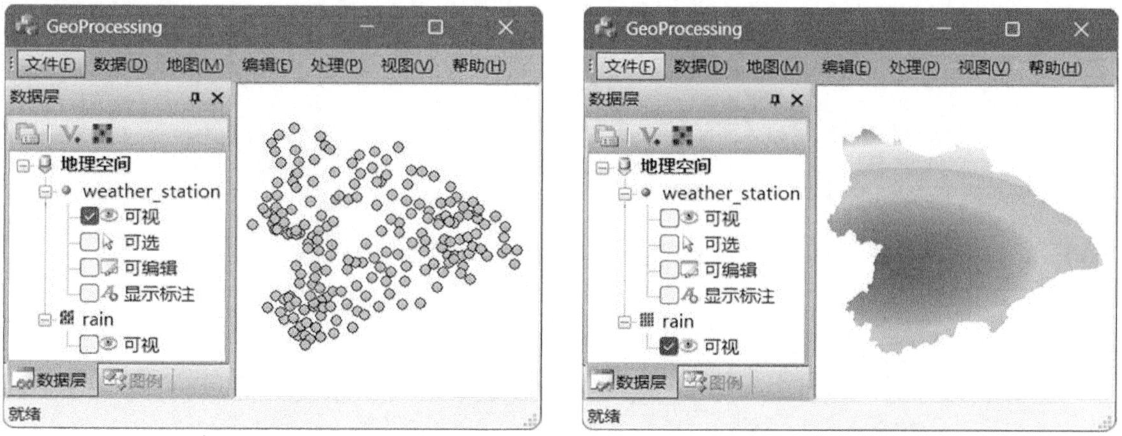

（a）　（b）

图 11-3　趋势面插值的点矢量数据与插值结果栅格数据

实 验 习 题

1. 编写规则样条函数插值算法。
2. 编写张力样条函数插值算法。

主要参考文献

马劲松. 2020. 地理信息系统基础原理与关键技术[M]. 南京：东南大学出版社.
张锦明. 2021. DEM 插值算法适应性理论与方法[M]. 2 版. 北京：电子工业出版社.

第十二章　克里金插值算法

由于克里金插值是一类非常特殊而又极其重要的空间插值方法的总称，在此特意单独用一章的篇幅来讲述其相关的算法。

克里金插值算法属于地统计学领域，在充分考虑了待插值区域空间自相关性质的基础上，采用最优无偏估计的方法计算插值位置的数值，因此，相对于前面第十一章所述的一些局部插值算法，克里金插值具有更好的插值效果。

为了实现克里金插值方法，我们同样是从前面第十一章中已经定义好的局部插值法的类 CLocalInterpolation 中派生出克里金插值法的类 CKriging 来。类 CKriging 是各种具体的克里金插值法（例如普通克里金和泛克里金）的基类。CKriging 类的定义代码如下：

```
class CKriging : public CLocalInterpolation
{
public:
    CKriging(ENeighborSearchType SearchType, double MaxSearchRadius,
        size_t NumPoints, size_t BinNumber,
        ESemivariogramType SeminvariogramType);

public:
    virtual void PreProcess();                       // 预处理

protected:
    unique_ptr<CSemivariogram> _pSemivariogram;// 半变异函数

private:
    void CreateEmpiricalSemivariogramCloud();  // 计算经验半变异函数云图
    vector<SEMIVARIANCE_DISTANCE> _EmpiricalSemivariogramCloud;    // 云图

    void Binning();                                  // 经验半变异函数云图的装箱
    size_t _BinNumber;                               // 装箱数
    CEqualInterval _BinSet;                          // 箱子

    void CreateEmpiricalSemivariogram();         // 生成经验半变异函数
    vector<SEMIVARIANCE_DISTANCE> _EmpiricalSemivariogram; // 经验半变异函数
};
```

构造函数前三个参数是局部插值法必须要设定的三个参数，即邻域搜索采用的方法，搜索半径和需要找到的控制点数量。第四个参数是说明装箱操作中需要生成箱子的数量，最后一个参数是由用户指定的要使用的半变异函数的类型，常用的三种半变异函数为球函数、指数函数和高斯函数，它们在程序中由枚举类型定义如下：

```
enum class EsemivariogramType        // 半变异函数类型
{
    Spherical,                       // 球函数
    Exponential,                     // 指数函数
    Gaussian                         // 高斯函数
};
```

第一节　经验半变异函数

和其他的局部插值方法不同，克里金法在建立插值模型之前，还要进行若干步骤的预处理，以便找到最为适合的插值模型。通常第一步就是建立经验半变异函数。

一、经验半变异函数云图的生成

建立半变异函数的过程通常是先读取区域内已知的所有控制点数值，每 2 点之间计算差异平方的一半，即 $\gamma_{i,j}^* = (z_i - z_j)^2 / 2$。然后再计算它们之间的距离 $h_{i,j}$。这样，以距离为横坐标 h，差异平方的一半为纵坐标 γ^*，可以生成散点图，这个散点图就是经验半变异函数云图。

在上述的类 CKriging 中第 16 行代码就是用来定义经验半变异云图的。其中数组元素的类型用下面的代码来定义：

```
struct SEMIVARIANCE_DISTANCE
{
    SEMIVARIANCE_DISTANCE(double Semivariance, double Distance) :
        _Semivariance(Semivariance), _Distance(Distance) {}

    double _Semivariance;            // 半变异
    double _Distance;                // 距离
};
```

经验半变异云图的生成就是把所有已知的控制点两两之间的数值进行半变异计算，保存控制点对之间的半变异数值和控制点对之间的距离。生成经验半变异云图的代码如下：

```
void CKriging::CreateEmpiricalSemivariogramCloud()
{
    for (size_t i = 0; i < _ControlPoints.size(); ++i)
    {
        const auto& pi = _ControlPoints[i];

        for (size_t j = i + 1; j < _ControlPoints.size(); ++j)
        {
            const auto& pj = _ControlPoints[i];

            auto Distance = sqrt(pow(pi.X() - pj.X(), 2.) +
                pow(pi.Y() - pj.Y(), 2.));
            auto Semivariance = pow(pi.M() - pj.M(), 2.) / 2.;
```

```
                _EmpiricalSemivariogramCloud.emplace_back(Semivariance, Distance);
            }
        }
}
```

二、经验半变异函数云图的装箱

经验半变异函数的云图不能直接用来计算，还需要再变换成数学模型。在经验半变异云图的基础上，可以拟合成多种半变异函数。拟合函数之前，需要采用一种叫作装箱的方法，把横坐标的距离等间距地分割成一个一个的“箱子”，也就是数值区间。然后把云图中落在每一个“箱子”中的点计算平均值，相当于计算了在该距离上的控制点之间的差值平方的数学期望的一半，就是半变异的值。这个过程和前面第七章讨论过的属性数据分级中的一种等间隔分级方法的原理是相同的，所以可以借助第七章实现的等间隔数据分级算法来实现装箱的过程，在类 CKriging 中的第 20 行代码就是用等间隔分级保存的经验半变异函数的箱子，其代码实现如下：

```
void CKriging::Binning()
{
    _BinSet.ResetClassNumber(_BinNumber);   // 等间隔分级的箱子

    for (size_t i = 0; i < _EmpiricalSemivariogramCloud.size(); ++i)
        _BinSet.AddData(_EmpiricalSemivariogramCloud[i]._Distance, i);

    _BinSet.Classify();                     // 把所有的数据按照距离大小装入箱内
}
```

三、生成经验半变异函数

生成经验半变异函数的过程就是对装箱的每一个箱子中的那些控制点对的距离和半变异数值计算平均值，而每个箱子的距离使用该箱子中间的距离代替，从而生成经验半变异函数上按照距离排列的半变异值。该过程的代码如下：

```
void CKriging::CreateEmpiricalSemivariogram()
{
    for (size_t i = 0; i < _BinNumber; ++i)     // 循环计算每个箱子
    {
        double SumSemiVariance = 0.;            // 箱子中半变异数值的总和
        for (size_t j = 0; j < _BinSet._ClassData[i].size(); ++j)
            SumSemiVariance += _EmpiricalSemivariogramCloud
                [_BinSet._ClassData[i][j]._Index]._Semivariance;

        if (SumSemiVariance > 0.)               // 排除空箱子
        {
            double BinDis = _BinSet._MinValue + i * _BinSet._Interval / 2.;
            _EmpiricalSemivariogram.emplace_back(
```

```
                SumSemiVariance / _BinSet._ClassData[i].size(), BinDis);
            }
        }

        _BinNumber = _EmpiricalSemivariogram.size();    // 重新统计箱子的个数
}
```

第二节　半变异函数拟合算法

在计算了经验半变异函数以后，接下来需要把经验半变异函数拟合成数学函数形式，一般我们都使用普通最小二乘方法来进行线性方程的回归计算，从而得到线性方程的系数。在拟合半变异函数的时候，同样可以使用普通最小二乘的方法。所以需要先实现普通最小二乘回归算法。

一、普通最小二乘回归算法

普通最小二乘法是线性回归分析的常用方法，线性回归分析通常可以写成公式如下：

$$y = \beta_0 + \beta_1 x_1 + \beta_2 x_2 + \cdots + \beta_k x_k + \varepsilon$$

式中，y 在回归分析中叫作因变量；x_1，x_2，…，x_k 为 k 个解释变量；β 为各个因素的回归系数，它们分别反映了各因素和因变量之间的关系以及影响的强度。如果某个解释变量和因变量是正相关的关系，那么它的回归系数就是正数。反之，如果是负相关，它的回归系数就是负数。其中，β_0 称为截距。公式中的 ε 为模型的残差，这是因变量中不能用回归模型解释的那部分。

普通最小二乘的原理是通过设定残差的平方和最小的条件来建立正规方程，进而求得所有的回归系数的。设残差为因变量的实际值减去估计值，由于实际值可能大于估计值，也可能小于估计值，所以残差会有正有负，而计算残差的平方，则所有的结果就全是正值。再假设要求残差的平方和最小，即残差平方和对各个估计回归系数的偏导数为 0，则有

$$\begin{cases} \dfrac{\partial Q}{\partial \beta_0} = -2\sum_{i=1}^{n}\left(y_i - \beta_0 - \beta_1 x_{i1} - \cdots - \beta_k x_{ik}\right) = 0 \\ \dfrac{\partial Q}{\partial \beta_1} = -2\sum_{i=1}^{n}\left(y_i - \beta_0 - \beta_1 x_{i1} - \cdots - \beta_k x_{ik}\right) x_{i1} = 0 \\ \qquad\qquad \vdots \\ \dfrac{\partial Q}{\partial \beta_k} = -2\sum_{i=1}^{n}\left(y_i - \beta_0 - \beta_1 x_{i1} - \cdots - \beta_k x_{ik}\right) x_{ik} = 0 \end{cases}$$

设 $X = \begin{bmatrix} 1 & x_{11} & \cdots & x_{1k} \\ 1 & x_{21} & \cdots & x_{2k} \\ \vdots & \vdots & & \vdots \\ 1 & x_{n1} & \cdots & x_{nk} \end{bmatrix} \beta = \begin{bmatrix} \beta_0 \\ \beta_1 \\ \vdots \\ \beta_k \end{bmatrix} Y = \begin{bmatrix} y_1 \\ y_2 \\ \vdots \\ y_n \end{bmatrix}$，则 $X^{\mathrm{T}} = \begin{bmatrix} 1 & 1 & \cdots & 1 \\ x_{11} & x_{21} & \cdots & x_{n1} \\ \vdots & \vdots & & \vdots \\ x_{1k} & x_{2k} & \cdots & x_{nk} \end{bmatrix}$，上述的方程组可以写成：$X^{\mathrm{T}} X \beta = X^{\mathrm{T}} Y$，需要求出的回归系数为：$\beta = \left(X^{\mathrm{T}} X\right)^{-1} X^{\mathrm{T}} Y$。

普通最小二乘回归用下面的代码来实现：

```
class COLSRegression
{
private:
    vector<double> _DependentSet;                    // 因变量值数组
    vector<vector<double>> _ExplanatoryMatrix; // 解释变量值矩阵

    size_t _CoeffNumber;                             // 回归系数的个数,包括截距
    size_t _RocordNumber;                            // 记录个数

public:
    vector<double> _Coefficients;                    // 回归系数,不包括截距
    double _Intercept;                               // 截距
    double _RSquared;                                // R 平方
    double _AdjustedRSquared;                        // 调整的 R 平方

public:
    // 添加一组数据
    void AddData(double DependentV, const vector<double>& ExplanatoryV);
    // 建立回归模型
    void BuildModel();
    // 计算线性方程的值
    double EstimateDependentValue(const vector<double>& ExplanatoryV) const;
    // 计算拟合优度
    void GoodnessOfFit();
};
```

成员函数 AddData 用于添加一组数据：参数 DependentV 是因变量的值，参数 ExplanatoryV 是相应的解释变量的值，以数组形式传入。代码如下：

```
void COLSRegression::AddData(double DependentV,
    const vector<double>& ExplanatoryV)
{
    _DependentSet.emplace_back(DependentV);

    vector<double> Row;
    Row.emplace_back(1.);
    for (const auto& Value : ExplanatoryV)
        Row.emplace_back(Value);
    _ExplanatoryMatrix.emplace_back(Row);

    _CoeffNumber = Row.size();
    _RocordNumber = _ExplanatoryMatrix.size();
}
```

建立回归模型的过程就是解上述的正规方程组的过程，代码如下：

```
void COLSRegression::BuildModel()
{
    CGeoMatrix X((long)_RocordNumber, (long)_CoeffNumber);  // 矩阵
    for (long i = 0; i < _RocordNumber; ++i)
        for (long j = 0; j < _CoeffNumber; ++j)
            X(i, j) = _ExplanatoryMatrix[i][j];// 解释变量的值

    CGeoVector Y((long)_RocordNumber);             // 因变量
    for (long i = 0; i < _RocordNumber; ++i)
        Y(i) = _DependentSet[i];                   // 因变量的值

    CGeoMatrix XT = X.Transpose();                 // X 矩阵的转置
    CGeoMatrix XTX = XT * X;                       // X 转置矩阵和 X 的积
    CGeoVector XTY = XT * Y;                       // X 转置矩阵和 Y 的积
    CGeoVector Coef = XTX.Solve(XTY);              // 解方程，求回归系数

    _Intercept = Coef(0);                          // 截距
    for (long i = 1; i < _CoeffNumber; ++i)
        _Coefficients.push_back(Coef(i));          // 回归系数

    GoodnessOfFit();                               // 计算拟合优度
}
```

回归模型成功建立以后，就可以按照求得的回归系数进行线性函数求值运算，其代码如下：

```
double COLSRegression::EstimateDependentValue(
    const vector<double>& ExplanatoryV) const
{
    return inner_product(ExplanatoryV.begin(), ExplanatoryV.end(),
        _Coefficients.begin(), _Intercept);
}
```

建立了回归模型以后，还要计算一下拟合的优度。统计学上，解释变量引起的因变量变差平方和称为回归平方和（sum of squares of residuals，SSR），其计算公式为

$$\mathrm{SSR}=\sum_{i=1}^{n}\left(\hat{y}_i-\overline{y}\right)^2$$

由随机因素造成的因变量变差平方和称为剩余平方和（errors sum of squares，SSE），其计算公式为

$$\mathrm{SSE}=\sum_{i=1}^{n}\left(\hat{y}_i-y_i\right)^2$$

那么，因变量的总变差平方和（total sum of squares，SST）就等于其回归平方和与剩余平方和之和，即

$$\mathrm{SST}=\sum_{i=1}^{n}\left(y_i-\overline{y}\right)^2=\mathrm{SSR}+\mathrm{SSE}$$

因此，可以用下面的比值（常称为 R 平方）来定义一元回归的拟合优度，数值越接近 1 越说明解释变量能够更好地反映因变量的变化，即随机误差更小。

$$R^2=\frac{\mathrm{SSR}}{\mathrm{SST}}=1-\frac{\mathrm{SSE}}{\mathrm{SST}}$$

对于多元回归，则用调整的 R 平方来定义拟合优度。公式：

$$\mathrm{Adj}.R^2=1-\frac{\left(1-R^2\right)\left(n-1\right)}{n-p-1}$$

式中，p 为变量个数；n 为样本个数。计算拟合优度的代码如下：

```
void COLSRegression::GoodnessOfFit()
{
    size_t n = _DependentSet.size();                 // 样本数
    auto MeanY = accumulate(_DependentSet.begin(), // Y 均值
        _DependentSet.end(), 0.) / n;

    vector<double> EstimateY;                        // Y 的估算值
    for (const auto& XSet : _ExplanatoryMatrix)
        EstimateY.emplace_back(EstimateDependentValue(XSet));

    double SSR = 0.;
    for (const auto& EstY : EstimateY)
        SSR += (EstY - MeanY) * (EstY - MeanY);

    double SST = 0.;
    for (const auto& y : _DependentSet)
        SST += (y - MeanY) * (y - MeanY);

    _RSquared = SSR / SST;                           // R 平方

    size_t p = _Coefficients.size();                 // 变量个数
    _AdjustedRSquared = 1. - (1. - _RSquared) *     // 调整的 R 平方
        (_DependentSet.size() - 1) / (n - p - 1);
}
```

二、非线性函数拟合算法

上面论述的普通二乘回归只能拟合出线性函数，对于克里金方法中常见的一些半变异函数而言，通常它们都是非线性函数，所以在拟合的时候，要首先进行线性化处理，也就是把非线性的半变异函数变换为线性函数，就可以运用普通最小二乘回归的方法来拟合这些非线

性函数了。在克里金插值法中经常运用的半变异函数如表 12-1 所示。

表 12-1　常见的半变异函数

函数	图形	公式
球	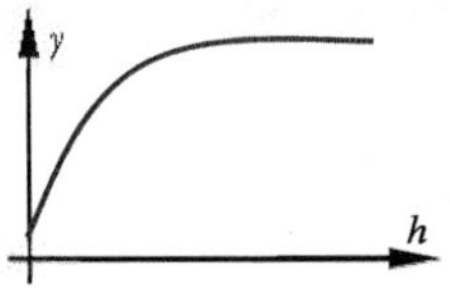	$\gamma(h)=c_0+c\left(\frac{3h}{2a}-\frac{h^3}{2a^3}\right)\quad 0<h\leqslant a$ $\gamma(h)=c_0+c\quad h>a$ $\gamma(h)=0\quad h=0$
指数	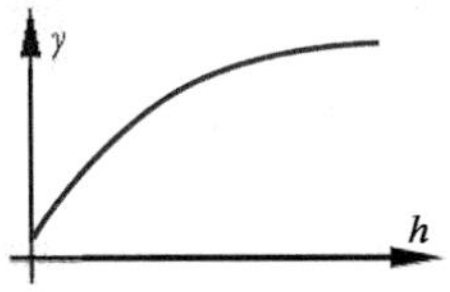	$\gamma(h)=c_0+c\left(1-e^{\frac{-h}{a}}\right)\quad h>0$ $\gamma(h)=0\quad h=0$
高斯		$\gamma(h)=c_0+c\left(1-e^{\frac{-h^2}{a^2}}\right)\quad h>0$ $\gamma(h)=0\quad h=0$

对于最常见的球函数的拟合，需要把球函数的非线性函数转为线性函数，设 $\gamma(h)=y$，$c_0=b_0$，$3c/2a=b_1$，$-c/2a^3=b_2$，$h=x_1$，$h^3=x_2$，则球函数可以转化为线性函数的形式：$y=b_0+b_1x_1+b_2x_2$。于是可以使用最小二乘法拟合线性方程得到相应的系数。最后就可以求得球函数的参数。

实现半变异函数的拟合，先定义半变异函数的类 CSemivariogram 如下。其中，三个成员变量_Nugget、_Sill 和_Range 分别表示半变异函数的块金值 c_0、偏基台值 c 和变程值 a。

```
class CSemivariogram
{
public:
    double _Nugget;     // c0
    double _Sill;       // c
    double _Range;      // a

    vector<double> _Distance;           // 滞后距离
    vector<double> _Semivariance;       // 半变异

public:
    void AddData(double Distance, double Semivariance);    // 添加一个数据点

    virtual void FitFunction() = 0;     // 拟合函数
    virtual double EstimateSemivariance(double Distance) const = 0;  // 估算数值

    double GoodnessOfFit();             // 拟合优度
};
```

上述的半变异函数只是一个虚拟的基类，对于具体的半变异函数，需要从该基类中派生出特定的半变异函数类，如对于球函数，就可以定义如下的球函数的半变异函数派生类 CSphericalVariogram。该类的代码如下：

```
class CSphericalVariogram : public CSemivariogram
{
public:
    virtual void FitFunction() override;              // 拟合球函数模型
    virtual double EstimateSemivariance(double Distance) const override; // 估算
};
```

对于球函数的曲线拟合，代码如下：

```
void CSphericalVariogram::FitFunction()
{
    COLSRegression OLS;              // 最小二乘回归

    vector<double> XElement(2);
    for (size_t i = 0; i < _Semivariance.size(); ++i)
    {
        XElement[0] = _Distance[i];
        XElement[1] = pow(_Distance[i], 3.);
        OLS.AddData(_Semivariance[i], XElement);
    }

    OLS.BuildModel();                // 拟合

    _Nugget = OLS._Intercept;        // 截距
    _Range = sqrt(OLS._Coefficients[0] / (-3. * OLS._Coefficients[1]));
    _Sill = 2. * _Range * OLS._Coefficients[0] / 3.;
}
```

利用球函数计算半变异数值的函数代码如下：

```
double CSphericalVariogram::EstimateSemivariance(double Distance) const
{
    if (Distance > 0. && Distance <= _Range)
        return _Nugget + _Sill * (1.5 * Distance/ _Range -
            0.5 * pow(Distance / _Range, 3.));
    else if (Distance > _Range)
        return _Nugget + _Sill;
    else
        return 0.;
}
```

对于指数函数的拟合，也同样需要进行线性化转换，设 $c_0+c=p$，$-c=m$，$-1/a=n$，$\gamma(h)=y$，$h=x$，则 $y=me^{nx}+p$。先取三点 (x_1,y_1)，(x_2,y_2)，$(x_3=(x_1+x_2)/2,y_3)$，则 $p=(y_1y_2-y_3^2)$

$/ (y_1 + y_2 - 2y_3)$。p 确定后，设 $X = x$，$Y = \ln(y - p)$，则 $Y = \ln(m) + nX$。指数函数拟合的代码和上述球函数类似，限于篇幅，就留给学生们自行完成。同样，学生们也可以自行完成高斯半变异函数的拟合。

第三节 普通克里金插值算法

普通克里金插值的方程组如下所示：

$$\begin{cases} \gamma_{k,p} - \sum_{j=1}^{n} \gamma_{k,j}\lambda_j - \mu = 0 \quad k = 1,2,\cdots,n \\ \sum_{i=1}^{n} \lambda_i = 1 \end{cases}$$

该线性方程组展开的形式为

$$\begin{cases} \gamma_{1,1}\lambda_1 + \gamma_{1,2}\lambda_2 + \cdots + \gamma_{1,n}\lambda_n + \mu & = \gamma_{1,p} \\ \gamma_{2,1}\lambda_1 + \gamma_{2,2}\lambda_2 + \cdots + \gamma_{2,n}\lambda_n + \mu & = \gamma_{2,p} \\ \qquad \vdots & \quad \vdots \\ \gamma_{n,1}\lambda_1 + \gamma_{n,2}\lambda_2 + \cdots + \gamma_{n,n}\lambda_n + \mu & = \gamma_{n,p} \\ \lambda_1 + \lambda_2 + \cdots + \lambda_n & = 1 \end{cases}$$

再写成矩阵的形式为

$$\begin{bmatrix} \gamma_{1,1} & \gamma_{1,2} & \cdots & \gamma_{1,n} & 1 \\ \gamma_{2,1} & \gamma_{2,2} & \cdots & \gamma_{2,n} & 1 \\ \vdots & \vdots & \ddots & \vdots & \vdots \\ \gamma_{n,1} & \gamma_{n,2} & \cdots & \gamma_{n,n} & 1 \\ 1 & 1 & \cdots & 1 & 0 \end{bmatrix} \begin{bmatrix} \lambda_1 \\ \lambda_2 \\ \vdots \\ \lambda_n \\ \mu \end{bmatrix} = \begin{bmatrix} \gamma_{1,p} \\ \gamma_{2,p} \\ \vdots \\ \gamma_{n,p} \\ 1 \end{bmatrix}$$

只要求出最左边 $n+1$ 阶方阵的逆矩阵，就可以计算出符合最优无偏估计的权重值 λ 了。

普通克里金算法的实现是从基类 CKriging 中派生出新类 COrdinaryKriging，在该类中实现继承的建立插值模型和估算数值的成员函数，代码如下：

```
class COrdinaryKriging : public CKriging
{
public:
    COrdinaryKriging(ENeighborSearchType SearchType, double MaxSearchRadius,
        size_t NumPoints = 12, size_t BinNumber = 12,
        ESemivariogramType SeminvariogramType = ESemivariogramType::Spherical);

    virtual void BuildModel() override;              // 建立插值模型
    virtual double GetEstimatedValue() override;     // 计算插值的数值

```

```
private:
    vector<double> _Lambda;                    // 权重数组
};
```

构造函数只要调用基类的构造函数即可。建立插值模型的成员函数代码如下：

```
void COrdinaryKriging::BuildModel()
{
    size_t n = _SelectedPoints.size();         // 选中的控制点数
    CGeoMatrix M(n + 1, n + 1);                // 正规方程系数矩阵

    for (long i = 0; i < n; ++i)
    {
        auto Xi = _ControlPoints[_SelectedPoints[i]._Index].X();
        auto Yi = _ControlPoints[_SelectedPoints[i]._Index].Y();

        for (long j = i; j < n; ++j)
        {
            auto Xj = _ControlPoints[_SelectedPoints[j]._Index].X();
            auto Yj = _ControlPoints[_SelectedPoints[j]._Index].Y();
            auto Dis = sqrt((Xi - Xj) * (Xi - Xj) + (Yi - Yj) * (Yi - Yj));
            M(i, j) = M(j, i) = _pSemivariogram->EstimateSemivariance(Dis);
        }
        M(i, n) = M(n, i) = 1.;
    }

    CGeoVector V(n + 1);
    for (long i = 0; i < n; ++i)
        V(i) = _pSemivariogram->EstimateSemivariance(
            sqrt(_SelectedPoints[i]._Distance2));
    V(n) = 1.;

    CGeoVector ResultV = M.Solve(V);

    _Lambda.clear();
    for (long i = 0; i < n; ++i)
        _Lambda.push_back(ResultV(i));
}
```

对每一个插值点建立了插值方程以后，就可以使用插值函数进行插值了，普通克里金插值函数是控制点的数值与权重值乘积的和：

$$\hat{z}_p = \sum_{i=1}^{n} \lambda_i z_i$$

```
double COrdinaryKriging::GetEstimatedValue()
{
```

```
    double V = 0.;
    for (size_t i = 0; i < _SelectedPoints.size(); ++i)
        V += _Lambda[i] * _ControlPoints[_SelectedPoints[i]._Index].M();

    return V;
}
```

实验习题

1. 编程实现半变异函数中指数函数拟合的代码。
2. 编程实现半变异函数中高斯函数拟合的代码。

主要参考文献

卡尔斯 J. 2014. 石油地质统计学[M]. 陈军斌，程国建，双立娜译. 北京：石油工业出版社.
科瓦列夫斯基 E B. 2014. 基于地质统计学的地质建模[M]. 刘应如，曹正林，郑红军，等译. 北京：石油工业出版社.
刘爱利, 王培法, 丁园圆. 2012. 地统计学概论[M]. 北京：科学出版社.
王政权. 1999. 地统计学及其在生态学中的应用[M]. 北京：科学出版社.

第十三章　栅格数据统计算法

第一节　属性统计算法

一、描述性统计量

描述性统计量用于对空间数据的属性表中某个字段的属性数值进行统计计算。GIS 常见的描述性统计量有样本数、总和、均值、最大值、最小值、范围、中位数、第一四分位数、第三四分位数、方差、标准差、众数、出现频数最小的数（姑且称为寡数或少数）、种类数（也称为变异度）等。运用每一种统计方法都能够计算得到一种用来描述这个属性数据的特征数量。该统计量描述的是属性表中某个字段所有或部分数值的总体特征。

（1）样本数。其指的是参与统计的样本的总数量，即空间要素的总数或属性表中记录的总数。

（2）总和。即参与统计的所有空间要素在统计字段上的所有数值的累加之和。

（3）均值。其通常是指算术平均数，即总和除以样本数所得到的结果，公式如下：

$$\overline{x}=\frac{\sum_{i=1}^{n}x_i}{n}$$

式中，$\overline{x}$ 为均值；n 为样本数；x_i 为第 i 个样本的值。

（4）最大值、最小值和范围。最大值反映的是所有参与统计的样本中数值最大的那个值，最小值就是数值最小的那个值，而范围指的是最大值减去最小值得到的差值，体现了数据分布范围。

（5）中位数、第一四分位数、第三四分位数。中位数指的是处在所有样本数据中间位置的那个数，即把所有的样本数值从小到大排序，正好处在中间位置的那个数。第一四分位数则是指正好排在前四分之一的那个数，第三四分位数则是指正好排在后四分之一的那个数。由此可见，中位数相当于第二四分位数。

（6）方差和标准差。方差衡量的是所有数值离开均值分布的范围。其公式为

$$\sigma^2=\frac{\sum_{i=1}^{n}\left(x_i-\overline{x}\right)^2}{n}$$

方差的计算是先把所有数值与均值相减，求出差值。把所有样本数值与均值的差值平方求和，再除以样本数求均值，得到的结果就是方差，它的大小反映了所有数据围绕着均值分散的范围。标准差是方差的平方根。

（7）众数、寡数和种类数。众数是指所有样本中数值出现次数最多的那个数，寡数则是频数最小的数。而种类数就是样本中不同数值的个数。

二、算法实现

设计一个通用的类来实现上述各种描述性统计量的计算，考虑到后面要在栅格数据的统计计算中频繁使用这些计算，所以采用了函数对象的方式实现各种计算方法。先定义一个枚举类型用来说明：

```
enum class EStatisticsType       // 统计类型
{
    Count/*样本数*/, Sum/*总和*/, Mean/*均值*/, Max/*最大值*/, Min/*最小值*/,
    Range/*范围*/, Median/*中位数*/, FirstQuartile/*第一四分位数*/,
    ThirdQuartile/*第三四分位数*/, Variance/*方差*/, StandardDeviation/*标准差*/,
    Majority/*众数*/, Minority/*寡数或少数*/, Variety/*种类数或变异度*/
};
```

类 CDescriptiveStatistics 作为实现描述性统计量的总的类，代码如下：

```
template <typename T>
class CDescriptiveStatistics
{
public:
    void SetMethod(EStatisticsType Method); // 设置统计方法
    // 进行描述性统计量计算的函数对象
    function<bool(const vector<T>&, long double&)> _GetStatistics;

public:
    // 清洗数据,去除其中要排除的数值 ExcludedValue,返回净化的数组
    vector<T>&& CleanData(const vector<T>& RawData, T ExcludedValue) const;
    void CleanData(const vector<T>& RawData, T ExcludedValue,
        vector<T>& CleanedData) const;
};
```

下面的代码声明了几种简单的描述性统计量的函数对象类，代码如下：

```
template <typename T> struct StatisticCount{       // 样本数
    bool operator() (const vector<T>& DataSet, long double& Result) const;};
template <typename T> struct  StatisticSum{        // 总和
    bool operator() (const vector<T>& DataSet, long double& Result) const;};
template <typename T> struct StatisticMean{        // 均值
    bool operator() (const vector<T>& DataSet, long double& Result) const;};
template <typename T> struct StatisticMax{         // 最大值
    bool operator() (const vector<T>& DataSet, long double& Result) const;};
template <typename T> struct StatisticMin{         // 最小值
    bool operator() (const vector<T>& DataSet, long double& Result) const;};
template <typename T> struct StatisticRange{       // 范围
    bool operator() (const vector<T>& DataSet, long double& Result) const;};
template <typename T> struct StatisticMedian{      // 中位数
    bool operator() (const vector<T>& DataSet, long double& Result) const;};
```

```
template <typename T> struct StatisticFirstQuartile{          // 第一四分位数
    bool operator() (const vector<T>& DataSet, long double& Result) const;};
template <typename T> struct StatisticThirdQuartile{          // 第三四分位数
    bool operator() (const vector<T>& DataSet, long double& Result) const;};
template <typename T> struct StatisticVariance{               // 方差
    bool operator() (const vector<T>& DataSet, long double& Result) const;};
template <typename T> struct StatisticStandardDeviation{      // 标准差
    bool operator() (const vector<T>& DataSet, long double& Result) const;};
```

对于其他几个描述性统计量，结构略为复杂，众数的代码如下：

```
template <typename T> struct StatisticMajority        // 众数（出现频数最高的数）
{
    bool operator() (const vector<T>& DataSet, long double& Result) const;
private:
    mutable vector<T> _UniqueValue;                    // 保存每个唯一的数值
    mutable vector<size_t> _Occurance;                 // 该数值出现的频数
};
```

出现频数最低的数，又称为少数或寡数的代码如下：

```
template <typename T> struct StatisticMinority        // 寡数（出现频数最低的数）
{
    bool operator() (const vector<T>& DataSet, long double& Result) const;
private:
    mutable vector<T> _UniqueValue;                    // 保存每个唯一的数值
    mutable vector<size_t> _Occurance;                 // 该数值出现的频数
};
```

种类数或变异度的代码如下：

```
template <typename T> struct StatisticVariety         // 种类数
{
    bool operator() (const vector<T>& DataSet, long double& Result) const;
private:
    mutable vector<T> _UniqueValue;                    // 保存每个唯一的数值
};
```

我们来实现几个简单的描述性统计量，包括样本数、总和、最大值和范围。均值、最小值等留给学生们完成。代码如下：

```
template<typename T> bool StatisticCount<T>::operator()(    //  样本数
    const vector<T>& DataSet, long double& Result) const
{
    Result = DataSet.size();
    return true;
}
```

```
template<typename T> bool StatisticSum<T>::operator()(      // 总和
    const vector<T>& DataSet, long double& Result) const
{
    if (DataSet.empty())
        return false;
    Result = accumulate(cbegin(DataSet), cend(DataSet), 0);
    return true;
}

template<typename T> bool StatisticMax<T>::operator()(      // 最大值
    const vector<T>& DataSet, long double& Result) const
{
    if (DataSet.empty())
        return false;
    Result = *max_element(begin(DataSet), end(DataSet));
    return true;
}

template<typename T> bool StatisticRange<T>::operator()(    // 范围
    const vector<T>& DataSet, long double& Result) const
{
    if (DataSet.empty())
        return false;
    auto MinMax = minmax_element(cbegin(DataSet), cend(DataSet));
    Result = *MinMax.second - *MinMax.first;
    return true;
}
```

求中位数的算法代码如下所示，学生们可以参照此算法自行实现第一四分位数和第三四分位数的算法。

```
template<typename T> bool StatisticMedian<T>::operator()(      // 中位数
    const vector<T>& DataSet, long double& Result) const
{
    if (DataSet.empty())
        return false;

    vector<T> SortedSet(DataSet);
    sort(SortedSet.begin(), SortedSet.end());
    size_t Count = SortedSet.size();

    Result = (Count % 2 != 0) ? SortedSet[Count / 2] :
        (SortedSet[Count / 2 - 1] + SortedSet[Count / 2]) / 2.;

    return true;
}
```

下面是计算方差的代码，学生们可以相应地写出计算标准差的算法：

```
template<typename T> bool StatisticVariance<T>::operator()(        // 方差
    const vector<T>& DataSet, long double& Result) const
{
    if (DataSet.empty())
        return false;

    auto Count = static_cast<long double>(DataSet.size());
    auto MeanValue = accumulate(cbegin(DataSet), cend(DataSet), 0) / Count;
    Result = inner_product(begin(DataSet), end(DataSet), begin(DataSet), 0) /
        Count - MeanValue * MeanValue;

    return true;
}
```

下面给出了计算众数的代码，学生们可以相应地写出计算寡数和种类数的代码。

```
template<typename T> bool StatisticMajority<T>::operator()(        // 众数
    const vector<T>& DataSet, long double& Result) const
{
    if (DataSet.empty())
        return false;

    _UniqueValue.clear();
    _Occurance.clear();
    for (const auto& v : DataSet)
    {
        auto itr = find(_UniqueValue.begin(), _UniqueValue.end(), v);
        if (itr == _UniqueValue.end())          // 新的数值
        {
            _UniqueValue.emplace_back(v);       // 记录下新的数值
            _Occurance.emplace_back(1);         // 新数值频数为 1
        }
        Else                                    // 重复出现的数值
           ++ _Occurance[distance(_UniqueValue.begin(), itr)]; // 频数加一
    }

    size_t MaxOccur = 0;                        // 频数最大值
    size_t OccurTimes = 0;                      // 频数最大值出现的次数
    size_t MaxIndex = -1;                       // 频数最大值数组下标
    for (size_t i = 0; i < _UniqueValue.size(); ++i)
    {
        if (_Occurance.at(i) > MaxOccur)
        {
            MaxOccur = _Occurance.at(i);        // 新的频数最大值,候选众数
            OccurTimes = 1;                     // 出现第一次
```

```
            MaxIndex = i;                          // 记录下最大频数的数组下标
        }
        else if (_Occurance.at(i) == MaxOccur)  // 最大频数再次出现
            MaxIndex = -1;                         // 不符合众数要求
    }

    if (MaxIndex != -1)                            // 找到众数
    {
        Result = _UniqueValue.at(MaxIndex);
        return true;
    }
    else                                           // 没有找到众数
        return false;
}
```

第二节　栅格统计算法

栅格数据的统计指的是输入一个或多个相同地区的栅格数据，并对这些栅格数据中的栅格单元属性值进行统计计算，获得属性值的统计特征值，这些统计特征值有最大值、最小值、众数、均值、总和、样本数和标准差等。通常把统计结果数值以一个新的栅格数据的属性值形式输出，即统计结果都存放在输出的栅格数据的栅格单元内。有些栅格统计计算也可以用一个属性表格的形式输出统计结果。

栅格数据统计根据统计计算的空间范围的不同，可以分成四个具体的统计方法，即局域统计、邻域统计、分区统计和全域统计。在设计栅格统计分析的时候，先设计一个基类 CRasterStatisticsTool，该基类主要负责建立描述性统计量的计算方法函数对象。而具体的四种栅格统计方法的类实现则以继承自基类的各个派生类来实现。栅格统计的基类声明代码如下：

```
template <typename T>
class CRasterStatisticsTool
{
public:
    CRasterStatisticsTool() = delete;
    explicit CRasterStatisticsTool(EStatisticsType Method);   // 指定统计方法
protected:
    CDescriptiveStatistics<T> _Method;                         // 统计方法
};
```

栅格统计基类的实现代码只要一个构造函数，如下：

```
template<typename T>
CRasterStatisticsTool<T>::CRasterStatisticsTool(EStatisticsType Method)
{
    _Method.SetMethod(Method);       // 设置统计计算方法
}
```

一、局部统计运算

栅格数据的局域统计指的是对若干个同一地区、但不同数值的栅格数据进行对应栅格单元的统计计算。对应栅格单元指的是不同栅格数据中在空间位置上重合的栅格单元。局域统计对所有对应栅格单元的数值进行常规描述性统计量的计算，如最大值、最小值、众数、均值、总和、样本数和标准差等。计算的结果保存在输出的新栅格数据中相应空间位置的栅格单元内。

局部统计计算类 CRasterLocalStatisticsTool 从基类 CRasterStatisticsTool 中派生出来，其构造函数传入参与计算的所有栅格数据的数组 InputRasterSet，统计方法为 Method 参数指定。逻辑型变量 bIgnoreNoData 设定是否忽略输入数据中的 NoData 数值：其为 true，则统计计算中排除 NoData 值进行计算；其为 false，则输入栅格属性值中如有 NoData，该栅格单元位置的输出就是 NoData。参数 ResultRas 为输出的统计结果栅格数据。该类的声明代码如下：

```
template <typename T>
class CRasterLocalStatisticsTool : public CRasterStatisticsTool<T>
{
public:
    CRasterLocalStatisticsTool(const vector<shared_ptr<CRaster<T>>>&
        InputRasterSet, EStatisticsType Method, bool bIgnoreNoData,
        CRaster<double>& ResultRas);
    bool Statistics();                    // 进行统计,获得结果

private:
    const vector<shared_ptr<CRaster<T>>>& _InputRasterSet; // 输入的多个栅格数据
    CRaster<double>& _ResultRas;          // 输出统计栅格数据
    bool _bIgnoreNoData;                  // 是否忽略 Nodata
};
```

该类的实现代码如下：

```
template<typename T>
bool CRasterLocalStatisticsTool<T>::Statistics()
{
    for (long Index = 0; Index < _ResultRas.GetCellCount(); ++Index)
    {
        if (_ResultRas.IsNoData(Index))     // 在掩膜栅格的 NoData 区域,不计算
            continue;

        vector<T> LocalRasVSet;             // 同一位置不同栅格层的对应栅格数值

        bool bPass = false;
        for (auto InRas : _InputRasterSet)
        {
            if (InRas->IsNoData(Index))     // 输入中有 NoDat
```

```
            {
                if (_bIgnoreNoData == false)          // 不忽略 NoData 计算
                {
                    _ResultRas.SetCellNoData(Index);   // 输出设为 NoData
                    bPass = true;
                    break;
                }
            }
            else
                LocalRasVSet.push_back(InRas->GetCellV(Index));// 需统计的栅格值
        }

        if (bPass)
            continue;

        long double ResultV;
        if (this->_Method._GetStatistics(LocalRasVSet, ResultV))
            _ResultRas.SetCellV(Index, static_cast<double>(ResultV));
        else                                                    // 无法计算出统计值
            _ResultRas.SetCellNoData(Index);                    // 输出设为 NoData
    }

    return true;
}
```

图 13-1 是某流域某年中 6 月和 7 月两个月的降水量空间分布栅格数据。如果我们需要计算 6 月和 7 月两个月的平均降水量，就可以使用栅格局域统计运算中的均值统计方法来实现。图 13-2 为设置栅格局域统计计算（均值）的参数的对话框，图 13-3 为该流域 6 月和 7 月两个月降水量栅格均值统计计算的结果。

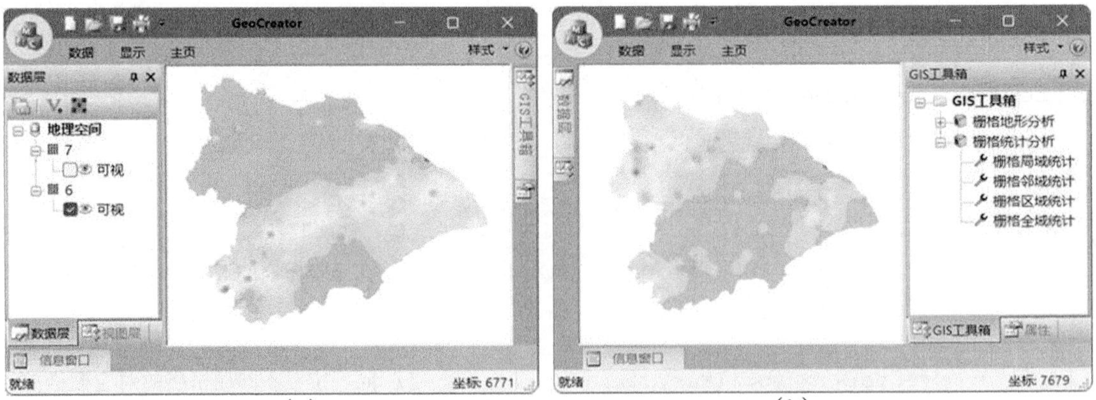

（a）　　　　（b）

图 13-1　某流域某年 6 月降雨（a）与 7 月降雨（b）栅格数据

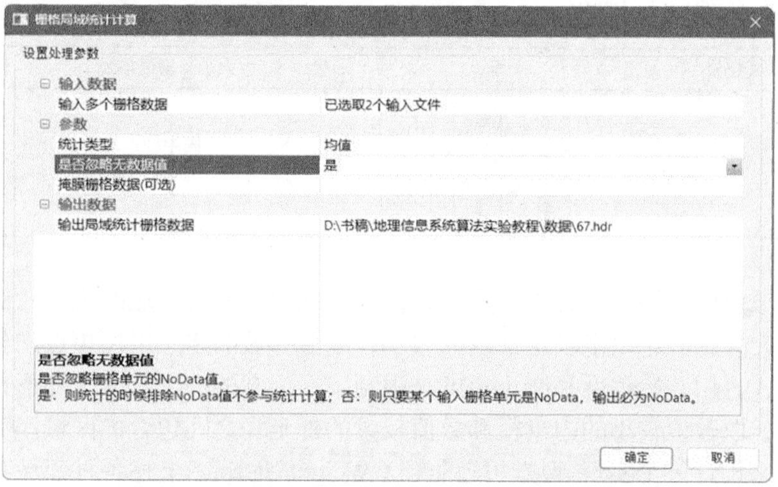

图 13-2　设置栅格局域统计计算（均值）参数的对话框

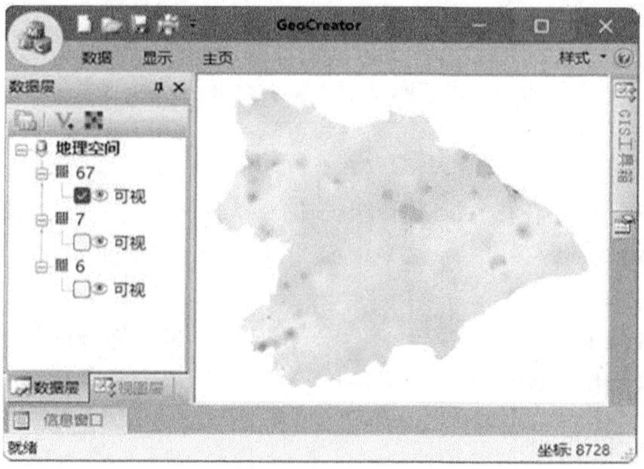

图 13-3 某流域 6 月和 7 月两个月降水量栅格均值统计计算的结果

二、邻域统计运算

栅格邻域统计也叫作焦点统计。邻域统计只有一个输入的栅格数据，此外还要有一个由用户来定义的邻域范围。这个邻域范围一般是以一个称为焦点的栅格单元为中心，以长宽或者半径来定义的这个焦点周围的一片邻近区域。邻域统计就是把输入栅格数据中每一个栅格单元分别作为焦点，统计它周围邻域中所有栅格单元的属性值的统计量，包括最大值、最小值、均值、极差、标准差和总和等。最后把这些邻域栅格单元的属性值统计结果存储到焦点对应的栅格单元位置，形成输出的栅格数据。

用户可以根据实际的需要设置不同大小和形状的邻域范围。常见的邻域设置方法有以下四种，即矩形邻域、圆形邻域、扇形邻域和环形邻域。如表 13-1 所示。

表 13-1　邻域统计中的邻域类型（其中 *F* 为焦点栅格单元位置）

形状	大小（栅格单元）	邻域	形状	大小（栅格单元）	邻域
矩形	高：3 宽：5	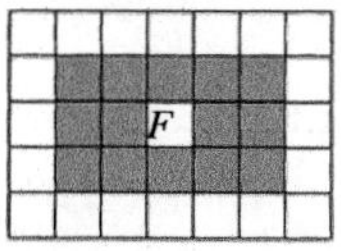	扇形	半径：6 开始角度：–30° 终止角度：–60°	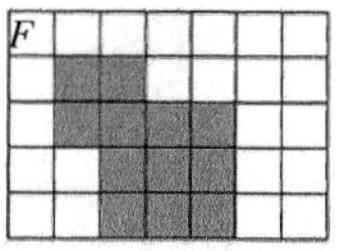

续表

形状	大小（栅格单元）	邻域	形状	大小（栅格单元）	邻域
圆形	半径：3	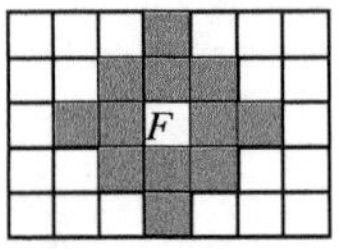	环形	内半径：2 外半径：3	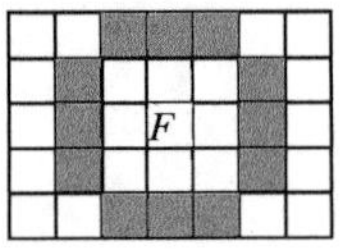

矩形的邻域以中心栅格单元为焦点，以高和宽来定义矩形邻域的大小；圆形的邻域以中心焦点栅格单元为圆心，以半径定义圆的大小；扇形邻域的定义采用焦点向外一个半径的长度形成一个圆，再用开始角度和终止角度来限制扇形为圆的一个部分。环形邻域的定义以中心焦点为圆心，取数值较小的内半径和数值较大的外半径之间包含的区域。

我们首先来设计一个实现邻域功能的类 CWeightMatrix，上述各种邻域都可以抽象为一个数值矩阵，其中 0 值元素代表邻域之外不参与计算的位置，非 0 值元素代表属于范围范围。该类的声明代码如下：

```
template <typename T> class CWeightMatrix
{
public:
    int _RowNumber{ 0 }, _ColNumber{ 0 };              // 行数、列数
    int _FocalRowIndex{ 0 }, _FocalColIndex{ 0 };  // 焦点所在行号、列号

    vector<T> _Grid;                          // 焦点邻域内的数值
    vector<pair<int, int>> _Offset;      // 每个元素相对于焦点的行列偏移量

public:
    void SetRectangle(int RowNumber, int ColNumber,      // 生成矩形邻域,行列数
        int FocalRowIndex, int FocalColIndex,            // 焦点的行列数
        bool bUseFocal = true);                          // 焦点是否参与计算
    void SetCircle(int Radius, bool bUseFocal = true); // 生成圆形邻域
    void SetFan(int Radius, double StartAngle,           // 生成扇形邻域
        double EndAngle, bool bUseFocal = true);
    void SetRing(int SmallRadius, int LargeRadius,       // 生成环形邻域
        bool bUseFocal = true);
    void SetCustomizedKernel(int RowNumber, int ColNumber, // 自定义邻域行列数
        int FocalRowIndex, int FocalColIndex,            // 焦点的行列数
        vector<T>& Value);                               // 自定义权重数值

    // 从栅格数据 Raster 中 RasFocalIndex 焦点位置获取栅格邻域属性值,存入 WndData
    void GetRasterMovingWindowData(const CRaster<T>& Raster,
        long RasFocalIndex,  vector<T>& WndData) const;

private:
    double Distance2ToFocal(int Row, int Col) const;     // 计算到焦点的距离平方
};
```

下面列出生成矩形邻域的成员函数的代码：

```
template<typename T>
void CWeightMatrix<T>::SetRectangle(int RowNumber, int ColNumber,
    int FocalRowIndex, int FocalColIndex, bool bUseFocal)
{
    _RowNumber = RowNumber;                        // 行数
    _ColNumber = ColNumber;                        // 列数

    _FocalRowIndex = FocalRowIndex;                // 焦点所在行号
    _FocalColIndex = FocalColIndex;                // 焦点所在列号

    _Grid.resize(_RowNumber * _ColNumber, 1);

    if (bUseFocal == false)                        // 焦点不参与计算
        _Grid[_FocalRowIndex * _ColNumber + _FocalColIndex] = 0;

    for (int i = 0; i < _RowNumber; ++i)     // 设置邻域单元偏移量
        for (int j = 0; j < _ColNumber; ++j)
            _Offset.emplace_back(i - _FocalRowIndex, j - _FocalColIndex);
}
```

下面再列出生成圆形邻域的代码，其他如扇形邻域、环形邻域和用户自定义的邻域，留给学生们自行实现。

```
template<typename T>
void CWeightMatrix<T>::SetCircle(int Radius, bool bUseFocal)
{
    _RowNumber = _ColNumber = Radius * 2 + 1;        // 行数、列数
    _FocalRowIndex = _FocalColIndex = Radius;        // 焦点行列号

    _Grid.resize(_RowNumber * _ColNumber, 0);

    for (int i = 0; i < _RowNumber; ++i)
        for (int j = 0; j < _ColNumber; ++j)
        {
            _Offset.emplace_back(i - _FocalRowIndex, j - _FocalColIndex);

            if (Distance2ToFocal(i, j) <= Radius * Radius)
                _Grid[i * _ColNumber + j] = 1;
        }

    if (bUseFocal == false)                              // 焦点不参与计算
        _Grid[_FocalRowIndex * _ColNumber + _FocalColIndex] = 0;
}
```

成员函数 GetRasterMovingWindowData 从传入的栅格数据中，获取焦点邻域中栅格数据

对应的栅格单元属性值，得到的结果以数组的形式返回，代码如下：

```
template<typename T>
void CWeightMatrix<T>::GetRasterMovingWindowData(const CRaster<T>& Raster,
    long RasFocalIndex, vector<T>& WndData) const
{
    long RasFocalRow, RasFocalCol; // 栅格数据的焦点栅格单元行列值
    Raster.GetRowCol(RasFocalIndex, RasFocalRow, RasFocalCol);

    WndData.clear();
    for (size_t i = 0; i < _Grid.size(); ++i)
    {
        if (_Grid[i] == 0)          // 不在设定的邻域范围内
            WndData.push_back(Raster.GetNoDataValue());      // 不参与计算
        else                            // 在邻域内
        {
            long Row = RasFocalRow + _Offset[i].first;      // 邻域单元行偏移
            long Col = RasFocalCol + _Offset[i].second;     // 邻域单元列偏移

            if (Raster.IsNoData(Row, Col))
                WndData.push_back(Raster.GetNoDataValue());   // 设为NoData
            else
                WndData.push_back(Raster.GetCellV(Row, Col) * _Grid[i]);
        }
    }
}
```

计算邻域中某个单元到焦点单元的距离平方是为了生成圆形、扇形和环形邻域方法所需要用到的内部私有函数，之所以计算距离平方值，是为了避免计算求平方根的运算开销，提高计算效率。代码如下：

```
template<typename T>
double CWeightMatrix<T>::Distance2ToFocal(int Row, int Col) const
{
    return (Row - _FocalRowIndex) * (Row - _FocalRowIndex) +
        (Col - _FocalColIndex) * (Col - _FocalColIndex);
}
```

有了上述的生成邻域的类，就可以进一步实现栅格邻域统计计算的类了。该类与栅格局域统计类一样都是派生自模板基类 CRasterStatisticsTool，代码如下：

```
template <typename T>
class CRasterFocalStatisticsTool : public CRasterStatisticsTool<T>
{
public:
    CRasterFocalStatisticsTool() = delete;
    CRasterFocalStatisticsTool(const CRaster<T>& InputRas,
```

```
            const CWeightMatrix<T>& WeightMatrix,
            EStatisticsType Method,
            CRaster<double>& ResultRas);

    bool Statistics();                              // 进行统计，获得结果

private:
    const CWeightMatrix<T>& _WeightMatrix;  // 定义了邻域的权重矩阵
    const CRaster<T>& _InputRas;                    // 输入栅格数据
    CRaster<double>& _ResultRas;                    // 输出统计栅格数据
};
```

构造函数的实现代码如下：

```
template<typename T>
CRasterFocalStatisticsTool<T>::CRasterFocalStatisticsTool(
    const CRaster<T>& InputRas, const CWeightMatrix<T>& WeightMatrix,
    EStatisticsType Method, CRaster<double>& ResultRas)

    : _InputRas(InputRas), _WeightMatrix(WeightMatrix)
    , _ResultRas(ResultRas), CRasterStatisticsTool<T>(Method)
{
}
```

具体进行统计的成员函数代码如下：

```
template<typename T>
bool CRasterFocalStatisticsTool<T>::Statistics()
{
    for (long Index = 0; Index < _ResultRas.GetCellCount(); ++Index)
    {
        if (_ResultRas.IsNoData(Index))      // 在掩膜栅格的 NoData 区域，不计算
            continue;

        vector<T> FocalRasV;                         // 获取焦点位置所有邻域内的栅格数值
        _WeightMatrix.GetRasterMovingWindowData(_InputRas, Index, FocalRasV);

        vector<T> CleanedFocalData;              // 保存清洗过的邻域数据
            this->_Method.CleanData(FocalRasV, _InputRas.GetNoDataValue(),
                CleanedFocalData);                   // 去掉邻域中的 NoData 数值

        long double ResultV;
        if (this->_Method._GetStatistics(CleanedFocalData, ResultV))
            _ResultRas.SetCellV(Index, static_cast<double>(ResultV));
        else
            _ResultRas.SetCellNoData(Index);
    }
```

```

    return true;
}
```

三、分区统计运算

栅格分区统计指的是对一个输入栅格数据，按照另一个输入栅格数据所指定的某种空间分区进行统计，如计算最大值、最小值、均值、极差、标准差和总和等。用于统计的输入栅格数据可以是整型栅格数据，也可以是浮点型栅格数据。而用来决定分区范围的输入栅格数据则必须是一个整型的栅格数据，其中的每个分区采用特定的整型栅格单元数值与其他分区相区别。输出的统计结果中，每个分区范围内的栅格都带有相同的该分区的统计结果数值，通常这样的输出栅格数据也是一个浮点型栅格数据。

分区统计计算首先是要对输入栅格数据中的每一个栅格单元判断其归属于哪一个分区，并把其属性值暂存到那个所属分区的缓存中。当把整个栅格数据都判断完以后，就可以针对不同的分区缓存进行统计计算，并把最终统计的结果再输出到一个结果栅格数据中。该结果栅格数据与分区栅格数据有完全一样的分区形式，只不过每个分区的栅格单元中存放的是整个分区的统计结果数值。

实现分区统计，先要实现一个分区的缓存，其类声明如下：

```
template <typename T>
class CZoneValue                    // 分区数据缓存
{
public:
    explicit CZoneValue(long ZoneID) : _ZoneID(ZoneID) {};

    long _ZoneID;                   // 分区的 ID
    vector<T> _ZoneValueSet;        // 各个分区在输入栅格数据中对应的栅格属性值

    long double _StatisticsValue{0};    // 存储最终的统计值
};
```

为分区统计从基类 CRasterStatisticsTool 中继承一个派生类，代码如下：

```
template <typename T>
class CRasterZonalStatisticsTool : public CRasterStatisticsTool<T>
{
public:
    CRasterZonalStatisticsTool() = delete;
    CRasterZonalStatisticsTool(const CRaster<T>& InputRas, // 输入栅格
        const CRaster<long>& ZoneRas,            // 分区整型栅格
        EStatisticsType Method,                  // 统计方法
        CRaster<double>& ResultRas);             // 输出浮点型栅格

    bool Statistics();                           // 进行统计,获得结果

```

```
private:
    const CRaster<T>& _InputRas;                   // 输入待统计栅格数据
    const CRaster<long>& _ZoneRas;                 // 输入的整型分区栅格
    CRaster<double>& _ResultRas;                   // 输出统计栅格数据

    vector<CZoneValue<T>> _ZoneValue;              // 缓存所有分区的输入数值

private:
    void AddZoneValue(long ZoneID, T Value);       // 向缓存中添加一个分区数值
    void StatisticsZoneValue();                    // 对缓存中的分区进行统计
    long double GetZoneStatisticsValue(long ZoneID) const;// 获得某区域统计值
};
```

向缓存中添加一个分区的数值，需要先检查缓存中是否已经存在该分区的数据，如果不存在则添加新的分区，如果已存在，则直接在已存在的分区中添加新的栅格单元数值。代码如下：

```
template<typename T>
void CRasterZonalStatisticsTool<T>::AddZoneValue(long ZoneID, T Value)
{
    for (CZoneValue<T>& Zone : _ZoneValue)
    {
        if (Zone._ZoneID == ZoneID)                   // 分区已存在
        {
            Zone._ZoneValueSet.push_back(Value);      // 直接添加新数值
            return;
        }
    }

    _ZoneValue.emplace_back(ZoneID);                  // 分区不存在,新建一个
    _ZoneValue.back()._ZoneValueSet.push_back(Value); // 添加数值
}
```

对缓存数组中的各分区进行统计计算的代码如下：

```
template<typename T>
void CRasterZonalStatisticsTool<T>::StatisticsZoneValue()
{
    for (CZoneValue<T>& Zone : _ZoneValue)       // 循环处理所有分区
    {
        // 统计分区的数值,存入 Zone._StatisticsValue
        if (this->_Method._GetStatistics(Zone._ZoneValueSet,
            Zone._StatisticsValue) == false)
        {
            // 如果计算失败,则统计值设为 NoData
            Zone._StatisticsValue = _ResultRas.GetNoDataValue();
        }
```

```
    }
}
```

从缓存数组中获得某个区域的最终统计值的代码如下：

```
template<typename T>
long double CRasterZonalStatisticsTool<T>::GetZoneStatisticsValue(
    long ZoneID) const
{
    for (const auto& Zone : _ZoneValue)
        if (Zone._ZoneID == ZoneID)
            return Zone._StatisticsValue;

    return _ResultRas.GetNoDataValue();
}
```

最后，我们可以来实现分区统计的代码：

```
template<typename T>
bool CRasterZonalStatisticsTool<T>::Statistics()
{
    for (long Index = 0; Index < _ZoneRas.GetCellCount(); ++Index)
        if (!_ZoneRas.IsNoData(Index) && !_InputRas.IsNoData(Index))
           AddZoneValue(_ZoneRas.GetCellV(Index), _InputRas.GetCellV(Index));

    StatisticsZoneValue(); // 对缓存中的各分区进行统计计算

    for(long Index = 0; Index < _ResultRas.GetCellCount(); ++Index)
        if (!_ResultRas.IsNoData(Index))
        {
            auto ZoneID = _ZoneRas.GetCellV(Index);     // 分区 ID
            auto StaticValue = GetZoneStatisticsValue(ZoneID);    // 分区统计值
           _ResultRas.SetCellV(Index, StaticValue);       // 设置栅格单元为统计值
        }

    return true;
}
```

四、全域统计运算

栅格全域统计又称为全局统计，是对整个栅格数据所有栅格单元的属性值进行的统计，并输出常用描述性统计量的统计结果数值。通常全域统计并不产生一个栅格数据，而是可以生成一个统计表格文件，把用户需要统计的描述性统计量数值保存在表格文件里。

实 验 习 题

1. 编写实现描述性统计量均值、最小值、第一四分位数、第三四分位数、标准差、寡数和种类数等算法。
2. 编写实现邻域统计中生成扇形邻域、环形邻域与用户自定义邻域的算法。

主要参考文献

马劲松. 2020. 地理信息系统基础原理与关键技术[M]. 南京：东南大学出版社.
Hyndman R J, Fan Y. 1996. Sample quantiles in statistical packages[J]. The American Statistician, 50(4): 361-365.

第十四章　数字地形分析算法

数字地形分析是基于栅格 DEM 的地形特征计算，包括地形因子计算、视域分析和水文分析等几个主要的部分。本章主要介绍地形因子计算和地表曲率计算的相关算法。

第一节　地形因子计算算法

常见的地形因子计算通常包括坡度、坡向和山体阴影等。

一、坡度与坡向

坡度描述的是地形表面上高度变化率的数值。地形的坡度可以用不同的测量单位来描述，可以表示为斜率、坡度百分比或度数。其中坡度百分比等于垂直高差与水平距离之比再乘以 100，其意义就是高度的变化率，即地形在水平方向上变化 100m，在垂直高度上相应会变化多少米。度数坡度是垂直高差与水平距离之比的反正切角度。

坡向描述的是垂直于地形表面的法线在水平面上的投影方向，是一个角度数值。坡向一般是以方位角来度量的，方位角以正北方向为起始 0 度，顺时针旋转角度增加，到正东方向为 90°，正南方向为 180°，正西方向为 270°，直到 360°又回到正北方向。这与通常数学中的角度计量方式不同。

GIS 中使用栅格 DEM 计算每个栅格单元的坡度和坡向时，需要计算垂直于栅格单元的法矢量（n_x，n_y，n_z）的倾向和倾量，以此来决定栅格单元的坡度和坡向。坡度 S 和坡向 D 的计算公式为

$$S = \frac{\sqrt{n_x^2 + n_y^2}}{n_z}$$

$$D = \tan^{-1}\left(\frac{n_y}{n_x}\right)$$

计算出的 $S\times100$ 就是坡度百分比，也可以转换成角度值。D 为相对于 x 轴的弧度值，计算结果还要转换成方位角表达的角度。当地表面是水平面的时候，不存在坡向角，此时通常把坡向用一个负数来表示。

基于栅格 DEM 计算坡度和坡向的算法通常都是通过一个 3×3 栅格单元的移动窗口在栅格 DEM 上移动，使用该窗口作为邻域范围，估算窗口中心栅格单元的坡度和坡向。如果某个邻域栅格单元没有高程数值（如超出研究区边界），则使用中心栅格单元的高程值替代。最常用的三种估算坡度的方法是 Fleming、Hoffer 和 Ritter 算法、Horn 算法，以及 Sharpnack 和 Akin 算法。

Fleming、Hoffer 和 Ritter 提出的算法采用下面的方法估算 z_5 点处的法矢量：

$$n_x = z_4 - z_6$$

$$n_y = z_8 - z_2$$

$$n_z = 2L$$

其中，L 为栅格单元的水平方向的大小。其他符号如图 14-1 所示。

z_1	z_2	z_3
z_4	z_5	z_6
z_7	z_8	z_9

图 14-1　栅格 DEM 坡度坡向计算的 3×3 移动窗口

Horn 算法是 ArcGIS 采用的算法，其公式如下：

$$n_x = (z_1 + 2z_4 + z_7) - (z_3 + 2z_6 + z_9)$$

$$n_y = (z_7 + 2z_8 + z_9) - (z_1 + 2z_2 + z_3)$$

$$n_z = 8L$$

Sharpnack 和 Akin 算法的公式如下：

$$n_x = (z_1 + z_4 + z_7) - (z_3 + z_6 + z_9)$$

$$n_y = (z_7 + z_8 + z_9) - (z_1 + z_2 + z_3)$$

$$n_z = 6L$$

二、山体阴影

山体阴影又称为地形阴影或地形晕渲图，是模拟光源从某个设定角度照射山体地形产生的明暗现象。通常的光源为设定的在天空中某一位置的太阳。在栅格 DEM 上计算每个栅格单元的山体阴影，通常的算法要考虑地形的坡度与坡向，以及光源的位置。

光源的位置可以用方位角和高度角两个参数来确定。光源的方位角是光源来自的角度方向，以正北为 0°，在 0°~360°按顺时针测量。光源的高度角指的是光源高出地平线的角度，0°位于地平线上，90°位于天顶。计算地形阴影需要指定光源的方位角和高度角。其公式如下：

$$\begin{aligned} R = 255 \times [&\cos(\text{aspect} - \text{azimuth})\sin(\text{slope})\cos(\text{altitude}) \\ &+ \cos(\text{slope})\sin(\text{altitide})] \end{aligned}$$

式中，R 为地形阴影值；slope 为地形坡度；aspect 为地形坡向；azimuth 为光源方位角；altitude

为光源高度角。角度都要换算成弧度值计算。方位角也要先转换成数学上的角度。可以使用（360°–方位角+90°）的公式来转换方位角到数学上的角度，如果大于或等于 360°，则再减去 360°。如果计算出的 R 小于 0，则取值为 0。

三、坡度、坡向与山体阴影算法

由于上述的地形坡度、坡向和山体阴影三个地形因子的计算有许多相同的地方，所以可以把它们设计成放在一个类里面实现，即用一个类 CRasterSurfaceTool 来实现栅格 DEM 的坡度、坡向和阴影计算，先定义一些计算地形因子所需的常量，包括枚举类型 ETerrainFactor 是用来说明需要计算坡度、坡向或地形阴影三者之中的哪一个因子，枚举类型 ENormalVectorMethod 用来说明具体采用三种不同的计算法矢量方法中的哪一种算法，以及枚举类型 ESlopeUnit 用来说明坡度计算的结果是以度数为单位表达，还是以坡度百分比形式表达。代码如下：

```
enum class ETerrainFactor        // 需要计算的地形因子
{
    Slope, Aspect, Hillshade     // 坡度、坡向、地形阴影
};

enum class ENormalVectorMethod  // 栅格单元法矢量的三种不同算法
{
    Fleming_Hoffer_Ritter, Horn, Sharpnack_Akin
};

enum class ESlopeUnit            // 坡度采用的计量单位
{
    Degree, PercentRise          // 度,百分比
};
```

类 CRasterSurfaceTool 的声明代码如下：

```
class CRasterSurfaceTool
{
public:
    // 创建栅格表面计算工具，输入 DEM，以及输出的栅格
    CRasterSurfaceTool(CRaster<double>& DEMRas, CRaster<double>& ResultRas);
public:
    bool Slope(  // 计算坡度栅格数据,Method: Fleming, Hoffer & Ritter, Horn
        const wstring& Method,            // 或 Sharpnack & Akin
        const wstring& Unit, double ZScale = 1.);// Unit: Degree 或 PercentRise

    bool Aspect(const wstring& Method);   // 计算坡向栅格数据

    bool HillShade(const wstring& Method, // 计算山体阴影栅格数据
        double AzimuthDegree, double AltitudeDegree, double ZScale = 1.);
```

```
private:
    CRaster<double>& _DEMRas;                              // 输入数据,栅格 DEM
    CRaster<double>& _ResultRas;                           // 输出数据

    ETerrainFactor _TerrainFactor;                         // 要计算的地形因子

    ENormalVectorMethod _NormalVectorMethod;               // 法矢量算法名称
    function<void(const array<double, 8>&,
        double&, double&, double&, double)> _Method;       // 法矢量算法函数

    ESlopeUnit _SlopeUnit{ ESlopeUnit::Degree };           // 坡度计量单位
    double _ZScale{ 1. };                                  // 垂直和水平距离比例
    double _Azimuth{ 0. };                                 // 太阳方位角（弧度数）
    double _Altitude{ 0. };                                // 太阳高度角（弧度数）
private:
    double GetNeighborV(long Index, ECellDir Dir) const;   // 取得相邻单元的数值
    bool Calculation();                                    // 计算坡度或坡向或阴影

    void SetMethod(const wstring& Method);
    void SetSlopeUnit(const wstring& Unit);

    double CellAspectDegree(double nx, double ny) const;             // 计算方位角
    double CellSlopeDegree(double nx, double ny, double nz) const;   // 坡度角
    double CellSlopePercent(double nx, double ny, double nz) const;  // 百分比
    double CellHillshade(double nx, double ny, double nz) const;     // 计算阴影
};
```

下面分别对三种不同的计算栅格表面法矢量的算法函数进行声明，代码如下：

```
struct Fleming_Hoffer_Ritter          // Fleming、Hoffer、Ritter算法
{
    void operator () (const array<double, 8>& MoveWnd,
        double& nx, double& ny, double& nz, double CellSize) const;
};

struct Horn                           // Horn 算法
{
    void operator () (const array<double, 8>& MoveWnd,
        double& nx, double& ny, double& nz, double CellSize) const;
};

struct Sharpnack_Akin                 // Sharpnack、Akin 算法
{
    void operator () (const array<double, 8>& MoveWnd,
        double& nx, double& ny, double& nz, double CellSize) const;
};
```

下面对几个重要的函数实现进行说明，首先是 ArcGIS 常用的 Horn 法矢量计算方法的实现，其中 MoveWnd 是 3×3 的移动窗口，nx，ny 和 nz 是栅格单元表面的法矢量分量。代码如下：

```
void  Horn::operator()(const array<double, 8>& MoveWnd,
    double& nx, double& ny, double& nz, double CellSize) const
{
    nx = (MoveWnd[static_cast<unsigned int>(ECellDir::NorthWest)] +
        2. * MoveWnd[static_cast<unsigned int>(ECellDir::West)] +
        MoveWnd[static_cast<unsigned int>(ECellDir::SouthWest)]) -
        (MoveWnd[static_cast<unsigned int>(ECellDir::NorthEast)] +
            2. * MoveWnd[static_cast<unsigned int>(ECellDir::East)] +
            MoveWnd[static_cast<unsigned int>(ECellDir::SouthEast)]);

    ny = (MoveWnd[static_cast<unsigned int>(ECellDir::SouthWest)] +
        2. * MoveWnd[static_cast<unsigned int>(ECellDir::South)] +
        MoveWnd[static_cast<unsigned int>(ECellDir::SouthEast)]) -
        (MoveWnd[static_cast<unsigned int>(ECellDir::NorthWest)] +
            2. * MoveWnd[static_cast<unsigned int>(ECellDir::North)] +
            MoveWnd[static_cast<unsigned int>(ECellDir::NorthEast)]);

    nz = 8. * CellSize;
}
```

相应的 Fleming、Hoffer 和 Ritter 算法的代码如下：

```
void Fleming_Hoffer_Ritter::operator()(const array<double, 8>& MoveWnd,
    double& nx, double& ny, double& nz, double CellSize) const
{
    nx = MoveWnd[static_cast<unsigned int>(ECellDir::West)] -
        MoveWnd[static_cast<unsigned int>(ECellDir::East)];
    ny = MoveWnd[static_cast<unsigned int>(ECellDir::South)] -
        MoveWnd[static_cast<unsigned int>(ECellDir::North)];
    nz = 2. * CellSize;
}
```

Sharpnack 和 Akin 的算法代码如下：

```
void Sharpnack_Akin::operator()(const array<double, 8>& MoveWnd,
    double& nx, double& ny, double& nz, double CellSize) const
{
    nx = (MoveWnd[static_cast<unsigned int>(ECellDir::NorthWest)] +
        MoveWnd[static_cast<unsigned int>(ECellDir::West)] +
        MoveWnd[static_cast<unsigned int>(ECellDir::SouthWest)]) -
        (MoveWnd[static_cast<unsigned int>(ECellDir::NorthEast)] +
            MoveWnd[static_cast<unsigned int>(ECellDir::East)] +
            MoveWnd[static_cast<unsigned int>(ECellDir::SouthEast)]);
```

```

    ny = (MoveWnd[static_cast<unsigned int>(ECellDir::SouthWest)] +
        MoveWnd[static_cast<unsigned int>(ECellDir::South)] +
        MoveWnd[static_cast<unsigned int>(ECellDir::SouthEast)]) -
        (MoveWnd[static_cast<unsigned int>(ECellDir::NorthWest)] +
            MoveWnd[static_cast<unsigned int>(ECellDir::North)] +
            MoveWnd[static_cast<unsigned int>(ECellDir::NorthEast)]);

    nz = 6. * CellSize;
}
```

具体计算坡度的函数定义为如下代码，对于坡向和阴影的代码与此类似，不再赘述。

```
bool CRasterSurfaceTool::Slope(const wstring& Method,
    const wstring& Unit, double ZScale)
{
    if (_DEMRas.IsEmpty())
        return false;

    _TerrainFactor = ETerrainFactor::Slope; // 计算坡度
    _ZScale = ZScale;                       // 设置高程因子
    SetMethod(Method);                      // 设置算法
    SetSlopeUnit(Unit);                     // 设置坡度单位

    return Calculation();                   // 进行坡度计算
}
```

设置使用的法矢量算法的代码如下：

```
void CRasterSurfaceTool::SetMethod(const wstring& Method)
{
    if (Method == L"Horn")
    {
        _NormalVectorMethod = ENormalVectorMethod::Horn;
        _Method = move(Horn());
    }
    else if (Method == L"Fleming, Hoffer & Ritter")
    {
        _NormalVectorMethod = ENormalVectorMethod::Fleming_Hoffer_Ritter;
        _Method = move(Fleming_Hoffer_Ritter());
    }
    else if (Method == L"Sharpnack & Akin")
    {
        _NormalVectorMethod = ENormalVectorMethod::Sharpnack_Akin;
        _Method = move(Sharpnack_Akin());
    }
}
```

计算地形因子的代码如下：

```
bool CRasterSurfaceTool::Calculation()
{
    for (long Index = 0; Index < _DEMRas.GetCellCount(); ++Index)
    {
        if (_DEMRas.IsNoData(Index) || _ResultRas.IsNoData(Index))
        {
            _ResultRas.SetCellNoData(Index);  // 设置该栅格单元为 NoData
            continue;
        }

        array<double, 8> MovingWindow;                 // 得到当前 3*3 移动窗口的数值
        for (auto i = 0; i < 8; ++i)
            MovingWindow[i] = GetNeighborV(Index, static_cast<ECellDir>(i));

        double nx{ 0. }, ny{ 0. }, nz{ 1. };            // 计算三个法矢量分量
        _Method(MovingWindow, nx, ny, nz, _DEMRas.GetCellSize());

        if (_TerrainFactor == ETerrainFactor::Slope)  // 计算坡度
        {
            switch (_SlopeUnit)                         // 坡度单位
            {
            case ESlopeUnit::Degree:                    // 以度为单位
                _ResultRas.SetCellV(Index, CellSlopeDegree(nx, ny, nz)); break;
            case ESlopeUnit::PercentRise:               // 以百分比为单位
                _ResultRas.SetCellV(Index, CellSlopePercent(nx, ny, nz));break;
            }
        }
        else if (_TerrainFactor == ETerrainFactor::Aspect)     // 计算坡向
            _ResultRas.SetCellV(Index, CellAspectDegree(nx, ny));
        else if (_TerrainFactor == ETerrainFactor::Hillshade)  // 计算山体阴影
            _ResultRas.SetCellV(Index, CellHillshade(nx, ny, nz));
    }

    _ResultRas.UpdateMinMax();
    return true;
}
```

函数 GetNeighborV 的功能是取得相邻栅格单元的数值，代码如下：

```
double CRasterSurfaceTool::GetNeighborV(long Index, ECellDir Dir) const
{
    auto Value = _DEMRas.GetNeighborValue(Index, Dir); // 得到邻域数值

    return (Value != _DEMRas.GetNoDataValue()) ?      // 是空值,则返回自身数值
        Value : _DEMRas.GetCellV(Index);
```

```
}
```

根据法矢量的三个分量计算坡度的函数代码如下：

```
double CRasterSurfaceTool::CellSlopeDegree(
    double nx, double ny, double nz) const          // 三个参数为法矢量分量
{
    return atan(sqrt(nx * nx + ny * ny) * _ZScale / nz) * RadianToDegree;
}
```

同样也可以写出根据法矢量的三个分量计算坡度百分比的函数，代码如下：

```
double CRasterSurfaceTool::CellSlopePercent(
    double nx, double ny, double nz) const          // 三个参数为法矢量分量
{
    return sqrt(nx * nx + ny * ny) * _ZScale * 100. / nz;
}
```

计算坡向的函数代码如下：

```
double CRasterSurfaceTool::CellAspectDegree(double nx, double ny) const
{
    if (nx != 0. || ny != 0.)
    {
        if (nx != 0.)
        {
            double d = RadianToDegree * atan2(ny, nx);
            return (nx > 0.) ? 90. - d : 270. - d;
        }
        else    // (nx == 0.0)
            return (ny < 0.) ? 180. : 360.;
    }
    else
        return -1.; // 平地，没有坡向
}
```

限于篇幅，我们将计算栅格单元山体阴影数值的函数 CellHillshade 留给学生们自行完成。

第二节　地表曲率计算算法

一、地表曲率计算算法介绍

地表曲率指的是地面的弯曲程度，GIS 中通常可以计算三种不同的曲率：剖面曲率、平面曲率和表面曲率。剖面曲率 K_v 定义为坡度方向的曲率，沿着这个方向重力作用最大。对地貌学而言，如果剖面曲率大于 0，表明坡面上物质会加速下移；小于 0 表明物质会减速下移；等于 0 表明匀速下移。加速下移易导致坡面的侵蚀，减速下移则易导致坡面沉积。

平面曲率 K_h 定义为垂直于坡度方向的曲率，可以反映坡面上物质的流向：如果平面曲率大于 0，表明物质在此处分流，该处应该接近山脊线的位置；小于 0 表明物质在此处汇聚，该处接近山谷线的位置；等于 0，表明此处地形平坦。

在栅格 DEM 上计算曲率可以通过一个 3×3 栅格单元移动窗口来实现的。ArcGIS 中使用了 Zeverbergen 和 Thorne 的算法，该算法用一个 4 次多项式 $Z = Ax^2y^2 + Bx^2y + Cxy^2 + Dx^2 + Ey^2 + Fxy + Gx + Hy + I$ 拟合 3×3 栅格窗口，其中：

$$A = \left[(z_1 + z_3 + z_7 + z_9)/4 - (z_2 + z_4 + z_6 + z_8)/2 + z_5\right]/L^4$$

$$B = \left[(z_1 + z_3 - z_7 - z_9)/4 - (z_2 - z_8)/2\right]/L^3$$

$$C = \left[(-z_1 + z_3 - z_7 + z_9)/4 + (z_4 - z_6)/2\right]/L^3$$

$$D = \left[(z_4 + z_6)/2 - z_5\right]/L^2$$

$$E = \left[(z_2 + z_8)/2 - z_5\right]/L^2$$

$$F = (-z_1 + z_3 + z_7 - z_9)/4L^2$$

$$G = (-z_4 + z_6)/2L$$

$$H = (z_2 - z_8)/2L$$

$$I = z_5$$

则剖面曲率：

$$K_v = -2(DG^2 + EH^2 + FGH)/(G^2 + H^2)$$

平面曲率：

$$k_h = 2(DH^2 + EG^2 - FGH)/(G^2 + H^2)$$

通常 ArcGIS 会把计算出来的结果都乘以 100 加以修正，ArcGIS 还把上述两种曲率结合起来，形成表面曲率，表面曲率 K 的计算公式为

$$K = -2(D + E) \times 100$$

K 大于 0 表示地形是向上凸出的，小于 0 表示地形向上是凹的，等于 0 表示地形是平的。

二、曲率算法实现

设计一个类 CRasterCurvatureTool 来实现上述三种曲率的计算，该类的构造函数的参数一个是作为输入数据的栅格 DEM，一个作为输出数据的栅格曲率数据，还需要一个高程因子，默认值为 1。三个公共成员函数分别实现剖面曲率、平面曲率与表面曲率的计算，代码如下：

```
class CRasterCurvatureTool
{
```

```
public:
    // 创建栅格表面计算工具,输入 DEM,以及输出的栅格、高程因子
    CRasterCurvatureTool(CRaster<double>& DEMRas,
        CRaster<double>& ResultRas, double ZScale = 1.);

    bool ProfileCurvature();              // 计算剖面曲率
    bool PlanCurvature();                 // 计算平面曲率
    bool SurfaceCurvature();              // 计算表面曲率
private:
    CRaster<double>& _DEMRas;             // 输入数据,栅格 DEM
    CRaster<double>& _ResultRas;          // 输出数据

    double _ZScale{ 1. };                 // 垂直和水平距离比例
    double _CellSize;                     // 栅格单元的大小

    double _D, _E, _F, _G, _H;            // 计算曲率所需的曲面方程系数
    void GetEquationCoefs(const array<double, 9>& MoveWnd);   // 计算上述系数

    // 计算不同曲率的函数
    function<double(double, double, double, double, double)> _CellCurvature;
    // 取回 3*3 移动窗口中的某个数值
    double WndV(const array<double, 9>& MoveWnd, ECellDir Dir) const;

    // 得到移动 3*3 窗口中的单元数值
    void GetMovingWindowValue(long Index, array<double, 9>& MoveWnd) const;

    void CalculateCurvature(); // 计算整个栅格的曲率
};
```

其中，为了加快计算的效率，使用了三个函数对象来分别计算剖面曲率、平面曲率与表面曲率。其声明如下：

```
struct CellProfileCurvature     // 计算剖面曲率的算法函数对象
{
    double operator() (double D, double E, double F, double G, double H) const;
};

struct CellPlanCurvature        // 计算平面曲率的算法函数对象
{
    double operator() (double D, double E, double F, double G, double H) const;
};

struct CellSurfaceCurvature     // 计算表面曲率的算法函数对象
{
    double operator() (double D, double E, double F, double G, double H) const;
};
```

在栅格数据中获取一个栅格单元的 3 × 3 移动窗口的数值的函数实现如下：

```
void CRasterCurvatureTool::GetMovingWindowValue(long Index,
    array<double, 9>& MoveWnd) const
{
    for (int i = 0; i < 9; ++i)                    //  9 个栅格单元
    {
        double Value = _DEMRas.GetNeighborValue(Index,
            static_cast<ECellDir>(i));             // 得到邻域数值

        MoveWnd[i] = (Value != _DEMRas.GetNoDataValue()) ?
            Value : _DEMRas.GetCellV(Index);       // 是无数据值,则返回自身单元值

        MoveWnd[i] *= _ZScale;                     // 进行高程因子的转换
    }
}
```

获取移动窗口的数值，并计算曲面方程系数的成员函数实现如下：

```
double CRasterCurvatureTool::WndV(const array<double, 9>& MoveWnd,
    ECellDir Dir) const
{
    return MoveWnd[static_cast<unsigned int>(Dir)];
}

void CRasterCurvatureTool::GetEquationCoefs(const array<double, 9>& MoveWnd)
{
    double CellSquare = _CellSize * _CellSize;

    _D = ((WndV(MoveWnd, ECellDir::West) +
        WndV(MoveWnd, ECellDir::East)) / 2. -
        WndV(MoveWnd, ECellDir::Center)) / CellSquare;

    _E = ((WndV(MoveWnd, ECellDir::North) +
        WndV(MoveWnd, ECellDir::South)) / 2. -
        WndV(MoveWnd, ECellDir::Center)) / CellSquare;

    _F = (WndV(MoveWnd, ECellDir::NorthEast) -
        WndV(MoveWnd, ECellDir::NorthWest) +
        WndV(MoveWnd, ECellDir::SouthWest) -
        WndV(MoveWnd, ECellDir::SouthEast)) / (4. * CellSquare);

    _G = (WndV(MoveWnd, ECellDir::East) -
        WndV(MoveWnd, ECellDir::West)) / (2. * _CellSize);

    _H = (WndV(MoveWnd, ECellDir::North) -
        WndV(MoveWnd, ECellDir::South)) / (2. * _CellSize);
}
```

下面三个函数分别实现剖面曲率、平面曲率和表面曲率的计算：

```
double CellProfileCurvature::operator()(
    double D, double E, double F, double G, double H) const
{
    double denominator = G * G + H * H;

    if (denominator == 0.)
        return denominator;

    return -200. * (D * G * G + E * H * H + F * G * H) / denominator;
}

double CellPlanCurvature::operator()(
    double D, double E, double F, double G, double H) const
{
    double denominator = G * G + H * H;

    if (denominator == 0.)
        return denominator;

    return 200. * (D * H * H + E * G * G - F * G * H) / denominator;
}

double CellSurfaceCurvature::operator()(
    double D, double E, double F, double G, double H) const
{
    return -200. * (D + E);
}
```

下面是总的计算曲率的函数实现：

```
void CRasterCurvatureTool::CalculateCurvature()
{
    for (long Index = 0; Index < _DEMRas.GetCellCount(); ++Index)
    {
        if (_ResultRas.IsNoData(Index))
            continue;

        if (_DEMRas.IsNoData(Index))
        {
            _ResultRas.SetCellNoData(Index);          // 设置该栅格单元为NoData
            continue;
        }

        array<double, 9> MovingWindow;                  // 3*3 移动窗口
        GetMovingWindowValue(Index, MovingWindow); // 得到3*3 窗口中的单元值
```

```
            GetEquationCoefs(MovingWindow);                // 计算上述曲面方程系数

            _ResultRas.SetCellV(Index, _CellCurvature(_D, _E, _F, _G, _H));
        }

        _ResultRas.UpdateMinMax();
}
```

图 14-2 显示了某一个地区的栅格 DEM 数据。在软件右侧的 GIS 工具箱窗口中，可以双击选择栅格地形分析中的选项，进行坡度、坡向、山体阴影或地形曲率的计算。

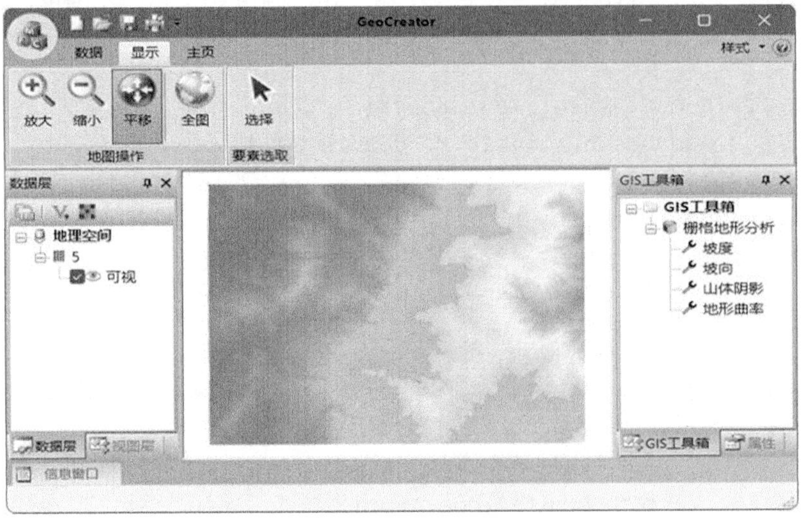

图 14-2　栅格地形因子计算的程序用户界面

图 14-3 显示了计算栅格坡度的参数设置对话框界面，用户需要选择输入的栅格 DEM 数据文件，选择计算坡度的三种算法之一，选择计算坡度的计量单位，设定高程因子，以及设置输出的坡度栅格的文件。

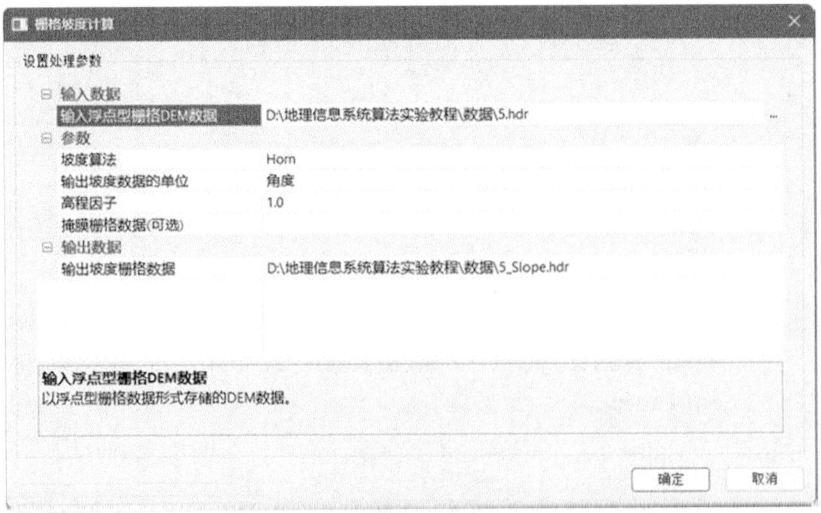

图 14-3　栅格地形坡度计算的参数设置界面

图 14-4 显示了栅格坡度计算的结果。

图 14-4　生成的栅格坡度数据

实 验 习 题

1. 实现计算坡向的函数 bool Aspect(const wstring& Method)。
2. 实现计算山体阴影的函数 bool HillShade(const wstring& Method, double AzimuthDegree, double AltitudeDegree, double ZScale = 1.)。
3. 实现计算某个栅格单元山体阴影数值的函数 double CellHillshade(double nx, double ny, double nz) const。

主要参考文献

马劲松. 2020. 地理信息系统基础原理与关键技术[M]. 南京：东南大学出版社.

Zeverbergen L W, Thorne C R. 1987. Quantitative analysis of land surface topography[J]. Earth Surface Processes and Landforms, 12: 47-56.

第十五章　流域水文分析算法

流域分析算法也称为水文分析算法，水文分析就是根据 DEM 分析出河流可能的空间分布和流域的范围。水文分析生成的河流称为河道链路数据，生成的流域称为集水流域。最先使用美国地质调查局（United States Geological Survey，USGS）的栅格 DEM 进行水文分析研究的是 S. K. Jenson 和 J. O. Domingue 在 1988 年发表的论文：*Extracting Topographic Structure from Digital Elevation Data for Geographic Information System Analysis*。ArcGIS 等软件使用的水文分析算法即来源于此。

水文分析分为若干个步骤来实现，生成一系列的栅格数据来表达河流和流域。下面分别加以说明。

第一节　流向栅格算法

一、流向算法原理

流向栅格数据表现 DEM 每个栅格单元的水会流向其邻域的哪个栅格单元。流向栅格算法常用的是 D8 流向算法，它只考虑每个栅格单元邻域 8 个栅格单元，即认为水通常只流入 8 个方向中的一个。

具体算法为：计算栅格单元与邻域 8 个栅格单元的距离加权落差，也就是用栅格单元的高程分别减去周围 8 个相邻栅格单元的高程，然后再除以栅格单元到相邻栅格单元的平面距离。对于上下左右方向的 4 个栅格，单元距离为一个栅格单元的长度；而对于对角线方向的 4 个栅格，单元距离为一个栅格单元长度的 $\sqrt{2}$ 倍。最后，将 8 个计算结果作比较，找出落差最大的方向作为水流流向。

水流 8 方向采用如下的编码方案，每个方向以一个特定二进制位数值 1 来表示。所以，东为 1、东南为 2、南为 4、西南为 8、西为 16、西北为 32、北为 64、东北为 128。

D8 算法的步骤如下。

（1）根据需要，对于栅格数据边界上的栅格单元，或者研究区域边界上的栅格单元，因为没有 8 个相邻的栅格单元，所以可以设置其流向为区域之外；

（2）对研究区内的所有非边界栅格单元，计算 8 个方向的距离加权落差；

（3）按照以下情况，判定栅格单元的流向：

a. 最大落差<0，方向值为负，表示流向未定义，这种情况说明该栅格单元形成一个小洼地，可以通过后续填充洼地的方法去除；

b. 最大落差≥0，且数值在 8 个相邻栅格单元中只出现一次，则该方向就是流向；

c. 最大落差≥0，但数值在 8 个相邻栅格单元中多次出现，则把所有最大值栅格单元的方向编码相加，作为没有确定的流向；

（4）对于没有确定流向的栅格单元，检查它具有最大落差的相邻栅格单元，如果相邻栅格单元有确定流向，且方向不流向该栅格单元，就把该相邻栅格单元的流向作为该栅格单元的流向；

（5）重复上述第 4 步骤，一直迭代到没有栅格单元可以再确定方向为止；

（6）把所有没有确定方向的栅格单元全部设为负数。这种情况通常在有洼地的 DEM 中出现，所以，要想确定所有栅格单元的流向，就要进行洼地的填充。

二、流向栅格算法实现

为所有的流域算法设计一个总的基类 CRasterHydrologyTool，其中定义一些常用的功能，如定义表达 8 个水流方向的编码等。该类的声明代码如下：

```
class CRasterHydrologyTool
{
public:
    explicit CRasterHydrologyTool(CRaster<double>& DEM);
    virtual bool Calculate() = 0;

private:
    // 流向定义
    const array<long, 8> _RowInc = { 0, 1, 1,  1,  0, -1, -1, -1 };  // 行增量
    const array<long, 8> _ColInc = { 1, 1, 0, -1, -1, -1,  0,  1 };  // 列增量
    const array<long, 8> _DirCode = { 1, 2, 4, 8, 16, 32, 64, 128 };// 方向编码

protected:
    CRaster<double>& _DEM;           // DEM 栅格数据
    enum class ENbDir : size_t       // 方向下标
    {
        Right = 0, RightDown = 1, Down = 2, LeftDown = 3,
        Left = 4, LeftUp = 5, Up = 6, RightUp = 7
    };

    // 判断两个流向编码是否是相向的
    bool IsOppositeDir(long DirCode1, long DirCode2) const;

    // 按照方向下标 Dir 得到方向编码
    long GetDirCodeFromIndex(ENbDir DirIndex) const;
    long GetDirCodeFromIndex(long DirIndex) const;

    // 按照方向下标 DirIdx 求栅格下标 RasIdx 邻域的方向的栅格下标
    template <typename T> long NeighborIndex(const CRaster<T>& Ras,
        long RasIdx, long DirIdx) const;
    template <typename T> long NeighborIndex(const CRaster<T>& Ras,
        long Row, long Col, long DirIdx) const;
};
```

其中，判断两个流向编码表示的流向是否是相向的算法代码如下：

```
bool CRasterHydrologyTool::IsOppositeDir(long DirCode1, long DirCode2) const
{
    return max(DirCode1, DirCode2) == min(DirCode1, DirCode2) << 4;
}
```

按照方向下标求方向编码的代码如下：

```
long CRasterHydrologyTool::GetDirCodeFromIndex(ENbDir DirIndex) const
{
    return _DirCode[static_cast<size_t>(DirIndex)];
}
```

按照方向下标 DirIdx 求栅格下标 RasIdx 邻域方向的栅格下标的代码如下：

```
template <typename T> long CRasterHydrologyTool::NeighborIndex(
    const CRaster<T>& Ras, long RasIdx, long DirIdx) const
{
    if (long Row, Col; Ras.GetRowCol(RasIdx, Row, Col))
        return Ras.GetIndex(Row + _RowInc[DirIdx], Col + _ColInc[DirIdx]);
    else
        return g_InvalidPos;
}
```

而按照栅格行列值得到邻域方向 DirIdx 的栅格下标的代码如下：

```
template <typename T> long CRasterHydrologyTool::NeighborIndex(
    const CRaster<T>& Ras, long Row, long Col, long DirIdx) const
{
    return Ras.GetIndex(Row + _RowInc[DirIdx], Col + _ColInc[DirIdx]);
}
```

流向算法的类 CRasterFlowDirectionTool 是从基类 CRasterHydrologyTool 派生的。声明代码如下：

```
class CRasterFlowDirectionTool : public CRasterHydrologyTool
{
public:
    CRasterFlowDirectionTool() = delete;
    CRasterFlowDirectionTool(CRaster<double>& DEM, // DEM 栅格
        CRaster<long>& FlowDirRas, bool bForceEdgeOutward = true);

    virtual bool Calculate() override;                 // 计算流向栅格

private:
    CRaster<long>& _FlowDirRas;                        // 流向栅格
    bool _bForceEdgeOutward;                           // 是否边界栅格流向为边界外
    CRaster<double> _DropRaster;                       // 坡降栅格

```

```
    double _MaxDeepest;                          // 可能最大的正坡降
    double _MinDeepest;                          // 可能最小的负坡降

    // 判断某栅格单元是否为一个栅格单元构成的孤立洼地,如果是,则填充该洼地
    bool FillSingleSink(long SinkIndex);

    // 计算 8 个邻域的坡降存入 Steep,SteepestDir 为最大坡降的方向
    // Occur 表示存在相同最大坡降的栅格个数
    void Calculate8Drop(long Row, long Col, array<double, 8>& Steep,
        long& SteepestDir, size_t& Occur) const;

    // 设置内外边界上没有流向的栅格流向向外
    bool SetEdgeSinkOut(long Row, long Col);

    // 计算流向的时候,处理那些有多个流向的栅格单元
    void SetMultiDirCells(list<CELL<long>>& Cells) const;

    void SetBorderFlowOut();                 // 设置 DEM 四条外边界上的流向向外
    void SetNoDataBorderFlowOut();           // 设置 DEM 边界上流向向外

    // 判断一个栅格是否区域边界,是则返回 NoData 的方向下标,不是边界返回-1
    long GetDEMInnerBoundaryOutDir(long Row, long Col) const;
};
```

为了便于计算，我们设计了一个存储多流向栅格单元信息的结果，代码如下：

```
template<typename T> struct CELL
{
    long _ROW, _COL;                 // 所在栅格行列值
    T _VALUE;                        // 数值

    CELL(const CELL& c) : _ROW(c._ROW), _COL(c._COL), _VALUE(c._VALUE) {}
    CELL(long Row, long Col, T Value) : _ROW(Row), _COL(Col), _VALUE(Value) {}

    bool operator < (const CELL& c)  const       // 用于从小到大顺序的队列排序
    {
        return _VALUE > c._VALUE;
    }
};
```

该类的构造函数做一些设置工作，代码如下：

```
CRasterFlowDirectionTool::CRasterFlowDirectionTool(CRaster<double>& DEM,
    CRaster<long>& FlowDirRas, bool bForceEdgeOutward)
    : CRasterHydrologyTool(DEM),  _FlowDirRas(FlowDirRas)
    , _bForceEdgeOutward(bForceEdgeOutward)
{
```

```
    if (_DEM.GetCellOrder() == ECellOrder::LBtoRT) // 改成左上到右下顺序
        _DEM.ShiftCellOrder();

    _DropRaster.InitialNoData(_DEM);

    // 计算 DEM 可能最大的正坡降和可能最小的负坡降
    _MaxDeepest = (_DEM.GetMaxValue() - _DEM.GetMinValue() + 1.) /
        _DEM.GetCellSize() * 100.;
    _MinDeepest = (_DEM.GetMinValue() - DEM.GetMaxValue() - 1.) /
        DEM.GetCellSize() * 100.;

    if (_bForceEdgeOutward)              // 要求边界上的栅格流向全部向外
    {
        SetBorderFlowOut();              // 强制设置所有栅格上下边界的流向向外
        SetNoDataBorderFlowOut();        // 强制设置内部非 NoData 区的边界流向向外
    }
}
```

继承来的实现流向计算的成员函数代码如下：

```
bool CRasterFlowDirectionTool::Calculate()
{
    for (long idx = 0; idx < _DEM.GetCellCount(); ++idx)    // 填充单栅格洼地
        FillSingleSink(idx);

    list<CELL<long>> MultiDirCell;            // 用于记录有多个流向的栅格单元
    for (long i = 0; i < _DEM.GetRowCount(); ++i)
    {
        for (long j = 0; j < _DEM.GetColCount(); ++j)
        {
            long c = _DEM.GetIndex(i, j);   // 中心栅格 Index
            if (_DEM.IsNoData(c) || _FlowDirRas.GetCellV(c) != 0))
                continue;                   // 无数据值或边界,不处理

            array<double, 8> Steep;         // 8 个方向的坡降值
            long SteepestDir = 0;           // 最大坡降在 Steep 中的下标
            size_t Occur;                   // 相同最大坡降在 Steep 中出现的次数
            Calculate8Drop(i, j, Steep, SteepestDir, Occur);// 计算 8 方向坡降

            if (!_bForceEdgeOutward && Steep[SteepestDir] <= 0. &&
                SetEdgeSinkOut(i, j))
                continue;                   // 没有出流的栅格单元流到边界外

            auto Code = GetDirCodeFromIndex(SteepestDir);
            if (Occur > 1)
            {
```

```
                    for (long k = SteepestDir + 1; k < 8; ++k)
                        if (Steep[k] == Steep[SteepestDir])
                            Code += GetDirCodeFromIndex(k);
                    MultiDirCell.emplace_back(i, j, Code);
                }
                _FlowDirRas.SetCellV(c, Code);
                _DropRaster.SetCellV(c, Steep[SteepestDir]);
            }
        }

        SetMultiDirCells(MultiDirCell);      // 处理具有多个相同流向的栅格单元
        return MultiDirCell.empty();         // DEM 没有洼地和多流向栅格
}
```

一些私有成员函数如 FillSingleSink，用于判断某栅格单元是否为一个孤立的栅格单元构成的局部洼地，如果是，则填充该洼地。代码如下：

```
bool CRasterFlowDirectionTool::FillSingleSink(long SinkIndex)
{
    double MinNeighborV = numeric_limits<double>::max(); // 8 个邻域的最小值
    double SinkValue = _DEM.GetCellV(SinkIndex);

    for (auto k = 0; k < 8; ++k)                           // 判断 8 个邻域
    {
        if (auto NbIndex = NeighborIndex<double>(_DEM, SinkIndex,k);
            NbIndex != g_InvalidPos)
        {
            if (auto NbV = _DEM.GetCellV(NbIndex); NbV >= SinkValue)
                MinNeighborV = min(MinNeighborV, NbV);   // 记录 8 邻域最小值
            else
                return false;                      // 不是单栅格洼地,不需要填充
        }
    }

    _DEM.SetCellV(SinkIndex, MinNeighborV);        // 填充洼地
    return true;
}
```

函数 Calculate8Drop 计算 8 个邻域的坡降，Steep 存储 8 个方向的坡降，没有坡降的方向坡降数值为 NoData。SteepestDir 为返回的第一次遇到的最大坡降的方向，Occur 表示相同最大坡降发生的次数。代码如下：

```
void CRasterFlowDirectionTool::Calculate8Drop(long Row, long Col,
    array<double, 8>& Steep, long& SteepestDir, size_t& Occur) const
{
    SteepestDir = g_InvalidPos; // 最大坡降方向的数组下标[0~7]
```

```
    double Steepest = _MinDeepest; // 最大坡降的初值设为可能最小的负坡降
    Occur = 1;                      // 相同最大坡降总共出现的次数

    double DiagonalDis = sqrt(2.) * _DEM.GetCellSize();       // 对角线距离

    for (long CIdx = _DEM.GetIndex(Row, Col), k = 0; k < 8; ++k) // 8个邻域栅格
    {
        if (long idx = NeighborIndex<double>(_DEM, CIdx, k); // 邻域下标
            idx != g_InvalidPos && !_DEM.IsNoData(idx))
        {
            double Dis = ((k % 2) == 0) ? _DEM.GetCellSize() : DiagonalDis;
            Steep[k] = (_DEM.GetCellV(CIdx) - _DEM.GetCellV(idx)) / Dis * 100.;

            if (Steep[k] > Steepest)
            {
                Steepest = Steep[SteepestDir = k];
                Occur = 1;                          // 最大坡降出现次数为1次
            }
            else if (Steep[k] == Steepest)      // 记录最大坡降重复出现的次数
                ++Occur;
        }
        else
            Steep[k] = _DEM.GetNoDataValue();   // 边界没有邻域,设为无数据值
    }
}
```

设置内外边界上没有流向的栅格单元流向向外的函数 SetEdgeSinkOut 的代码如下:

```
bool CRasterFlowDirectionTool::SetEdgeSinkOut(long Row, long Col)
{
    long cidx = _DEM.GetIndex(Row, Col);
    if (_DEM.IsOnBorder(Row, Col))              // 数据外边界
    {
        if (_DEM.IsUpperBorder(Row))            // 上边界
            _FlowDirRas.SetCellV(cidx, GetDirCodeFromIndex(ENbDir::Up));
        else if (_DEM.IsLowerBorder(Row))       // 下边界
            _FlowDirRas.SetCellV(cidx, GetDirCodeFromIndex(ENbDir::Down));
        else if (_DEM.IsLeftBorder(Col))        // 左边界
            _FlowDirRas.SetCellV(cidx, GetDirCodeFromIndex(ENbDir::Left));
        else if (_DEM.IsRightBorder(Col))       // 右边界
            _FlowDirRas.SetCellV(cidx, GetDirCodeFromIndex(ENbDir::Right));

        _DropRaster.SetCellV(cidx, _MaxDeepest);
        return true;
    }
    else
```

```
    {
        if (long k = GetDEMInnerBoundaryOutDir(Row, Col);
            k != g_InvalidPos)            // 内部边界
        {
            _FlowDirRas.SetCellV(cidx, GetDirCodeFromIndex(k));
            _DropRaster.SetCellV(cidx, _MaxDeepest);
            return true;
        }
    }

    return false;
}
```

计算流向的时候，处理有多个相同流向的栅格单元的函数 SetMultiDirCells 的实现代码如下：

```
void CRasterFlowDirectionTool::SetMultiDirCells(list<CELL<long>>& Cells) const
{
    auto Search = [this](long& CenterFlowDirIdx, long Row, long Col, long V)
    {
        double NbLargest = _MinDeepest;   // 8个邻域中坡降最大值暂存
        for (long k = 0; k < 8; ++k)      // 依次判断8个邻域
        {
            if ((V & (1 << k)) == 0)      // 该方向是否是多个流向之一
                continue;                 // 若不是,则测试下一个方向
            else if (long Idx = NeighborIndex<long>(_DropRaster, Row, Col, k);
                Idx != g_InvalidPos && !_DropRaster.IsNoData(Idx) &&
                _DropRaster.GetCellV(Idx) > NbLargest)
            {
                for (long m = 0; m < 8; ++m)
                    if (_FlowDirRas.GetCellV(Idx) == GetDirCodeFromIndex(m)
                        && !IsOppositeDir(GetDirCodeFromIndex(k),
                        _FlowDirRas.GetCellV(Idx)))
                    {
                        NbLargest = _DropRaster.GetCellV(Idx);
                        CenterFlowDirIdx = k;
                        break;
                    }
            }
        }
    };

    size_t LastNumber = numeric_limits<size_t>::max();    // 初始个数
    while (!Cells.empty() && Cells.size() < LastNumber)
    {
        LastNumber = Cells.size();
```

```
        for (auto itr = Cells.begin(); itr != Cells.end();)
        {
            long CenterFlowDirIdx = g_InvalidPos; // 该中心点的流向,初始无数据
            Search(CenterFlowDirIdx, itr->_ROW, itr->_COL, itr->_VALUE);

            if (CenterFlowDirIdx != g_InvalidPos)
            {
                _FlowDirRas.SetCellV(itr->_ROW, itr->_COL,
                    GetDirCodeFromIndex(CenterFlowDirIdx));
                itr = Cells.erase(itr);
            }
            else
                ++itr;
        }
    }
}
```

强制设置 DEM 中四条外边界上的流向向外的函数代码如下:

```
void CRasterFlowDirectionTool::SetBorderFlowOut()
{
    for (long i = 0; i < _DEM.GetRowCount(); ++i)
    {
        long idx = i * _DEM.GetColCount();
        if (!_DEM.IsNoData(idx))
        {
            _FlowDirRas.SetCellV(idx, GetDirCodeFromIndex(ENbDir::Left));
            _DropRaster.SetCellV(idx, _MaxDeepest);    // 左边向外流
        }

        idx += (size_t)_DEM.GetColCount() - 1;
        if (!_DEM.IsNoData(idx))
        {
            _FlowDirRas.SetCellV(idx, GetDirCodeFromIndex(ENbDir::Right));
            _DropRaster.SetCellV(idx, _MaxDeepest);    // 右边向外流
        }
    }

    for (long idx = ((size_t)_DEM.GetRowCount() - 1) * _DEM.GetColCount(),
        j = 0; j < _DEM.GetColCount(); ++j)
    {
        if (!_DEM.IsNoData(j))
        {
            _FlowDirRas.SetCellV(j, GetDirCodeFromIndex(ENbDir::Up));
            _DropRaster.SetCellV(j, _MaxDeepest);    // 上边向外流
        }
```

```

        if (!_DEM.IsNoData(idx + j))
        {
            _FlowDirRas.SetCellV(idx + j, GetDirCodeFromIndex(ENbDir::Down));
            _DropRaster.SetCellV(idx + j, _MaxDeepest);        // 下边向外流
        }
    }
}
```

设置 DEM 内部非 NoData 区域的边界栅格单元流向向外的代码如下：

```
void CRasterFlowDirectionTool::SetNoDataBorderFlowOut()
{
    for (long i = 0; i < _DEM.GetRowCount(); ++i)
    {
        for (long j = 0; j < _DEM.GetColCount(); ++j)
        {
            if (long k = GetDEMInnerBoundaryOutDir(i, j);
                k != g_InvalidPos) // 是内部边界
            {
                long cidx = _DEM.GetIndex(i, j);
                _FlowDirRas.SetCellV(cidx, GetDirCodeFromIndex(k));
                _DropRaster.SetCellV(cidx, _MaxDeepest);
            }
        }
    }
}
```

上面的代码中，函数 GetDEMInnerBoundaryOutDir 判断一个栅格单元是否为内部非 NoData 区的边界栅格单元；是则返回邻域中 NoData 栅格单元相对于该栅格单元的方向下标；不是边界栅格单元则返回–1。代码如下：

```
long CRasterFlowDirectionTool::GetDEMInnerBoundaryOutDir(
    long Row, long Col) const
{
    if (long cidx = _DEM.GetIndex(Row, Col); !_DEM.IsNoData(cidx))
    {
        for (long k = 0; k < 8; ++k)
        {
            if (long nidx = NeighborIndex(_DEM, cidx, k);
                nidx != g_InvalidPos && _DEM.IsNoData(nidx))
                return k;
        }
    }

    return g_InvalidPos;
}
```

图 15-1 是流向栅格计算的参数设置对话框，用户要输入浮点型的栅格 DEM 数据，选择是否强制边界流向向外，并设定输出的流向栅格数据。

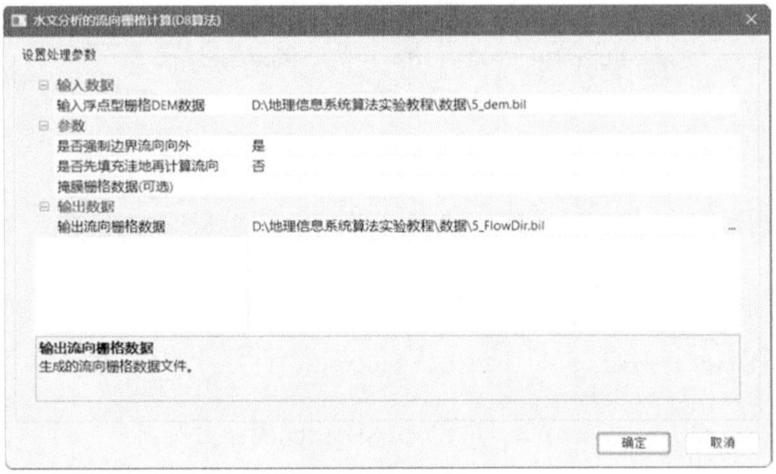

图 15-1　流向栅格计算的参数设置对话框

图 15-2(a)显示的是一个地区的栅格 DEM 数据，图 15-2(b)显示的是该栅格 DEM 数据计算出的流向栅格数据。

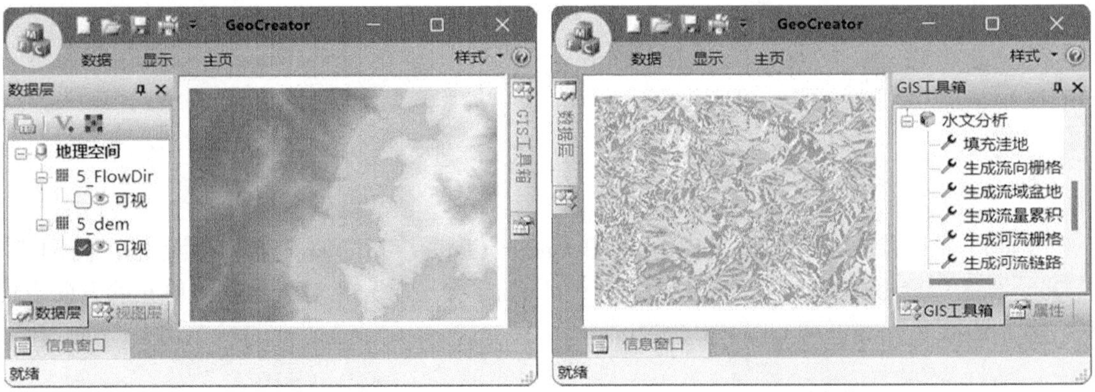

（a）栅格 DEM　　　　（b）流向栅格

图 15-2　栅格 DEM 生成流向栅格数据的示例

第二节　流量累积栅格算法

一、流量累积算法原理

完成了流向栅格的计算，接下来就可以进而计算流量累积栅格。流量累积栅格中每个栅格单元记录了水流到该栅格单元中的上游栅格单元的总数。所以，流量累积栅格数据中 0 值通常是山脊所在的地方，即流域分水岭。而流量累积数值比较大的地方可能就是河流的位置。

从流向栅格数据生成流量累积栅格数据的算法如下：首先，在流向栅格数据中找出所有没有其他邻域栅格单元流入的栅格单元，即流量累积为 0 的栅格单元，将这些 0 栅格放入一个队列。其次，逐个从队列中取出队首元素的栅格单元，把流量累加到它流出到的栅格单元中，如果流出到的栅格单元没有其他邻域流入，则把它放入队列。如此循环计算，最终可以求出整个栅格数据的流量累积栅格。

二、流量累积算法的实现

首先从 CRasterHydrologyTool 类中派生出其 CRasterFlowAccumulationTool 类，其代码如下：

```
class CRasterFlowAccumulationTool : public CRasterHydrologyTool
{
public:
    CRasterFlowAccumulationTool() = delete;
    CRasterFlowAccumulationTool(const CRaster<long>& FlowDirRas,
        CRaster<long>& FlowAccuRas);
    virtual bool Calculate() override;

private:
        const CRaster<long>& _FlowDirRas;    // 输入：流向栅格
        CRaster<long>& _FlowAccuRas;         // 输出：流量累积栅格
        vector<long> _OutPoints;             // 边界点
        vector<long> _SinkPoints;            // 洼地点

        bool MarkZeroInCells(vector<long>& FlowInNeighbors,
                queue<long>& FlowOutQueue) const; // 标记无邻域入流栅格单元
        void AccumulateFlow(vector<long>& FlowInNeighbors,
                queue<long>& FlowOutQueue); // 对所有的栅格单元累积其流量
};
```

先定义一个函数 GetFlowInNeighborsCount 用来对某个栅格单元求围绕它周围的相邻栅格单元中，有多少栅格单元是流向该栅格单元的。该函数因为会被其他流域分析的功能所调用，因此将其设置在基类 CRasterHydrologyTool 中，代码如下：

```
long CRasterHydrologyTool::GetFlowInNeighborsCount(
    const CRaster<long>& FlowDirRas, long Index) const
{
    long FlowInCount = 0;            // 初始值个数为 0

    for (int k = 0; k < 8; ++k)      // 周围可能的 8 个邻域
    {
        auto NeighborIdx = GetNeighborIndex<long>(FlowDirRas, Index, k);
        if (NeighborIdx != g_InvalidPos && !FlowDirRas.IsNoData(NeighborIdx))
        {
            auto NeighborDirCode = FlowDirRas.GetCellV(NeighborIdx);

            if (IsValidDirCode(NeighborDirCode) &&
```

```
                IsOppositeDir(NeighborDirCode, GetDirCodeFromIndex(k)))
            {
                ++FlowInCount;  // 增加一个入流方向
            }
        }
    }

    return FlowInCount;
}
```

找到并标记所有没有邻域流入的栅格单元的函数代码如下：

```
bool CRasterFlowAccumulationTool::MarkZeroInCells(
    vector<long>& FlowInNeighbors, queue<long>& FlowOutQueue) const
{
    bool bValidFlowDir = true;
    for (long idx = 0; idx < _FlowDirRas.GetCellCount(); ++idx)
    {
        if (!_FlowDirRas.IsNoData(idx))
        {
            _FlowAccuRas.SetCellV(idx, 0);            // 流量累积初值为 0
            if ((FlowInNeighbors[idx] = GetFlowInNeighborsCount(idx)) == 0)
                FlowOutQueue.push(idx);

            if (!IsValidDirCode(_FlowDirRas.GetCellV(idx)))
                bValidFlowDir = false;
        }
    }

    return bValidFlowDir;
}
```

对所有的栅格单元累积其流量的算法代码如下：

```
void CRasterFlowAccumulationTool::AccumulateFlow(
    vector<long>& FlowInNeighbors, queue<long>& FlowOutQueue)
{
    while (!FlowOutQueue.empty())
    {
        long OutIdx = FlowOutQueue.front();
        FlowOutQueue.pop();
        auto FlowDirCode = _FlowDirRas.GetCellV(OutIdx);
        if (!IsValidDirCode(FlowDirCode))        // 无效流向编码
        {
            _SinkPoints.push_back(OutIdx);       // 洼地无流向区域
            continue;
        }
```

```

        auto FlowToDirIndex = GetIndexFromDirCode(FlowDirCode);
        if (long FlowToIdx = GetNeighborIndex<long>(
            _FlowDirRas, OutIdx, FlowToDirIndex);
            FlowToIdx != g_InvalidPos &&
            !_FlowDirRas.IsNoData(FlowToIdx))
        {
            _FlowAccuRas.SetCellV(FlowToIdx,
                _FlowAccuRas.GetCellV(OutIdx) + 1);
            if ((--FlowInNeighbors[FlowToIdx]) == 0)
                FlowOutQueue.push(FlowToIdx);
        }
        else
            _OutPoints.push_back(OutIdx);
    }
}
```

最后就可以实现流量累积栅格的计算，代码如下：

```
bool CRasterFlowAccumulationTool::Calculate()
{
    vector<long> FlowInNeighbors(_FlowDirRas.GetCellCount(), -1);
    queue<long> FlowOutQueue;

    bool bSuccess = MarkZeroInCells(FlowInNeighbors, FlowOutQueue);
    AccumulateFlow(FlowInNeighbors, FlowOutQueue);

    return bSuccess;
}
```

第三节　河流栅格算法

计算出流量累积栅格之后，就可以提取河流所在位置。通常设置一个流量累积阈值来判定，如果该阈值设得较大，则得到的河流栅格数据中河网密度就比较小；反之，得到的河网密度大。算法比较简单，就是根据用户设定的阈值，判断每一个栅格单元，如果其累积流量大于该阈值，则栅格属性值设为 1，表示河流位置，其他地方设为空值。类的代码如下：

```
class CRasterStreamTool : public CRasterHydrologyTool
{
public:
    CRasterStreamTool() = delete;
    CRasterStreamTool(const CRaster<long>& FlowAccuRas,
        CRaster<long>& StreamRas, long Threshold);
    virtual bool Calculate() override;

private:
```

```
    const CRaster<long>& _FlowAccuRas;      // 输入：流量累积栅格
    CRaster<long>& _StreamRas;              // 输出：河流栅格
    long _Threshold;                        // 阈值
};
```

计算河流栅格单元位置的时候，记录一共生成了多少个河流栅格单元。如果没有生成河流栅格单元，则返回 false，表示可能阈值数值过大。代码如下：

```
bool CRasterStreamTool::Calculate()
{
    _StreamRas.SetNoData();                  // 所有栅格单元初值为无数据值
    size_t StreamCellCount = 0;              // 河流栅格单元的数量

    for (size_t idx = 0; idx < _FlowAccuRas.GetCellCount(); ++idx)
        if ((!_FlowAccuRas.IsNoData(idx)) &&
            _FlowAccuRas.GetCellV(idx) >= _Threshold)
        {
            _StreamRas.SetCellV(idx, 1);
            ++StreamCellCount;
        }

    return StreamCellCount > 0;
}
```

第四节　河流链路栅格算法

在按照流量累积栅格阈值提取了河流栅格数据后，可以进一步生成包含拓扑关系的河流链路栅格。河流链路栅格数据与河流栅格数据的区别在于：前者每一条河段都被赋予一个唯一的从 1 开始递增的栅格属性值，这样就把各个河段区分开来了。

河流链路栅格算法分为两个步骤。

第一步，先在河流栅格数据中找出所有可能的各个支流源头的栅格单元，即周围的 8 个相邻栅格单元中只有一个不是无数据值的栅格单元。把这些源栅格单元记录下来。

第二步，分别以这些源栅格单元为起始点，逐个栅格单元跟踪它的下游栅格单元，即判断它流向栅格数据中流向对应的栅格单元。直到相邻栅格单元有不止一个的其他相邻栅格单元流入为止，则完成一个单独河段的跟踪。给这个单独的河段赋予一个从 1 开始递增的编码，并重复上述过程，最终形成河流链路栅格数据。由此可见，河流链路栅格数据的生成，需要河流栅格数据和流向栅格数据作为输入。

设计一个从基类 CRasterHydrologyTool 派生的类 CRasterStreamLinkTool 来实现河流链路栅格，类声明代码如下：

```
class CRasterStreamLinkTool : public CRasterHydrologyTool
{
public:
```

```
    CRasterStreamLinkTool() = delete;
    CRasterStreamLinkTool(const CRaster<long>& StreamRas,
        const CRaster<long>& FlowDirRas, CRaster<long>& StreamLinkRas);
    virtual bool Calculate() override;

private:
    const CRaster<long>& _StreamRas;     // 输入：河流栅格
    const CRaster<long>& _FlowDirRas;    // 输入：流向栅格
    CRaster<long>& _StreamLinkRas;       // 输出：河流链路栅格

    CRaster<long> _StreamFlowDir;        // 河流栅格的流向
    queue<long> _UnFinishedNode;         // 未追踪节点
    set<long> _FinishedNode;             // 已追踪节点

    void MarkStreamSource();             // 第一步,标记河流源栅格单元
    bool TraceLink();                    // 第二步,跟踪河流链路
    void TraceSegment(long FromIdx, long SegmentID);
};
```

第一步标记河流源栅格单元的算法即对所有河流栅格进行判断，把河流栅格单元周围的 8 个相邻栅格单元的流向编码进行统计，找出其中只有一个非无数据值的栅格单元即是源栅格单元，把源栅格单元记录在未追踪节点队列中。其代码如下：

```
void CRasterStreamLinkTool::MarkStreamSource()
{
    vector<long> StreamIndex;                              // 河流的栅格下标

    for (long idx = 0; idx < _StreamRas.GetCellCount(); ++idx)
        if (!_StreamRas.IsNoData(idx))                     // 河流栅格单元有效
        {
            auto DirCode = _FlowDirRas.GetCellV(idx);      // 流向编码
            if (IsValidDirCode(DirCode))                   // 流向编码有效
            {
                _StreamFlowDir.SetCellV(idx, DirCode); // 保留河流流向
                StreamIndex.push_back(idx);            // 保留河流栅格下标
            }
        }

    for (const auto& idx : StreamIndex)                    // 判断河流栅格单元
        if (GetFlowInNeighborsCount(_StreamFlowDir, idx) == 0) // 无入流
            _UnFinishedNode.push(idx);                     // 保存源栅格单元
}
```

第二步，追踪每一条河流链路，就是从每一个河流源栅格开始，沿着流向栅格设定的流向进行追踪，追踪到河流相交处的节点，即重新开始一条新的河流的追踪，一直追踪到栅格区域的边界或内部没有流向的洼地结束，代码如下：

```
bool CRasterStreamLinkTool::TraceLink()
{
    if (_UnFinishedNode.empty())              // 没有源栅格，无法生成河流链路
        return false;

    long StreamCount = 0;                     // 河流累计数
    while (!_UnFinishedNode.empty())
    {
        long idx = _UnFinishedNode.front();   // 追踪起始节点
        _UnFinishedNode.pop();
        _FinishedNode.emplace(idx);           // 记录已追踪节点
        TraceSegment(idx, ++StreamCount);     // 开始追踪新的河流
    }

    return true;
}
```

从源栅格追踪一条新的河流的代码如下：

```
void CRasterStreamLinkTool::TraceSegment(long FromIdx, long SegmentID)
{
    _StreamLinkRas.SetCellV(FromIdx, SegmentID);    // 河段开始，记录河流编码

    while (true)
    {
        long FlowToIdx = GetFlowToIndex(_StreamFlowDir, FromIdx);

        if (FlowToIdx == g_InvalidPos)      // 追踪到边界或者洼地点
            break;                          // 结束跟踪

        if (GetFlowInNeighborsCount(_StreamFlowDir, FlowToIdx) > 1)    // 节点
        {
            if (_FinishedNode.find(FlowToIdx) == _FinishedNode.end())
                _UnFinishedNode.push(FlowToIdx);
            break;                          // 结束跟踪
        }

        _StreamLinkRas.SetCellV(FlowToIdx, SegmentID); // 记录河流编码
        FromIdx = FlowToIdx;                // 继续追踪
    }
}
```

第五节　河段流域与泻流点流域算法

生成了河流链路栅格数据，就可以为其中每一条河段都生成一个集水流域。另外一种情

况是由用户设定一个泻流点（即出水口）的栅格位置，计算该泻流点上游的集水流域。

河段流域生成算法是逐一判断所有的栅格单元，按照流向栅格数据的流向来追踪水流的路径，将路径暂存起来，一直追踪到某一河段的河流链路栅格单元为止。把该河道链路栅格单元的数值赋值给上述追踪到的一系列栅格单元，从而形成流域范围。

对于生成泻流点流域的算法，可以从各个泻流点栅格出发，通过流向栅格数据从下游栅格单元向上游栅格单元追踪，并设置一个栈来缓存某个栅格单元从上游来水的流向分支。追踪到流量累积数为 0 的流域边界后，再从栈中取出缓存的栅格单元继续追踪，直到栈空则结束。

限于篇幅，这里就不再给出上述算法的代码，将其作为习题留给学生们课后完成。

第六节　填充洼地

流向栅格数据的计算经常会出现有些栅格单元无法计算出确定的栅格流向的问题，该问题的原因主要是由于 DEM 中存在四面高中间低的积水洼地的情况，这些洼地里的水是流不出去的，形成一个个孤立的内流区，无法形成水从一个出水口流出的流域。因此，这种情况下必须先填充洼地，也就是把洼地所在的 DEM 栅格高程人为地增高，形成没有洼地的 DEM。即把洼地填平，使水能够从洼地边缘处流出来。因此，填充洼地的高度应该填到和洼地周边最低的栅格高度一致。

Jenson 和 Domingue 提出的洼地填充算法分为 3 个步骤：首先，提取洼地流域，可以通过流向栅格数据来判断洼地的存在，并用泻流点流域算法生成洼地的流域。其次，计算洼地流域的深度，以设置合理的填充洼地的深度阈值。最后，填充洼地，得到无洼地 DEM。

Lei Wang 和 Holiday Liu 在 2006 年提出了另一种高效填充洼地的算法。该方法主要是采用了一个最小代价生成树，从 DEM 的边界开始，向 DEM 内部扩展水流的路径。该路径是从 DEM 内部栅格单元向边界出水口高程单调递减的出水路径；通过设置一个“泼水高程”（Spill Elevation）来填充比该高程低的邻域栅格单元；计算了泼水高程的栅格单元通过一个优先队列来存储。

同样，我们把填充洼地的算法作为作业，留给学生们完成。

实验习题

1. 编写河段流域的生成算法。
2. 编写泻流点流域的生成算法。
3. 编写洼地填充算法。

主要参考文献

Jenson S K, Domingue J O. 1988. Extracting topographic structure from digital elevation data for geographic information system analysis[J]. Photogrammetric Engineering and Remote Sensing, 54(11): 1593-1600.

Wang L, Liu H. 2006. An efficient method for identifying and filling surface depressions in digital elevation models for hydrologic analysis and modeling[J]. International Journal of Geographical Information Science, 20(2): 193-213.

第十六章　栅格距离分析算法

栅格距离分析算法属于栅格空间邻近分析的范畴。具体又分为栅格自然距离和栅格成本距离两大类算法。

第一节　栅格自然距离

一、栅格自然距离原理

栅格自然距离计算又称为栅格欧氏距离计算，可解释成平面上的直线距离计算。该种类的距离计算就是计算栅格数据中的每个栅格单元到离它最近的源栅格单元的直线距离。栅格单元间的直线距离以栅格单元中心点之间的直线距离来衡量。

在栅格数据中，源栅格单元指的是空间实体的栅格位置，其栅格属性值不是无数据值，而其他不是源栅格单元的地方都是无数据值，如图 16-1(a)所示。栅格自然距离计算就是计算栅格数据中所有的栅格单元其中心点到离它最近的源栅格单元中心点的直线距离，如图 16-1(b)所示。计算了所有栅格单元到离它们最近的源栅格单元的直线距离后，就将计算出的距离数值作为栅格单元的属性值生成新的栅格数据，如图 16-1(c)所示。

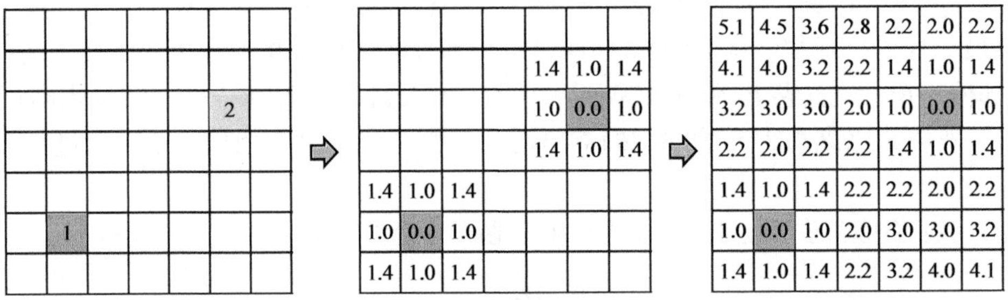

（a）输入包含源的栅格数据　　（b）距离计算过程　　（c）栅格自然距离输出结果

图 16-1　栅格自然距离计算

除了计算出距离栅格之外，栅格距离的运算还可以产生一个叫作空间分配的栅格数据。空间分配指的是对每一个栅格单元按照计算出的距离判别其到哪一个源栅格最近，则该栅格单元被赋予源栅格的属性值。图 16-2 为两个源栅格单元计算自然距离以后，生成的自然距离空间分配的结果。

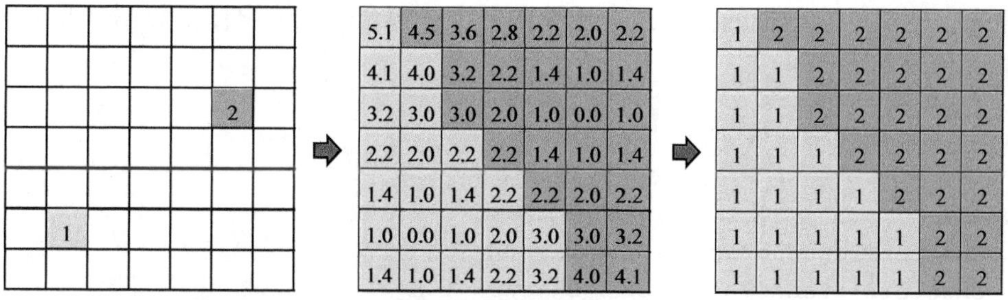

（a）输入包含源的栅格数据　（b）栅格自然距离输出结果　（c）栅格自然距离分配

图 16-2　栅格自然距离空间分配的原理

二、栅格自然距离算法

栅格自然距离算法可称为扩散法，它是从所有源栅格单元出发，逐步向外进行栅格距离的计算，直到把栅格数据范围内的所有栅格都计算完，如图 16-1(b)和(c)所示。在算法实现的时候，首先把所有的源栅格的距离数值设为 0，所有其他栅格单元距离值都设为无穷大。然后设置一个优先队列，按照栅格单元的距离从小到大把源栅格单元排进队列。扩散的时候，每次从队首取出一个距离最小的栅格单元，计算其相邻 8 个栅格单元的距离，并把得到了新的更小距离的相邻栅格单元排入优先队列。如此循环，直到队列为空，即实现了自然距离的计算。

先定义一个结构，用来存储每个栅格单元用于计算距离的一些信息，代码如下：

```
// 栅格距离的最大值(当作无穷大距离)
constexpr long g_DistanceInfinity = numeric_limits<long>::max();

struct CELL_DIS
{
    CELL_DIS(long Row, long Col) : _Row(Row), _Col(Col) {};
    CELL_DIS(long Row, long Col, long Allocation) : _Row(Row), _Col(Col),
         _Allocation(Allocation), _SourceRow(Row), _SourceCol(Col)
    {
        _TotalDistance = 0.;
    };

    long _Row{ g_InvalidPos }, _Col{ g_InvalidPos };     // 行、列坐标
    double _TotalDistance{ g_DistanceInfinity };         // 到源的距离
    long _SourceRow{ g_InvalidPos }, _SourceCol{ g_InvalidPos };// 源行列坐标
    double _AccumulateDis{ 0 };                          // 累积距离
    long _Allocation{ g_InvalidPos };                    // 空间分配
    long _BackTraceDir{ 0 };                             // 回溯方向
};
```

在上面的结构中，成员变量_ Allocation 用来记录空间分配，即某个栅格单元离它最近的源栅格单元的属性值。而成员变量_BackTraceDir 用来记录回溯方向，即到源栅格路径上的上

一个栅格单元的方向。

接下来，定义一个虚拟的栅格距离计算的基类，包含输入输出栅格数据以及一些基本的运算函数。代码如下：

```
class CRasterDistanceTool
{
public:
    CRasterDistanceTool() = delete;
    CRasterDistanceTool(const CRaster<long>& SourceRas,
        CRaster<double>& DistanceRas);

    virtual bool Calculate() = 0;                        // 计算栅格距离
    const CRaster<long>& GetAllocationRas() const;       // 获取空间分配栅格
    const CRaster<long>& GetBackTraceRas() const;        // 获取回溯栅格

protected:
    const CRaster<long>& _SourceRas;                     // 源栅格数据
    CRaster<double>& _DistanceRas;                       // 输出：距离栅格
    CRaster<long> _AllocationRas;                        // 输出：空间分配栅格
    CRaster<long> _BackTraceRas;                         // 输出：回溯路径栅格
    long _RowCount, _ColCount;                           // 栅格行列数
    vector<CELL_DIS> _DisRaster;                         // 距离计算单元
    priority_queue<CELL<long>> _Queue;                   // 队列

    virtual void MakeOutputData();                       // 创建输出栅格数据
    CELL_DIS& GetCellDis(long Index) const;              // 得到距离计算单元
    CELL_DIS& GetCellDis(long Row, long Col) const;// 得到距离计算单元

private:
    void SetDisRaster();                                 // 设置距离计算单元信息
};
```

取消了默认的构造函数，自定义的构造函数代码如下：

```
CRasterDistanceTool::CRasterDistanceTool(const CRaster<long>& SourceRas,
    CRaster<double>& DistanceRas)
    : _SourceRas(SourceRas), _DistanceRas(DistanceRas)
{
    _RowCount = _SourceRas.GetRowCount();          // 栅格行数
    _ColCount = _SourceRas.GetColCount();          // 栅格列数

    _AllocationRas = _SourceRas;                   // 生成输出空间分配栅格
    _BackTraceRas = _SourceRas;                    // 生成输出回溯路径栅格

    SetDisRaster();                                // 设置距离计算单元信息
}
```

获得某一栅格单元处的距离计算单元信息的函数代码如下：

```
CELL_DIS& CRasterDistanceTool::GetCellDis(long Index) const
{
    return const_cast<CELL_DIS&>(_DisRaster[Index]);
}

CELL_DIS& CRasterDistanceTool::GetCellDis(long Row, long Col) const
{
    return const_cast<CELL_DIS&>(_DisRaster[Row * _ColCount + Col]);
}
```

根据源栅格数据，设置栅格距离计算单元信息的代码如下：

```
void CRasterDistanceTool::SetDisRaster()
{
    for (auto Row = 0; Row < _RowCount; ++Row)
        for (auto Col = 0; Col < _ColCount; ++Col)
            if (_SourceRas.IsNoData(Row, Col))           // 无数据值,不是源栅格
                _DisRaster.emplace_back(Row, Col);       // 标记非源栅格
            else                                         // 是源栅格
            {
                _DisRaster.emplace_back(Row, Col,        // 标记源栅格
                    _SourceRas.GetCellV(Row, Col));

                _Queue.emplace(Row, Col, 0);             // 源栅格进队列
            }
}
```

在上述基类 CRasterDistanceTool 的基础上，对于栅格自然距离计算派生一个新的类 CRasterPhysicalDistanceTool，实现自然距离的扩散算法，代码如下：

```
class CRasterPhysicalDistanceTool : public CRasterDistanceTool
{
public:
    CRasterPhysicalDistanceTool() = delete;
    CRasterPhysicalDistanceTool(const CRaster<long>& SourceRas,
        CRaster<double>& DistanceRas);

    virtual bool Calculate() override;

protected:
    virtual void SpreadFromSource();                           // 逐个单元扩散
    virtual void ExtendToNeighbor(CELL_DIS& CenterCellDis, long NeighborDir);
    virtual void MakeOutputData() override;                    // 生成输出的栅格数据
};
```

自然距离计算类的构造函数只要调用基类的构造函数即可，代码如下：

```
CRasterPhysicalDistanceTool::CRasterPhysicalDistanceTool(
    const CRaster<long>& SourceRas, CRaster<double>& DistanceRas)
    : CRasterDistanceTool(SourceRas, DistanceRas)
{
}
```

对基类中计算距离的纯虚函数 Calculate 进行重写，实现自然距离的计算过程，并生成结果数据，代码如下：

```
bool CRasterPhysicalDistanceTool::Calculate()
{
    SpreadFromSource();                       // 逐个栅格单元扩散生成相邻的栅格单元
    MakeOutputData();                         // 生成输出的栅格数据

    return true;
}
```

上述代码中，实现逐个栅格单元扩散生成相邻的栅格单元的距离数值的方法代码如下：

```
void CRasterPhysicalDistanceTool::SpreadFromSource()
{
    while (!_Queue.empty())
    {
        const auto& MinDisCell = _Queue.top();     // 当前扩散的栅格单元
        auto& CenterCellDis = GetCellDis(MinDisCell._ROW, MinDisCell._COL);
        _Queue.pop();                              // 出队列操作

        for (auto Dir = 1; Dir <= 8; ++Dir)        // 8 个邻域栅格单元
        {
            auto NeighborIdx = _SourceRas.Get8Neighbor(
                CenterCellDis._Row, CenterCellDis._Col, Dir);
            if (NeighborIdx == g_InvalidPos ||)    // 相邻栅格单元到了边界外
                !_SourceRas.IsNoData(NeighborIdx)  // 相邻栅格单元是源栅格单元
                continue;                          // 不需要扩散

            ExtendToNeighbor(CenterCellDis, Dir);  // 距离向相邻栅格单元扩展
        }
    }
}
```

上述代码中，调用了成员函数 ExtendToNeighbor 来从一个栅格单元将距离扩散到相邻的栅格单元中，其函数代码如下：

```
void CRasterPhysicalDistanceTool::ExtendToNeighbor(
    CELL_DIS& CenterCellDis, long NeighborDir)
```

```
{
    auto NeighborIdx = _SourceRas.Get8Neighbor(         // 相邻栅格单元下标
        CenterCellDis._Row, CenterCellDis._Col, NeighborDir);
    long NeighborRow, NeighborCol;                      // 相邻栅格单元的行列
    _SourceRas.GetRowCol(NeighborIdx, NeighborRow, NeighborCol);

    auto& NeighborCellDis = GetCellDis(NeighborIdx);   // 相邻栅格计算单元
    double NewRowDis = fabs(NeighborCellDis._Row - CenterCellDis._SourceRow);
    double NewColDis =  fabs(NeighborCellDis._Col - CenterCellDis._SourceCol);
    double TotalDistance = sqrt(NewRowDis * NewRowDis + NewColDis * NewColDis);

    if (TotalDistance < NeighborCellDis._TotalDistance)
    {
        NeighborCellDis._TotalDistance = TotalDistance;            // 新的距离
        NeighborCellDis._SourceRow = CenterCellDis._SourceRow;     // 新的源栅格
        NeighborCellDis._SourceCol =CenterCellDis._SourceCol;
        NeighborCellDis._BackTraceDir =                            // 回溯方向
            _SourceRas.OppositeDirection(NeighborDir);
        NeighborCellDis._Allocation = CenterCellDis._Allocation;   // 空间分配

        _Queue.emplace(NeighborCellDis._Row, NeighborCellDis._Col,
            NeighborCellDis._TotalDistance);
    }
}
```

计算结束以后，把计算结果输出到栅格数据的函数代码如下：

```
void CRasterPhysicalDistanceTool::MakeOutputData()
{
    for (auto Index = 0; Index < _DistanceRas.GetCellCount(); ++Index)
    {
        if (!_DistanceRas.IsNoData(Index))
            _DistanceRas.SetCellV(Index, GetCellDis(Index)._TotalDistance *
                _DistanceRas.GetCellSize());    // 设置距离数据
    }

    CRasterDistanceTool::MakeOutputData();      // 调用基类获取空间分配和反向链接
}
```

图 16-3 是一个自然距离计算的实例，图 16-3(a)显示的是源栅格数据，为某地区的河流分布。图 16-3(b)显示的是河流栅格数据生成的自然距离栅格数据。

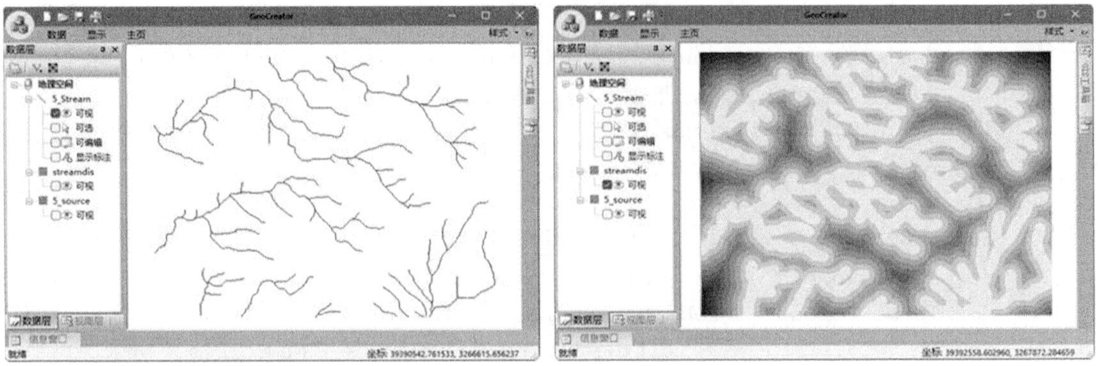

（a）　　　　　　　　　　（b）

图 16-3　自然距离栅格计算实例

在生成栅格自然距离的同时，可以记录下每个栅格是到哪一个源栅格距离最近，即生成自然距离的空间分配栅格数据，如图 16-4 所示。其中，图 16-4(a)显示了两个点状的源栅格数据生成的自然距离栅格，图 16-4(b)为其对应的空间分配栅格。可见空间被分割成两部分，一部分到左边的源栅格自然距离更近，另一部分到右边的源栅格距离更近。

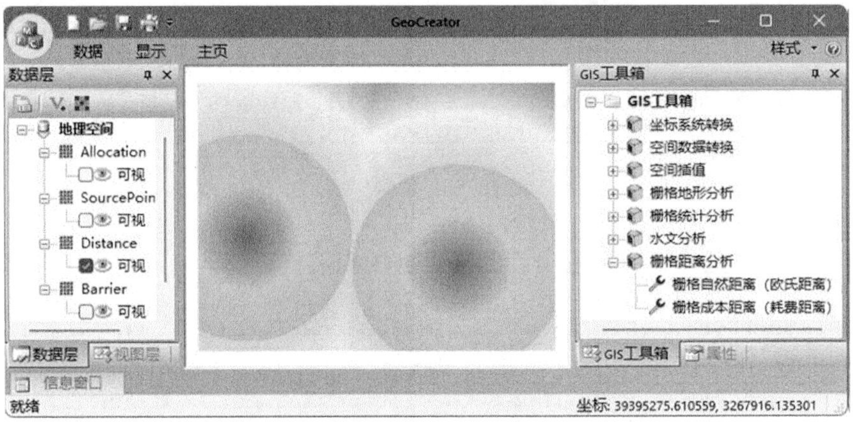

（a）两个点状的源栅格数据生成的自然距离栅格

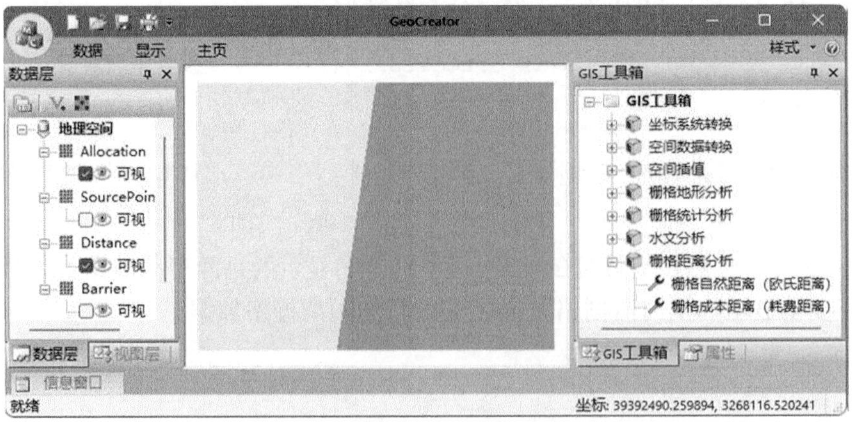

（b）两个点状的源栅格数据生成的自然距离空间分配栅格

图 16-4　栅格自然距离的空间分配实例

上面讨论的栅格自然距离的计算主要是针对空间中没有任何障碍的情况，但在实际的应用中，存在着障碍物体使得距离计算无法通过障碍扩散。在存在障碍时，可以将障碍作为一个新的输入栅格数据来表达，非无数据值的栅格单元为障碍栅格单元，如图 16-5（b）所示。

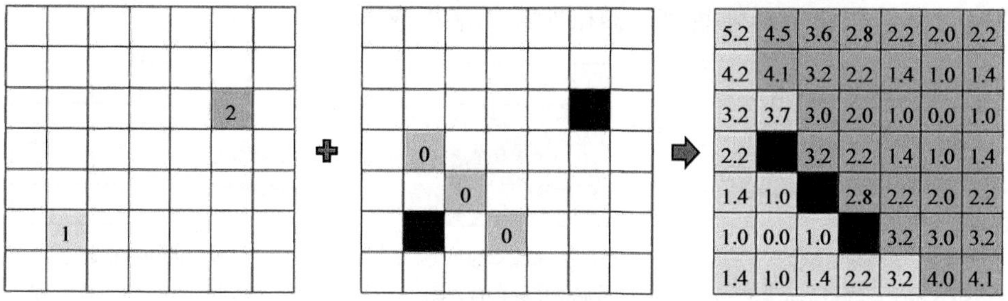

(a) 输入包含源的栅格数据　(b) 障碍栅格数据　(c) 障碍自然距离输出结果

图 16-5　存在障碍的栅格自然距离计算

实现障碍栅格自然距离的算法，只需要在上述的算法中增加一个判断，即每次扩散到的新的栅格单元是否和离它最近的源栅格单元中间被障碍栅格单元所阻断。如果没有阻断，则继续按照原来的自然距离扩散方法计算；而如果有阻断，则这个新的扩散到的栅格单元就要替代原来的源栅格单元，而作为新的源栅格单元排进队列进行扩散。限于篇幅，在此没有给出相应的代码，我们把含有障碍栅格单元的自然距离算法作为上机实验的作业留给学生们尝试完成。

图 16-6（a）显示了一个障碍栅格数据，其中包含两个成片的障碍物。图 16-6(b)显示了两个源栅格透过两个障碍之间的空隙进行距离扩散，以及绕过障碍的两侧进行距离扩散的情况。最终形成了不同于原先无障碍的自然距离栅格结果。同样，在有障碍的情况下，生成的空间分配栅格数据也与常规的自然距离空间分配栅格数据有所不同。

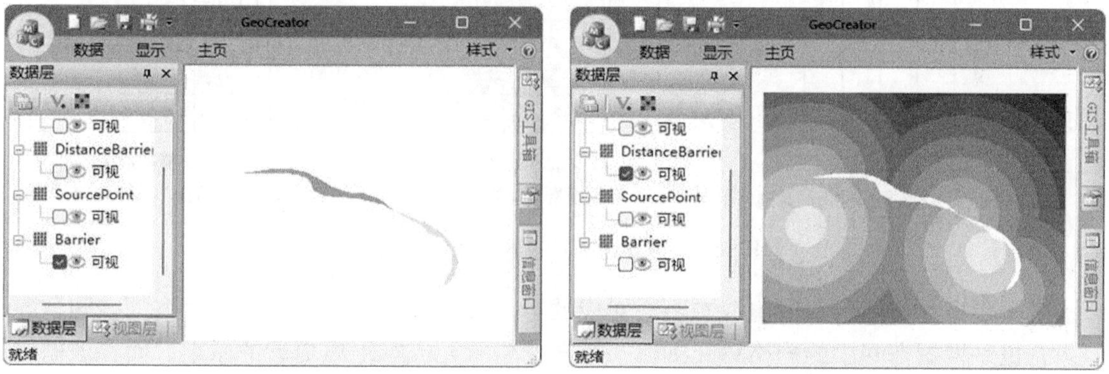

（a）障碍栅格数据　（b）障碍自然距离栅格数据

图 16-6　含有障碍的自然距离计算实例

第二节　栅格成本距离

一、栅格成本距离原理

实际应用中有时需要用到栅格成本距离，这通常是某种抽象的距离，是考虑了在某种条件下所消耗的距离。运用栅格成本距离计算方法可以进行路径分析，找到从某些源栅格单元出发到其他地方的在距离上的某种消耗。因此，在进行成本距离计算的时候，就需要输入一个成本栅格数据，如图 16-7（b）所示，来说明经过每个栅格单元可能要花费的某种成本。由此可以来计算从源栅格到某些目标栅格所需的最小成本。

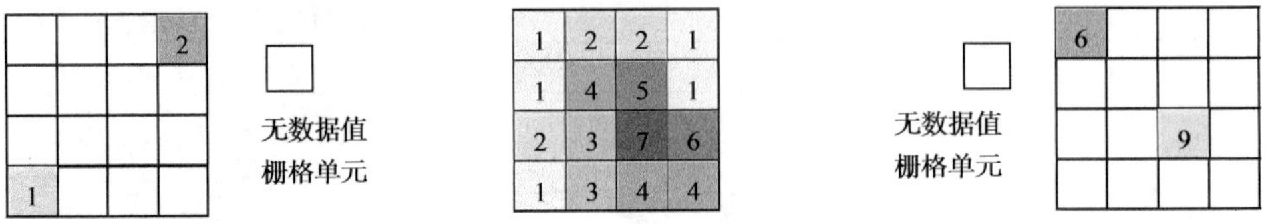

（a）源栅格数据
包含两个源栅格单元

（b）成本栅格数据
经过栅格单元的成本值

（c）目的地栅格数据
包含两个目的地栅格单元

图 16-7　成本路径分析的输入数据

成本路径分析还需要一个给定了若干个目的地位置的栅格数据，目的地指的是从源栅格单元出发，经过一系列栅格单元，路径最终要到达的终点位置。如图 16-7（c）所示。在这种存在有多个源栅格单元和多个目的地栅格单元的情况下，每个目的地栅格单元经过一系列栅格单元形成的成本路径，都能连通到距其总体成本最小的那个源栅格单元。

成本距离计算就是计算整个栅格数据中每一个栅格单元到离它最近的源栅格单元经过的所有栅格单元累积成本最小的数值，由此形成一个由累积成本最小数值形成的栅格数据。如图 16-8（c）所示，就是针对（a）所示的两个源栅格，考虑了（b）所示的成本栅格后，生成的成本距离栅格数据。

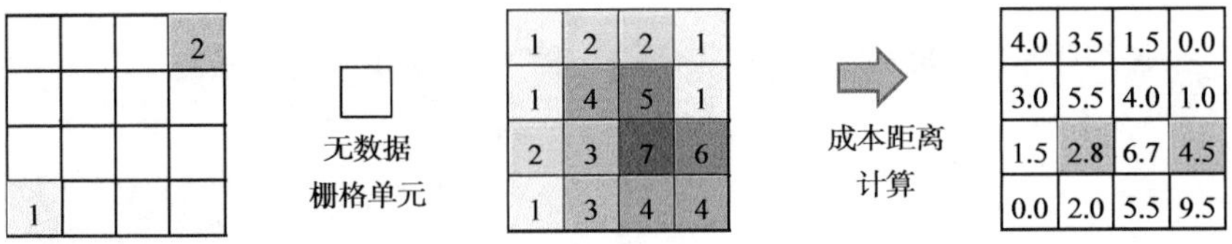

（a）源栅格数据
包含两个不是无数据属性值的源栅格单元

（b）成本栅格数据
经过栅格单元的成本值

（c）成本距离栅格数据
包含到最近源的最小累积成本

图 16-8　成本距离计算的输入和输出数据

成本距离计算还可以输出成本距离对应的空间分配栅格数据，与自然距离的空间分配相似，它也是根据空间中的栅格单元到哪一个源栅格单元成本距离更近的原则，而将该栅格单元赋予源栅格单元的数值。如图 16-9（c）所示，就是由两个源栅格单元形成的成本距离空间分配栅格数据。

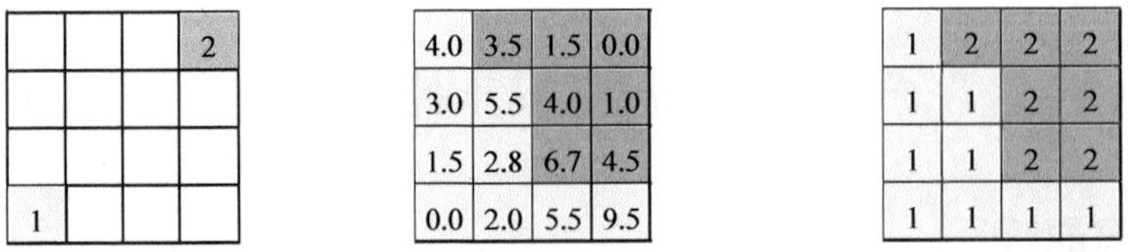

（a）源栅格数据

（b）成本距离栅格

（c）成本距离分配栅格数据

图 16-9　成本距离的空间分配

成本距离的第三个可能的输出数据是成本回溯链接栅格数据，就是在计算各个栅格单元最小累积成本的时候，记录下该栅格单元是从前面哪一个栅格单元累积过来的，即该栅格单元在成本距离路径上的前驱栅格单元，由此得到的一个栅格数据就是成本回溯栅格数据。成本回溯链接数据中的数值通常是方向编码，一个栅格单元周围通常有8个相邻的栅格单元，所以可以形成8个方向的编码，其中ArcGIS所采用的编码方式如图16-10所示。

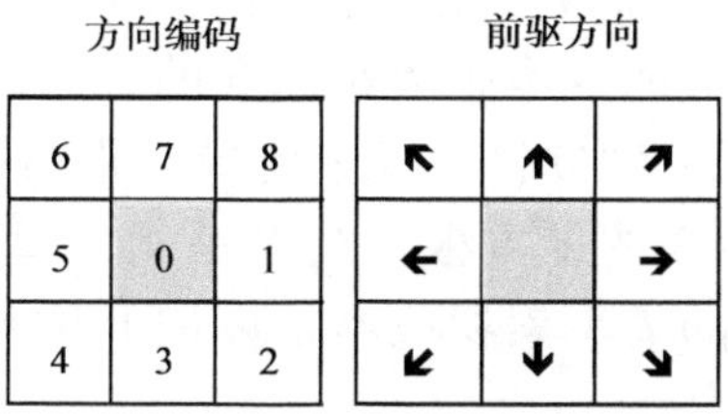

图16-10　ArcGIS采用的表达成本路径前驱栅格单元的方向编码

图16-11显示了一个成本回溯连接的例子，源栅格数据（a）计算出成本距离栅格数据（b），同时得到成本回溯链接栅格数据（c）。图中既显示了方向编码，同时也使用箭头符号来表示前驱的方向。任何一个成本回溯链接栅格中的栅格单元都有一个方向编码，只要依据这个方向编码进行回溯，最后总能回溯到它成本距离最小的一个源栅格单元上。

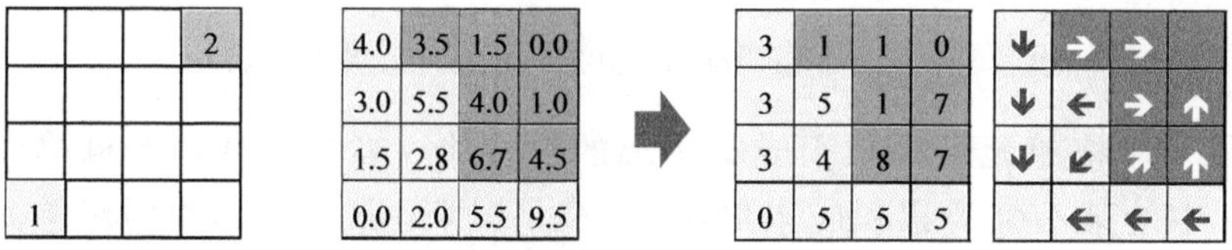

（a）源栅格数据　（b）成本距离栅格　（c）成本回溯链接栅格

图16-11　成本回溯链接栅格

栅格路径计算的第四个输出就是成本路径栅格，其计算通常需要给定一个目的地栅格数据，如图16-7（c）所示。该栅格数据中以具有属性值（不是无数据值）的栅格单元作为路径的目的地。成本路径栅格数据就是生成的从各个目的地栅格单元到其最近的源的最小成本路径栅格数据。如图16-12（d）所示。

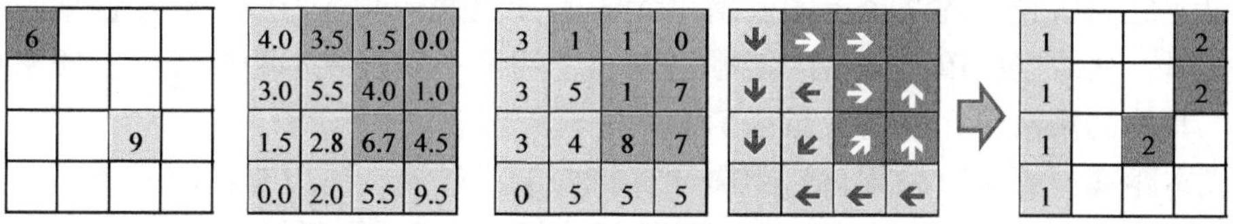

（a）目的地栅格　（b）成本距离栅格　（c）成本回溯链接栅格　（d）成本路径栅格

图16-12　成本路径栅格

二、栅格成本距离算法

成本距离的算法和自然距离的扩散法相似，区别在于计算栅格距离的时候，不是按照直线距离公式来计算，而是通过最小累积成本距离来计算。这里的最小累积成本距离，就是从源栅格单元出发，到某一个栅格单元所经过的所有栅格单元成本的最小累积数值。所以，成本距离计算得到的结果栅格数据中，每一个栅格单元存储的都是从该栅格单元到距离它累积成本最小的一个源栅格的数值。

成本的计算通常是按两种不同方向来累加计算的，沿着栅格单元横向移动一格或纵向移动一格时，耗费的成本等于两个相邻栅格单元成本和的一半；而在栅格单元对角线方向移动时。成本等于对角两个栅格单元成本和的一半，再乘以根号 2。如图 16-13 所示，从栅格单元 a 到栅格单元 b 的成本距离是纵向的方向，所以等于其成本 1 和 2 相加和的一半，即 1.5。而栅格单元 c 到栅格单元 d 的成本距离是对角线方向，等于其成本 1 和 5 相加和的一半，还要乘以 2 的平方根，结果是 4.2。每个栅格单元的最小累积成本距离，就是它上一个栅格单元的最小累积成本距离加上从上一个栅格单元到该栅格单元计算出的成本之和。

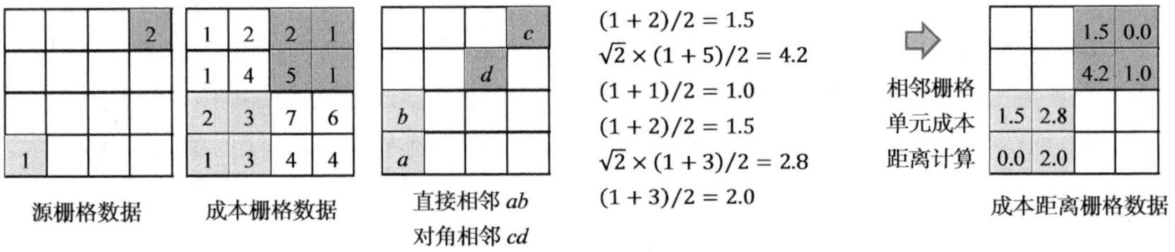

图 16-13　两个相邻栅格单元之间的成本距离计算方法

在计算每个栅格单元最小累积成本距离的过程中，当找到从一个栅格单元到其相邻 8 个栅格单元中的某一个为累积成本最小方向时，则让那个相邻的栅格单元记录下该栅格单元为其最小累积成本距离路径上的上一个栅格单元的方向，以便形成回溯链接栅格数据。

和自然距离一样，成本距离计算也可以生成空间分配栅格数据，在计算每一个栅格单元的最小累积成本时，记录下其最小累积成本距离路径上的上一个栅格单元是从哪一个源栅格单元扩散来的信息，就可以形成成本距离的空间分配栅格数据。

在计算了成本距离栅格和回溯链接栅格以后，就可以计算出任意一个目的地到离它累积成本距离最小的源栅格单元所经过的路径了。这个标记了从目的地到离它累积成本距离最小的源栅格单元之间所经过的路径上的栅格单元的栅格数据，就称为成本路径栅格。在成本路径栅格数据里，从源栅格单元到目的地栅格单元之间最小累积成本距离经过的栅格单元都被标记出来，其他的栅格单元都是无数据值。

由于成本距离计算可以采用自然距离计算相似的扩散法，所以直接将成本距离计算实现的类 CRasterCostDistanceTool 从自然距离计算类中派生出来，代码如下所示，其中，SourceRas 为源栅格数据，CostRas 为成本栅格数据，DestRas 为目的地栅格数据，DistanceRas 为生成的成本栅格数据，CostPathRas 为生成的成本路径栅格数据。

```
class CRasterCostDistanceTool : public CRasterPhysicalDistanceTool
{
```

```
public:
    CRasterCostDistanceTool() = delete;
    CRasterCostDistanceTool(const CRaster<long>& SourceRas,
        const CRaster<double>& CostRas, const CRaster<long>& DestRas,
        CRaster<double>& DistanceRas, CRaster<long>& CostPathRas);

protected:
    const CRaster<double>& _CostRas;           // 成本栅格
    const CRaster<long>& _DestRas;             // 目标栅格
    CRaster<long>& _CostPathRas;               // 成本路径栅格

    virtual void ExtendToNeighbor(CELL_DIS& CenterCellDis,
        long NeighborDir) override;            // 距离扩展到相邻栅格
    virtual void MakeOutputData() override;    // 生成输出的栅格数据

private:
    void TraceBackCostPath();                  // 回溯生成成本路径
};
```

因为可以继承自然距离计算中的扩散方法，所以只要实现不同的计算相邻栅格单元成本距离的函数 ExtendToNeighbor 即可。代码如下：

```
void CRasterCostDistanceTool::ExtendToNeighbor(
    CELL_DIS& CenterCellDis, long NeighborDir)
{
    auto NeighborIdx = _SourceRas.Get8Neighbor(         // 相邻栅格单元位置
        CenterCellDis._Row, CenterCellDis._Col, NeighborDir);
    auto& NeighborCellDis = GetCellDis(NeighborIdx);
    double CenterCost = _CostRas.GetCellV(
        CenterCellDis._Row, CenterCellDis._Col);        // 中心栅格单元成本
    double NeighborCost = _CostRas.GetCellV(
        NeighborCellDis._Row, NeighborCellDis._Col);    // 相邻栅格单元成本

    double TotalDistance = (CenterCost + NeighborCost) / 2.;   // 成本距离
    if (NeighborDir % 2 == 0)                           // 如果是对角线方向
        TotalDistance *= sqrt(2.);
    TotalDistance += CenterCellDis._TotalDistance;      // 累积成本距离

    if (TotalDistance < NeighborCellDis._TotalDistance)
    {
        NeighborCellDis._TotalDistance = TotalDistance; // 最小累积成本距离
        NeighborCellDis._BackTraceDir = _SourceRas.OppositeDir(NeighborDir);
        NeighborCellDis._Allocation = CenterCellDis._Allocation;

        _Queue.emplace(NeighborCellDis._Row, NeighborCellDis._Col,
            NeighborCellDis._TotalDistance);            // 新的栅格进入队列
```

```
    }
}
```

生成输出的成本距离栅格数据和成本路径栅格数据的函数代码如下：

```
void CRasterCostDistanceTool::MakeOutputData()
{
    for (auto Index = 0; Index < _DistanceRas.GetCellCount(); ++Index)
        if (!_DistanceRas.IsNoData(Index))
            _DistanceRas.SetCellV(Index,           // 生成成本距离栅格数据
                GetCellDis(Index)._TotalDistance);

    TraceBackCostPath();                           // 生成成本路径栅格数据

    // 调用基类,生成空间分配和反向链接栅格数据
    CRasterDistanceTool::MakeOutputData();
}
```

上面的代码中，实现反向追踪生成成本路径栅格数据的函数代码如下：

```
void CRasterCostDistanceTool::TraceBackCostPath()
{
    for (auto Index = 0; Index < _DestRas.GetCellCount(); ++Index)
    {
        if (!_DestRas.IsNoData(Index))                  // 目的地栅格单元
        {
            long CurIdx = Index;
            auto PathValue = _DestRas.GetCellV(CurIdx);    // 目标栅格单元值

            while (_SourceRas.IsNoData(CurIdx))           // 未到源栅格单元
            {
                _CostPathRas.SetCellV(CurIdx, PathValue);  // 设置为路径单元
                const auto& CellDis = GetCellDis(CurIdx);
                // 根据反向链接,得到成本路径上下一个新的栅格单元位置
                CurIdx = _DestRas.Get8Neighbor(CurIdx, CellDis._BackTraceDir);
            }
        }
    }
}
```

图 16-14（a）显示了具有两片源栅格单元组成的源栅格数据，图 16-14（b）则显示了同一地区的某种成本栅格数据，其数值的大小和当地的坡度数值相关，体现了在不同的坡度下，某项工程经过栅格单元所需的工程造价。图 16-15（a）是上述源栅格数据和成本栅格数据经过成本距离计算输出的成本距离栅格，图 16-15（b）是输出的成本距离空间分配栅格数据。

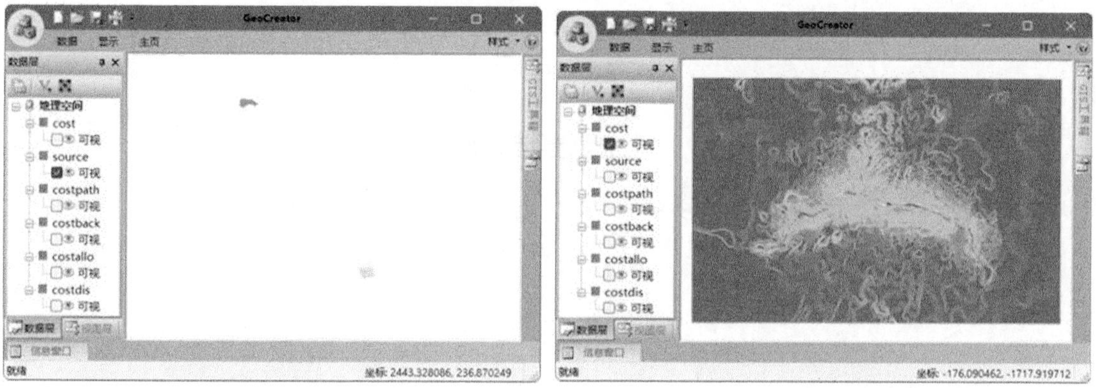

（a）源栅格数据　　（b）成本栅格数据

图 16-14　成本距离计算的输入数据实例

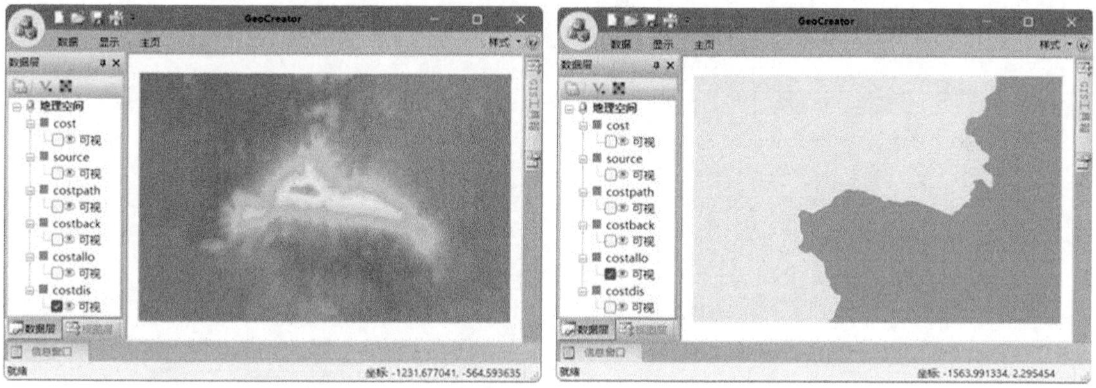

（a）成本距离栅格数据　　（b）成本距离空间分配栅格数据

图 16-15　成本距离计算的两个输出数据实例

图 16-16（a）显示了输出的成本距离回溯链接栅格数据，图 16-16（b）则显示了 4 个目的地栅格分别到离它们各自最小累积成本距离的源栅格的成本路径。

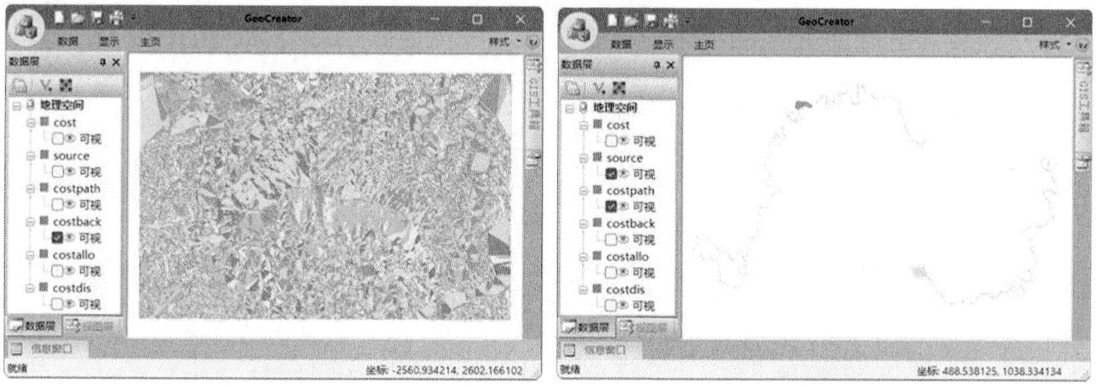

（a）回溯链接栅格数据　　（b）成本路径栅格数据

图 16-16　成本距离计算的另外两个输出数据实例

实 验 习 题

编写带有障碍栅格的自然距离生成算法。

主要参考文献

马劲松. 2020. 地理信息系统基础原理与关键技术[M]. 南京：东南大学出版社.

后　记

我今天能写一本关于 GIS 算法编程方面的教材，可能冥冥之中在将近四十年前就已经注定了。因为这一路走来，有多少风雨故人、多少金陵旧事，都在这个方面给予了我或明或暗的襄助。

1985 年，我在南京金陵中学读高中。学校东侧靠近中山路大门口有一栋孤傲独立的清代西式建筑，当年是学校的实验教学大楼，其中一间计算机室里曾排列着十余台 Apple II 电脑。那时我们有个编程兴趣班，每周的某个下午我都可以坐在苹果的绿色屏幕前，笨手笨脚地按压键盘，输入编写的 Basic 语言程序代码。当时我并不知晓这些苹果电脑的制造者是风华正茂的乔布斯，我常常抱怨键盘按下时发出“唧唧”的声音是一种恼人的设计。

一个春日下午，在一片“唧唧复唧唧”的人造天籁中，我按老师的要求编写出了人生第一个计算机程序——用循环和条件语句在屏幕上以星号排列出日本三菱公司的商标图案，即三个菱形以 120°间隔排列。当程序遵循我编写的凌乱代码运行成功时，我的内心刹那就被人类理性的自负所充盈，兴奋之情溢于言表，感觉坐在计算机前的自己似乎可以用代码在数字化时空中创造出一个美丽的新世界。

1987 年，我高中毕业考入金陵中学北面一街之隔的南京大学，这里历史上曾经是金陵大学的校址，而金陵中学当年和金陵大学是同一个美国教会所办。令我始料未及的是，本来醉心于三极管 PN 结的我没有被填报的信息物理系（即今天的电子科学与工程学院）录取，却鬼使神差地被分配到了地理系。不过刚进校，我们就被告知将拥有极高历史地位，因为这一年是南京大学地图学专业教研室三十周年，并正式更名为地图学与地理信息系统教研室，我成了 GIS 一期学生。

作为高等院校中 GIS 的先锋，我们学习编程的条件自然非同一般。先是学习 FORTRAN 程序设计语言，使得我能够在一个个寒风凛冽的夜晚，置身学校计算中心配有温暖空调的机房，在 BULL 终端机上敲打那些让其他专业同学看来神秘莫测的“咒语”。据说南京大学计算中心就建在挖掘出东晋皇帝的陵墓旧址之上，我想那个在这里沉睡了一千六百多年的皇帝司马氏，发现现在在他头上的仍然是一群编写代码的大学生——“司码士”，应该很是欣慰吧。

“司码士”们被要求去计算机系选修各种相关课程。其中给我印象深刻的是永远笑容可掬地讲授“数据结构”的陈佩佩老师，在这位慈眉善目的教授润物细无声的关心之下，我心甘情愿地又学了一门 Pascal 语言来完成课程作业。另外还有一门“人工智能程序设计”课，虽然美女老师的芳名年深日久早已遗忘，不过叫作 Prolog 的编程语言还支离破碎地残留在我大脑的记忆深处，Turbo Prolog 软件还蜷缩在我硬盘存储器的某个角落。

我们这一届学生的好运气着实不少。20 世纪 80 年代末，师兄师姐们在课堂上还常常使用学校油印的自编教材，甚至不乏手抄本。教材中的插图还要从晒蓝的图纸上裁剪下来用糨糊自行粘贴到书上的适当位置。翻阅泛黄纸本上油印的计算机源代码，那种情形仿佛考古人员费尽心力在故纸堆里破解史前密码一样困难重重。而本专业教师集体编写的教材《计算机地图制图》恰到好处地于 1987 年 12 月正式由测绘出版社出版。所以我们这一届学生像中了彩票一样可以捧读印刷清晰的正式出版物了。

该教材的作者们开始轮番上阵教导我们编写计算机制图程序。记得那时候已经换到东大楼本系的机房上机实习。在金陵大学时期东大楼叫作史怀士堂（Swasey Hall）。20 世纪 80 年代末的东大楼机房里是一色崭新的 IBM 个人计算机（PC）。我们每个学生书包里装一大盒 5.25 英寸的软盘，开机后首先在 A 驱动器插入微软公司编写的 DOS 操作系统盘，等着它嘎吱嘎吱地读着里面的程序，直到黑色屏幕上跳出一个绿莹莹的 A:\>，旁边还有一个像鬼火一样明灭的光标不停地闪烁着绿光。

坐在蓝色巨人 IBM 公司生产的划时代产品 PC 旁的是永远穿着蓝色中山装的"蓝色常人"胡友元先生。记得一次写投影变换程序，很多计算步骤被我强硬地整合成了一个超级冗长的计算表达式。其他同学写的代码要很多语句，而我的代码用一条语句就能实现，只不过源代码字符数竟然整整占据了六行。胡友元先生对正自鸣得意的我说："程序要简单易读，这么长的语句，如果出错，可能你自己都找不出错在哪里吧。"真是一语点醒梦中人，胡先生的话到现在言犹在耳，简单易读成为我编写代码的主要风格，并始终贯穿于本教材之中。

到了火热的暑假，同学们都"逃"回老家避暑。由于我是南京本地人，无处可"逃"。恰好孙亚梅先生给我提供了一个免费的"避暑山庄"。当时她的一个国家级课题数字化了大量的地形数据，需要编写程序进行格式转换并纠正数据错误。于是整整一个暑假，我一个人每天早上背着"一箪食和一瓢饮"，躲进机房，充分享受凉爽空调。与此同时，拼尽一个本科生的全力编写出的程序还真的把装满十几箱软盘的数据都正确处理完了。孙先生欣喜之余给了我 500 元助研费，那个时代这笔钱几乎是一个年轻教师一年的收入。而我内心更加感激孙先生的是她赋予了我在这个方向上继续探索的勇气和信心。

胡友元和孙亚梅两位先生主要教我们用一台卡尔康普公司研制的绘图机编写地形图绘图程序。俯瞰着绘图机的机械手按照我编写的算法抓着绘图笔在地图纸上飞速地画出条条大路、座座城市、崇山峻岭、大江大河，真有一种造物主创造世界的快感。后来成为我的硕士导师的黄杏元先生则传授给我计算机专题制图技术，编程控制爱普生点阵打印机的打印头来回穿梭，让打印机像织布机一样一寸一寸地绣出地图上的图案，绘制成栅格地图。可惜我出生太晚，没能领略 20 世纪 70 年代初这几位先生绘制出中国第一幅完全由计算机编程制作的地图的高光瞬间。

其实我也感受过高光瞬间，1990 年黄杏元先生主讲 GIS 课程的时候，我们捧在手上的就是 1989 年高等教育出版社出版的由其编著的中国高校第一本 GIS 教材——《地理信息系统概论》第一版。直到后来我才知道我又有幸成了第一届使用这本教材的学生。更没料到的是，从该教材的第二版开始，直到现在最新的第四版，黄杏元先生都让我参与了修编工作，但愿我没有辱没恩师的门楣。

平心而论，我是没有资格忝居黄杏元先生《地理信息系统概论》教材的作者之列的，因为团队中的徐寿成与高文两位老师，当时其学术水平是我望尘莫及的。1990 年我上徐寿成老师的 GIS 上机实验课，之前我只知道程序都是字符界面的，而徐老师用 C 语言开发的给我们实验用的 GIS 软件竟然是菜单驱动的图形用户界面。我目瞪口呆地望着屏幕上的空间数据，刹那间灵魂仿佛就飞跃出了柏拉图幽暗单调的洞穴——我豁然开朗，发现了 C 语言的新天地。

于是在 1991 年攻读研究生后，我在东大楼 303 室角落里觅得了一个仅可容身的空间，架起一台国人引以为傲的国产“长城 0520CH”台式计算机。三年中每个夜晚，我都幽灵般地出现在那里，反反复复折腾着 Turbo C。今天看来长城机的 8088CPU 实在是太慢了，在屏幕上画一条复杂的曲线都能观察到一个个像素被次第点亮的顺序，宛如一座座陆续燃起的烽火台逐渐照亮整个蜿蜒长城的过程。以至于我不得不在 C 语言中嵌入汇编代码，去显卡中操弄显存来加快速度。唯一提心吊胆的就是如此直接插手硬件，可能一不留神就把“长城”给烧了。

三年硕士生涯给我极大帮助的是当时已留校任教的大师兄高文老师。高文师兄来自人杰地灵的江西南昌，其父曾是复建滕王阁的建筑设计师，可惜在建造滕王阁的过程中和当年建造中山陵的设计师吕彦直一样，因操劳过度英年早逝。高文师兄对 GIS 算法洞见极深，编程水平在当时之中国也属超群绝伦之列。我常在百思不解之际去叩开他宿舍的大门，聆听他发人深省的谈论，顿时就能够拨开我思想中的迷雾。我成了高文师兄那间简陋教工宿舍的常客，心中是当年萧红常去鲁迅先生家彻夜畅谈一样的快乐。

令人扼腕的是天不假年，超越同侪的旷世奇才往往都逃不过为现世所弃的厄运。高文师兄重复了重建滕王阁的他的父亲的命运，也重复了在滕王阁上潇洒挥毫笔墨惊世的王勃的命运，突然之间就离尘而去，而今也将近二十年了。如果高文师兄今日尚在的话，我这本 GIS 算法的教材定当归属于他的著作，相信其水平也远非现在这本可比。痛心之余，谨以此书献于我心目中那无可比拟的高文师兄，因为他一直是我在 GIS 算法领域中仰之弥高而无法企及的一颗耀眼的星辰。同时也献给已经离开我们的胡友元和孙亚梅先生，他们是激励我在这条永无止境的寂寞艰辛的道路上跋涉的动力之源。

马劲松

2023 年 3 月于南京大学